· 图解畜禽科学养殖技术丛书 ·

CAISE TUJIE
KEXUE YANGE JISHU

科学养鹅技术

刁有祥　主编

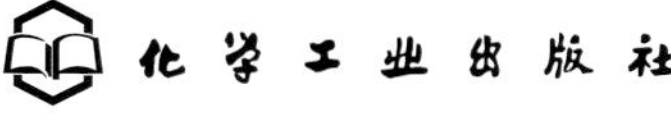

· 北 京 ·

近年来，我国养鹅业发展迅速，据国家水禽产业技术体系调查，当前我国鹅的年出栏量约5亿只，占全世界养鹅总量的90%，养鹅业已成为我国畜牧业生产中的重要组成部分。本书介绍了我国鹅业概况、鹅的品种、鹅的生物学特性、鹅的营养需要与饲料配合、鹅的生产性能测定、鹅的繁殖技术、鹅的饲养管理、鹅舍建筑及养鹅设备、鹅场的生产与经营和鹅病防治。本书围绕鹅的科学繁育、饲养管理及疾病防治，通过多幅彩图全面具体地介绍了科学养鹅技术和方法，有较强的科学性、实用性和可操作性，可供广大从事养鹅和鹅病防治人员参考。

图书在版编目（CIP）数据

彩色图解科学养鹅技术/刁有祥主编. —北京：化学工业出版社，2018.9（2025.6重印）
（图解畜禽科学养殖技术丛书）
ISBN 978-7-122-32585-3

Ⅰ.①彩… Ⅱ.①刁… Ⅲ.①鹅-饲养管理-图解 Ⅳ.①S835.4-64

中国版本图书馆CIP数据核字（2018）第149144号

责任编辑：漆艳萍　邵桂林　　　装帧设计：韩　飞
责任校对：杜杏然

出版发行：化学工业出版社（北京市东城区青年湖南街13号　邮政编码100011）
印　　装：北京缤索印刷有限公司
850mm×1168mm　1/32　印张10　字数258千字　2025年6月北京第1版第7次印刷

购书咨询：010-64518888　售后服务：010-64518899
网　　址：http://www.cip.com.cn
凡购买本书，如有缺损质量问题，本社销售中心负责调换。

定　　价：**69.80元**

编写人员名单

主　　编　刁有祥

副 主 编　赵　辉　于金成　唐　熠

编写人员　刁有祥　赵　辉　于金成

唐　熠　于　宁　于术军

李　喆　刘　洋　芦　刚

张纯信　陈志峰

前 言

我国是养鹅大国，年出栏量约5亿只，占世界养鹅总量的90%左右。养鹅业每年为社会提供鹅肉110万吨，羽毛（绒）约5万吨，总产值超过200亿元人民币。鹅适应性广，耐粗饲，能充分利用青粗饲料，精料消耗少，不与人争粮，属于节粮型家禽，发展养鹅业符合我国人多地少，农、林、果副产品丰富的国情。鹅生长速度快，饲料利用率高，饲养周期短，60 ~ 90天即可出栏上市，周转快，效益高。鹅肉营养丰富，肉质好，蛋白质含量高达17.6% ~ 18.2%，胆固醇含量低，属绿色安全食品，有益于人体健康。

随着人们的食品安全、营养、保健意识日益增强，对鹅产品的消费需求量日益增加，市场潜力巨大，养鹅业前景广阔。近年来，我国养鹅业发展迅速，已成为国家出口创汇和农民增加收入的重要支柱产业，但养鹅场（户）技术缺乏，是制约养鹅业发展的瓶颈，为解决养鹅场（户）的技术需求，我们编写了《彩色图解科学养鹅技术》一书。本书对养鹅过程中的关键技术配以大量实物彩色图片，图文并茂，直观易懂，结构清晰，解释详尽。本书从鹅业概况、鹅的品种、鹅的生物学特性、鹅的营养需要与饲料配合、鹅的生产性能测定、鹅的繁殖技术、鹅的饲养管理、鹅舍建筑及养鹅设备、鹅场的生产与经营、鹅病防治等方面全面介绍了最新的科学养鹅方法。本书内容丰富，图文并茂，具有科学性、实用性和可操作性等特点，是广大从事养鹅和鹅病防治人员重要的参考书。

本书在编写过程中，得到了国家水禽产业技术体系的大力帮助，书中个别图片由其他作者提供，在编写过程中参考了已发表的资料，在此一并致谢。由于我们水平有限，书中错误在所难免，恳请广大读者批评指正。

编 者

2018年5月

目 录

第一章 鹅业概况

第二章 鹅的品种

第三章 鹅的生物学特性

第四章 鹅的营养需要与饲料配合

第五章　鹅的生产性能测定

第六章　鹅的繁殖技术

第七章　鹅的饲养管理

第八章　鹅舍建筑及养鹅设备

第九章　鹅场的生产与经营

第十章　鹅病防治

第一章 鹅业概况

一、概述

我国是世界上养鹅数量最多的国家，养鹅业是我国畜牧业生产中的重要组成部分。鹅属于节粮型可食草家禽，具有耐粗饲的特点，发展肉鹅业具有耗料少、投入低、周转快、用途广、效益高等特点，伴随着人们生活水平的不断提高和肉食品消费结构的变化，国内外市场对鹅产品的需求量不断增加，养鹅业是适应新时期我国畜牧业战略性结构调整要求的一项优势产业，更是广大农民脱贫致富的一条有效的新途径。当今中国饲料资源紧缺，发展节粮型养殖业是未来的发展方向。

鹅肉不仅营养价值高，并且还具有药用医疗价值，中医认为鹅肉有补阴益气、暖胃生津和缓解铅毒之功效。鹅肉作为健康食品正越来越受到人们的喜爱。据分析，鹅肉蛋白质含量为22.3%，比牛羊肉都高得多。同时，鹅肉中脂肪含量较低，且多为对人体健康有益的不饱和脂肪酸。鹅肥肝中脂肪含量为60%，其中不饱和脂肪酸占65%～68%，不饱和脂肪酸对高血压、高血脂、高血糖都有良好的预防作用。因此，鹅肝被不少发达国家视为高档营养保健食品，鹅肥肝、鱼子酱和松茸菌并列世界三大美味。据专家测算，德国仅圣诞节就能消耗掉500万只左右的活鹅。我国南方一些地区素有吃鹅肉的习惯，如香港一天的活鹅需求量是10多万只；上海一年需5000多万只活鹅；广东仅广州市每年的活鹅消费就高达7000万只，在广东及东南地区有“无鹅不成席”之说，由此可见，鹅产品市场是多么巨大。

21世纪人们对食品要求的主旋律是：绿色、健康、营养、安全，由过去的吃得饱转为吃得好、吃得安全、吃得健康等方向发展。鹅肉所具有的纯天然、无公害、低残留、营养丰富的特点，正符合消费者当前对食品的要求。据调查，在未来50年内，市场对鹅产品的需求还会大幅度提高，因此鹅产业是一个名副其实的朝阳产业。

二、我国养鹅业的现状及存在问题

1. 我国养鹅业的现状

我国是世界上肉鹅品种资源最丰富的国家，也是世界上第一鹅业大国，多年来，肉鹅出栏量、鹅肉和羽绒的产量一直居世界第一，目前肉鹅年出栏量在5亿余只，占世界90%以上。养鹅业在广大农村正由副业向主导产业发展，规模化、集约化、产业化养鹅已在许多区域兴起。我国的养鹅业有着显著的优势和美好的前景。

（1）品种资源丰富　我国鹅品种资源丰富，且品种优良。如狮头鹅是我国体形最大的肉用鹅品种，以生长快、产肉性能好著称；豁眼鹅是世界上产蛋性能最好的鹅品种，平均年产蛋量达129个；皖西白鹅是国内优秀的羽、肉兼用型品种，生长快、肉质好、羽绒洁白，质优；四川白鹅是十分优秀的多用途品种，产蛋、产肉、产羽绒性能均衡。

（2）自然条件得天独厚　我国沿海滩涂有几千公里长，农区和南方地区有大量的荒山、草地和湿地，面积大约480万公顷，很适合养殖。鹅属于草食水禽，凡是有草和水源的地方都可以饲养，也可以充分利用盐碱湿地、沟渠河滩及收割后的田间进行放牧。我国鹅的饲养区域主要分布在长江流域以及南方地区，该区域内江河纵横、湖泊众多、水生植物资源丰富。

（3）市场前景广阔　随着人们生活水平的不断提高和对饮食观念的更新，鹅肉产品在国内市场有着巨大的消费潜力，已形成了一批著名的品牌（如广东烤鹅、江苏槽鹅、扬州盐水鹅、宁波冻鹅等）。另外，鹅胗、鹅蹼及鹅肠经加工后更是别有风味，其需求量逐步扩大。鹅肥肠被誉为世界三大美味之一，具有很高的经济价值。

2. 我国养鹅业存在的主要问题

（1）品种选育工作落后，鹅良种繁育体系不完善　我国拥有丰富的鹅地方品种资源，但这些资源是在我国特定的历史条件下自然形成的，没有经过系统选育，生产性能存在很多不足，不符合目前养鹅业的发展需要。为满足养鹅业的发展，必须进行品种选育。但目前我国的品种选育工作进展缓慢，品种品系选育和配套杂交利用才刚刚开始。尽管已经培育了部分优良品种和杂交配套系，但这些远远不能满足我国鹅业多样化产业化发展的需要。因此，必须加强鹅的品种选育和繁育。

（2）缺乏鹅营养需要标准，饲料安全存在隐患　我国对鹅的营养需要研究较少，目前还没有建立鹅营养需要的数据库资料，只能参照国外鹅的饲养标准。但是我国鹅品种多数起源于鸿雁，是在特定的自然条件下形成的，而欧洲鹅绝大多数起源于灰雁，这使我国鹅品种与国外鹅品种在消化生理上必然存在着差别，所以盲目参照国外标准，不但容易造成饲料资源的浪费，还容易导致营养疾病的发生。另外，我国养鹅业多为小农户饲养，其饲养方式以自由放牧为主，在饲养上多采取有什么喂什么，不考虑鹅的营养需要和平衡，易引起鹅营养不足和饲料浪费，造成鹅生长缓慢，饲养周期延长，饲养成本增加。有时饲料中添加剂和药物的不规范使用，会造成饲料安全存在隐患，导致鹅体内有害物质残留高，影响鹅产品的质量。

（3）饲养管理方式落后，防疫体系不规范　目前我国养鹅业中的主体是个体农民，他们一边种田一边养鹅，把鹅当成副业，只是希望通过养鹅适当增加经济收入，一般不考虑效益，或很少考虑如何开展好生产经营以及投入与产出的关系。此外，自身经济条件较差，不懂专业知识，缺乏疫病防治经验，饲养管理方式落后等也限制了养鹅效益的提高。如鹅舍选址随意，鹅舍简陋，并且常将鸡、鸭、鹅混养，不仅严重影响鹅的生长和生产性能的发挥，还会造成疾病交叉感染，引发高死亡率，造成较大的经济损失；采取水陆结合饲养时，长期在静止的或小面积水中，由于鹅长期向水中排粪，而使水质遭受污染，大量致病菌繁殖，严重影响鹅的健康；鹅舍内缺乏必要的排污设施，致使污水横流。防疫体系不规范，如不按时进行防疫消毒，有的甚至根本没有防疫消毒计划，存在严重的隐患；不合理用药导致某些细菌的耐药性增强；不按程序免疫，致使一些传染病时有发生等。

（4）市场信息不畅通，政府引导和宏观调控力不足　我国实行市场经济体制后，畜禽生产一般由饲养者根据市场需求来自行决策，但我国养鹅业主体是个体农民，受其自身条件的限制，没有能力研究分析市场，及时掌握市场供求关系，合理安排生产，造成养殖生产带有一定的盲目性。政府虽然能及时掌握市场信息，但缺乏对养殖户进行引导和宏观的调控机制，一旦供求关系发生变化，往往给养殖户带来巨大的经济损失，严重打击了养鹅户的积极性，不利于养鹅业的稳定发展。

（5）鹅产品深加工亟待提高　深加工能够增加产品品种，增加产品的总销售量，有利于产品销售和稳定市场价格；深加工能进一步挖掘鹅的潜在经济价值，形成高附加值，增加经济效益。例如，我国目前从法国进口的净重225克的鹅肝罐头在北京市场零售价格可以达到780元，北京涉外饭店进口法国的鹅肝酱价格为27美元/200克，而在国内购买的新鲜鹅肝价格为220元/千克。可见，鹅肥肝加工将极大提高鹅的经济价值。但是我国鹅产品综合加工利用水平滞后，基础设施不配套，缺乏龙头企业，产业化水平低，生产技术和产品质量亟待提高。

第二章 鹅的品种

动物遗传资源不仅是动物育种事业、养殖业乃至整个国民经济发展的基石之一，而且作为生物资源中与人类社会日常生活休憩相关的一个组成部分，关系着人类未来的生存与繁荣。我国鹅遗传资源十分丰富，并具有许多优良特性。

一、地方品种

迄今为止，我国共有30个地方品种（遗传资源）通过国家畜禽遗传资源委员会鉴定，广泛分布于全国各地。

图2-1 豁眼鹅（刁有祥 摄）

1. 豁眼鹅（五龙鹅）

（1）产地与分布　豁眼鹅产于山东省烟台市莱阳地区，中心产区为山东烟台、辽宁昌图、开原、西丰、铁岭、鞍山、阜新、朝阳等县市。分布于吉林通化，黑龙江延寿、肇东、肇源及新疆，广西，内蒙古，福建，安徽，湖南（图2-1）。

（2）特征及生产性能　豁眼鹅眼睑为三角形，上眼睑有豁口。耐粗饲、生长速度快。母鹅无抱性、产蛋多，平均产蛋日龄为210天，个别为162天产蛋，通常2天产1枚蛋，在春末夏初旺季可3天产2枚蛋，年产蛋80～100枚，最高产蛋可达210枚，平均蛋重135克，个别达176克，是世界上产蛋率最高的鹅品种之一。绒质优，是蛋、绒兼用的小型鹅品种，是理想的杂交配套母系。山东的豁眼鹅少数有咽袋、腹褶，即使有也较小、较浅；东北三省的豁眼鹅多数有咽袋和较深的腹褶。

2. 籽鹅

（1）产地与分布　籽鹅属小型蛋用型品种，产于黑龙江省绥化市和松花江流域，中心产区为大庆、肇东、肇源、肇州等县市，黑龙江省中西部地区，吉林省和辽宁省部分地区也有分布（图2-2）。

图2-2　籽鹅（陈志峰 摄）

（2）特征及生产性能　该鹅种为小型地方品种，成年鹅全身羽毛白色，有肉瘤，多数有缨（顶心毛），部分个体有咽袋。颈细长，背平直，胸部丰满，尾羽短且上翘。公鹅体形和肉瘤较母鹅稍大，母鹅腹部丰满。喙、胫、蹼为橙黄色，皮肤为淡黄色。雏鹅绒毛为黄色。

成年体重公鹅为4.23千克，母鹅为3.41千克，6月龄开产，年产蛋100枚左右，蛋重131.3克，蛋壳白色。公母配比为1∶（5～7），165～185日龄产蛋率达5%，66周龄产蛋数为75～85枚，蛋壳呈白色，43周龄蛋重为122～144克，种蛋受精率85%以上，受精蛋孵化率86%以上。

3. 太湖鹅

（1）产地与分布　太湖鹅产于江苏省苏州、无锡和浙江湖州、嘉兴两省沿太湖流域的县市，中心产区为苏州市吴中区。江苏、浙江、上海、辽宁、吉林、黑龙江、河北、湖南、湖北、江西、安徽、广东、广西、新疆等地均有分布。

（2）特征及生产性能　太湖鹅体态中小，体质细致紧凑，全身羽毛紧贴。没有肉瘤，无皱褶。颈细长呈弓形，无咽袋，无包。从外表看，公母差异不大，公鹅体形较高大雄伟，常昂首挺胸展翅行走，叫声洪亮，喜追逐啄人，母鹅性情温顺，叫声较低，肉瘤较公鹅小，喙较短。全身羽毛洁白，偶在眼梢、头顶、腰背部有少量灰褐色斑点；喙、胫、蹼均为橘红色，喙端色较淡，爪白色；眼睑淡黄色，虹彩灰蓝色。雏鹅全身乳黄色，喙、胫、蹼橘黄色。羽绒轻软、弹性好，无就巢性。为蛋、绒兼用的小型鹅品种。繁殖力高，早熟性好，抗病力强，觅食力强，仔鹅适合作为深加工原料。

4. 永康灰鹅

（1）产地与分布　永康灰鹅产于浙江省永康市，主要分布在永康市和周边的武义、东阳、缙云等县市。

（2）特征及生产性能　属中型鹅品种，永康灰鹅前胸突出而向上抬起，后躯较大，腹部略下垂，颈细长，肉瘤突起。羽毛背面呈深灰色，自头部至颈部上侧直至背部的羽毛颜色较深，主翼羽深灰色。颈部两侧及下侧直至胸部均为灰白色，腹部白色。喙和肉瘤黑色。跖、蹼橘红色。虹彩褐色。皮肤淡黄色。

5. 浙东白鹅

（1）产地与分布　浙东白鹅产于浙江省宁波市的象山、宁海、奉化、余姚、慈溪、绍兴等浙东地区，中心产区为象山县，上虞、嵊州和新昌等县市也有分布（图2-3）。

图2-3　浙东白鹅（刁有祥　摄）

（2）特征及生产性能　浙东白鹅成年鹅体形中等，体躯长方形。全身羽毛洁白，约有15%的个体在头部和背侧夹杂少量斑点状灰褐色羽毛。额上方肉瘤高突成半球形，随年龄增长突起明显。颌下无咽袋。颈细长。喙、胫、蹼幼年时橘黄色，成年后变橘红色，爪玉白色，肉瘤颜色较喙色略浅，眼睑金黄色，虹彩灰蓝色。成年公鹅高大雄伟，肉瘤高突，耸立头顶，昂首挺胸，鸣声洪亮，好斗逐人，成年母鹅肉瘤较低，性情温顺，鸣声低沉，腹部宽大下垂。浙东白鹅生长快，肉质细嫩，屠宰率高，为肉、肥肝兼用型的中型鹅品种。

6. 皖西白鹅

（1）产地与分布　皖西白鹅产于安徽省西部六安市和河南省固始一带，中心产区为皖西山区的霍邱、金安、六安、舒城、裕安、长寿、肥西、长丰及河南省的固始、潢州、商城等县市。近年来，已推广到吉林、湖北、广东、内蒙古等近10个省、直辖市、自治区（图2-4）。

图2-4　皖西白鹅
（闫俊峰 摄）

（2）特征及生产性能　皖西白鹅雏鹅绒毛为淡黄色，雏鹅喙为浅黄色，胫、蹼均为橘黄色。成年鹅全身羽毛洁白，部分鹅头顶部有灰毛。喙橘黄色，喙端色较淡，胫、蹼均为橘红色，爪白色。皮肤为黄色，肉色为红色。体形中等，体态高昂，颈长呈弓形，胸深广，背宽平。头顶肉瘤呈橘黄色，圆而光滑无皱褶，公鹅肉瘤大而突出，母鹅稍小。虹彩灰蓝色，约6%的鹅颌下带有咽袋。少数个体头颈后部有球形羽束，即顶心毛。公鹅颈粗长有力，母鹅颈较细短，腹部轻微下垂。羽绒质量上乘，绒毛的绒朵大，平均每只鹅产羽绒349克，其中绒毛量占40 ～ 50克。肉质好，可制作烤鹅，为肉、绒兼用中型鹅品种。生长发育快，90日龄体重4.5～5.5千克，成年公鹅体重6.8～9.5千克，母鹅体重5.0～6.0千克。耐粗饲，以草为主，耗料少。

7. 雁鹅（四季鹅）

（1）产地与分布　雁鹅产于安徽省六安地区，霍邱、寿县、六安、裕安、金安、舒城，合肥市的肥西，河南省固始，江苏省西南部。现主要分布于郎溪、宣州、广德，上海、湖北、黑龙江也有饲养。

（2）特征及生产性能　公鹅头部圆形略方、大小适中，头上有黑色肉瘤，质地柔软，呈桃形或半球形向上方突出，肉瘤边缘及喙的后部有半圈白羽。眼球黑色，大而灵活，虹彩灰蓝色。喙扁阔，无顶星毛。羽毛灰褐色或深褐色，颈的背侧有一条明显的灰褐色羽带；体躯的羽色由上向下、从深到浅，至腹部呈灰白色或白色；除腹部的白色羽毛外，背、翼、肩及腿羽都是镶边羽（即灰褐色羽镶白色边），排列整齐。

母鹅头呈方圆形，有黑色肉瘤，呈桃形或半球形向前方突出。肉瘤边缘及喙的后部有半圈白羽，扁阔黑喙，眼球黑色，虹彩灰蓝色。无顶星毛。羽毛灰褐色或深褐色，颈的背侧有一条明显的灰褐色羽带，体躯的羽色由上向下、从深到浅，至腹部呈灰白色或白色，除腹部的白色羽毛外，背、翼、肩及腿羽都是镶边羽（即灰褐色羽镶白色边）。雏鹅全身绒毛墨绿色或棕褐色，喙、胫、蹼均为黑色。

成年雁鹅皮肤多数黄白色，胫、蹼橘黄色（少数有黑斑），爪黑色。喙黑色。雏鹅喙、胫、蹼均呈灰黑色。

公鹅初生重为100～109克，母鹅为95～106克；四周龄公鹅平均重为790克，母鹅平均重为810克；8周龄公鹅平均重为2440克，母鹅平均重为2170克；12周龄公鹅平均重为3950克，母鹅平均重为3470克；16周龄公鹅平均重为4510克，母鹅平均重为3955克。

8. 长乐鹅

（1）产地与分布　长乐鹅产于福建省长乐区的潭头、金峰、文岭等乡镇，分布于附近的闽侯、福州、福清、连江、闽清等县市，中心产区为潭头、金峰、梅花、湖南、文岭等乡镇。

（2）特征及生产性能　长乐鹅为肉、肥肝兼用小型鹅品种。成年鹅昂首曲颈，胸宽而挺，体态俊美，具有中国鹅的典型特征。本品种大多数个体羽毛灰褐色，纯白色的很少，仅占5%左右。灰褐色羽的成年鹅，从头部至颈部的背面，有一条深褐色的羽带，与背部、尾部的褐色羽区相连接；颈部内侧至胸部、腹部呈灰白色或白色，有的在颈、胸、肩交界处有白色环状羽带；喙黑色或黄色；肉瘤黑色或黄色带黑斑；皮肤黄色或白色，胫、蹼黄色；虹彩褐色（颈、肩、胸交界处有白色羽环者虹彩天蓝色）。公鹅肉瘤高大，稍带棱脊形，母鹅肉瘤较小而扁平，两者有明显区别。长乐鹅成年公鹅平均体重、体斜长、胸宽、胸深、胫长分别为4.38千克、32.24厘米、11.72厘米、11.48厘米、9.60厘米；成年母鹅分别为4.19千克、29.78厘米、11.10厘米、9.80厘米、8.89厘米。长乐鹅一般每年产蛋2～4窝，年产蛋量30～40个。平均蛋重为153克。蛋壳白色。长乐鹅是福建省的优良地方鹅种，有一定的数量和质量，生长较快，肥肝性能较好。

9. 闽北白鹅

（1）产地与分布　闽北白鹅产于福建省闽北南平地区武夷山、松溪、政和、浦城、崇安、建阳、建瓯等县市，古田、沙县、龙溪及江西省铅山、广丰、资溪等县市。

（2）特征及生产性能　闽北白鹅雏鹅绒毛黄色或黄绿色。30日龄开始长羽毛，80日龄长齐，闽北白鹅母鹅鹅身羽毛白色，喙、趾、蹼均为橘黄色，上下喙边有梳齿状横褶，眼大，虹彩呈灰蓝色，头顶有橘黄色的皮瘤（公鹅比母鹅大），无咽袋。公鹅颈长，胸宽，头部高昂，鸣声洪亮。母鹅臀部宽大丰满，性情温顺，偶有腹褶。成年公鹅体重4.0千克以上，母鹅3.5千克以上。公鹅7～8月龄性成熟，母鹅一般要在150日龄开始见蛋，年产蛋3～4窝，每窝产蛋8～12枚，一般隔日产，年产蛋30～40枚，平均蛋重136.5克，蛋壳白色。母鹅每产完一窝蛋，就要抱窝，每次30～40天。自然条件下，种蛋受精率在85%左右，个别种鹅可达95%以上。

10. 兴国灰鹅

（1）产地与分布　兴国灰鹅产于江西省兴国县周边的赣县、宁都、于都、瑞金、泰和、永丰、遂县等县、市，湖北、广东、福建、安徽等省也有分布（图2-5）。

图2-5　兴国灰鹅（刁有祥 摄）

（2）特征及生产性能　兴国灰鹅属灰羽肉用型品种，性格温顺、体形适中、遗传性能稳定，生产性能良好，耐粗饲、生长快，适应性和抗逆性强。全身羽毛紧密呈灰色，颈前及腹下部为灰白色，翅羽毛成波纹。嘴青、脚黄（青）、皮肤呈黄白、眼睛虹彩乌黑色。成年公鹅体躯较长、头较大，性成熟后额前肉瘤突起，叫声洪亮。成年母鹅体躯较圆，后腹部较发达，性情温顺，叫声低而清亮。兴国灰鹅耐粗食，不管是野生的还是栽培的青草、青菜都吃。喜群牧，抗逆性强，母性好，母鹅产前会主动拨公鹅交尾，每个产蛋季产蛋10～12枚，自然抱窝，而且抱性好，有护理雏鹅本能。在冬、春两季长速最快，冬鹅日增重普遍在55克以上，65日龄左右即可出笼；春鹅日增重在50克以上，70日龄左右即可出笼。一般可长到4千克，大的有5千克。

11. 丰城灰鹅

（1）产地与分布　丰城灰鹅产于江西省丰城和南昌，分布于樟树、临川、进贤、新建、安义、高安等县、市。

（2）特征及生产性能　丰城灰鹅腰、尾、翅膀羽毛为灰色。胸部深宽且丰满，腹部宽大而扁平。皮肤白色，胫、蹼橘黄色。公鹅颈粗长，肉瘤高大而向前突，母鹅肉瘤扁平。初生重为88克。成年公鹅体重为4.28千克，母鹅为3.5千克。母鹅开产日龄为200～240天。年产蛋35～40枚，平均蛋重为158克，蛋壳白色。公母配种比例1∶5，种蛋受精率为85%左右。

12. 广丰白翎鹅

（1）产地与分布　广丰白翎鹅产于江西省广丰县，分布于广丰县及周边的玉山、上饶、铅山、横峰和弋阳等县。

（2）特征及生产性能　为羽绒用中型鹅品种。体形中等，紧凑匀称。全身羽毛洁白、有光泽。皮肤淡黄。喙、胫、蹼橘色，无咽袋，头部前额有一橘色肉瘤。公鹅肉瘤圆而大，母鹅肉瘤不明显。成年公鹅体重为4.2千克，母鹅为3.7千克。屠宰测定：半净膛公鹅为82.63%，母鹅为80.12%；全净膛公鹅为77%，母鹅为69%。开产日龄为180～210天，年产蛋40～60枚，蛋重为139克，蛋壳乳白色，蛋壳厚度0.6毫米，蛋形指数1.5。宰杀时可以收集到羽绒200克，其中绒毛25克。公母配种比例1∶（6～7），种蛋受精率为85%以上。成年公鹅体重为4.2千克，母鹅为3.7千克。

13. 莲花白鹅

（1）产地与分布　莲花白鹅产于江西省莲花县及相邻的永新、安福、井冈山、湘东、芦溪等区、县和湖南省的茶陵、攸县等地。

（2）特征及生产性能　莲花白鹅为肉用小型鹅品种。该鹅全身雪白光亮，体躯宽壮，呈长椭圆形。喙和两足为金黄色略带橘红色，脚大有蹼。皮肤为淡黄色。头大，呈短纺锤形，喙扁阔，颈长，尾短，喙后基部正上方有一半球形的金黄色的肉瘤。公鹅颈长，头上肉瘤较大，呈半球形。母鹅肉瘤较小。其饲养特点是：生长快，一般饲养90日龄，体重可达4.5千克以上。屠宰后肉质细嫩，肉色鲜艳而带光泽。抗逆性和适宜性强，遗传稳定，属草食性优良品种。

14. 百子鹅

（1）产地与分布　百子鹅产于山东省南四湖一带，金乡县南部的肖云、化雨和鱼台、鱼城、武台、罗屯、东张等乡、镇，中心产区为金乡、鱼台两县，主要分布在徽山县、任城区、嘉祥县、菏泽市的单县、成武县，江苏省丰县也有分布（图2-6）。

图2-6　百子鹅（刁有祥 摄）

（2）特征及生产性能　百子鹅为蛋、肉兼用小型鹅品种。金乡百子鹅体形小、紧凑，体躯稍长，胸宽略上挺，体态高昂，按羽毛分为灰鹅、白鹅两种类型。灰鹅背羽以灰色为主，主副翼羽中间灰褐色，羽尖边缘白色。多数有凤头，喙基部前面有肉瘤，颌下有长7～8厘米、深3～4厘米的咽袋。灰鹅虹彩土黄色，白鹅橘红色。灰鹅喙部为黑色，白鹅喙部为橘红色。胫部均为橘红色。爪色灰鹅为灰色，白鹅为白色。皮肤均为白色。成年公鹅体重4.3千克左右，母鹅4千克左右。13周龄公鹅体重达3.7千克，母鹅达3.4千克。240～270日龄开产，年产蛋100～120枚；种蛋受精率80%～85%，受精蛋孵化率90%，蛋重130～160克。

15. 道州灰鹅

（1）产地与分布　道州灰鹅产于湖南省道县，中心产区为道县的松坝、清塘、寿雁、梅花、祥林铺、白马渡、营江、石家庄、上关等乡、镇，分布于江水、江华、新田、蓝山双牌、零陵等县、区，广西壮族自治区的灌阳、全州、贺州、富州和广东省的连州等地也有分布。

（2）特征及生产性能　道州灰鹅为肉用中型鹅品种，外形美观，个体适中，全身羽毛基本是灰色，而腹部及颈腹面绒毛白色，嘴呈黑色，脚（跖、蹼）枯黄色；颈短，脚短、体短，屁股圆。具有生长快、耗粮少、易饲养、效益高、适应性广、遗传性能稳定等优点。

道州灰鹅喜在水中寻食、戏水、求偶交配，因此，它在气候温和、地势平坦、牧草丰富、活水缓流的地方生长良好。成年个体重4～5千克，在粗放饲养条件下，约70天即可上市。一般母鹅开产日龄为210～240天，种鹅的公母比例为1∶（7～10），母鹅产蛋期为当年9月至翌年2～3月，经产母鹅的年产蛋量为50～60个，平均蛋重172.1克，母鹅的就巢性较强，一般产蛋11～15个就巢孵化，每个产蛋年就巢3～4次，每窝可抱蛋10～15个。

16. 酃县白鹅

（1）产地与分布　酃县白鹅产于湖南省炎陵县（原为酃县）沔渡和十都两乡，以沔水流域沔渡镇、十都为中心产区。分布于沔水流域上游的石州乡和策源乡、下林乡、龙溪乡、水口镇、霞阳镇、三河镇、斜濑水流域的船形乡，东北海畔的东风乡饲养较多，与酃县毗邻的资兴市、桂东县、茶陵县和江西省宁冈、井冈山市、遂宁县、莲花镇等均有分布。

（2）特征及生产性能　酃县白鹅为肉用小型鹅品种。酃县白鹅体形小而紧凑，体躯近似短圆柱体。头中等大小，有较小的肉瘤，母鹅的肉瘤扁平，不显著。颈长中等，体躯宽深，母鹅后躯较发达。全身羽毛白色。喙、肉瘤和胫、蹼橘红色，皮肤黄色，虹彩蓝灰色，公、母鹅均无咽袋。公、母鹅配种比例1∶（2～4），种蛋受精率约达98.2%。成年公鹅体重4.0～5.3千克，母鹅3.8～5.0千克。在放牧条件下，60日龄体重2.2～3.3千克，90日龄3.2～4.1千克。如饲料充足，加喂精饲料，60日龄可达3.0～3.7千克。母鹅开产日龄120～210天。公、母鹅配种比例1∶（3～4），种蛋受精率平均高达98%，受精蛋的孵化率达97%～98%。种鹅利用2～6年。雏鹅成活率96%。

17. 武岗铜鹅（铜鹅）

（1）产地与分布　武岗铜鹅产于湖南省武冈市，中心产区为资水沿岸的邓元泰、头堂、荆竹、龙溪、文萍、邓家铺、双牌、泰桥等乡、镇。分布于临近的洞口、隆口、邵阳、新宇、城布、绥宁、涟源、株洲、靖县、衡阳等县、市。广西、宁夏、新疆、黑龙江等省、自治区也有饲养。

（2）特征及生产性能　武岗铜鹅为肉用中型鹅品种。体形中等，体态呈椭圆形。颈较细长，羽色全白，头上有黄色肉瘤，喙橘黄色，趾、蹼均呈青灰色，趾黑色。初生重为945克；成年体重公鹅为5.24千克，母鹅为4.41千克；屠宰测定：成年半净膛公鹅为86.16%，母鹅为87.46%；全净膛公鹅为79.64%，母鹅为79.11%。185天开产，年产蛋30～45枚，蛋重为160克左右，蛋壳乳白色，蛋形指数1.38。公母配种比例1∶（4～5），种蛋受精率约85%。

18. 溆浦鹅

（1）产地与分布　溆浦鹅产于湖南省溆浦县，中心产区为溆浦县桥江、卢峰、水东、仲夏等乡、镇，桐木溪乡、新坪、马田坪、水车、大湾、观音阁镇也有分布（图2-7）。

图2-7　溆浦鹅（闫俊峰 摄）

（2）特征及生产性能　肉、绒、肥肝并用的中型鹅品种。溆浦鹅成年鹅体形高大，体躯稍长、呈圆柱形。公鹅头颈高昂，直立雄壮，叫声清脆洪亮，护群性强。母鹅体形稍小，性情温顺，觅食力强，产蛋期间后躯丰满、呈蛋圆形。腹部下垂，有腹褶。有20%左右的个体头上有顶心毛。羽毛颜色主要有白、灰两种，以白色居多。灰鹅背部、尾部、颈部为灰褐色，腹部呈白色。皮肤浅黄色。眼睛明亮有神，眼睑黄色，虹彩灰蓝色。胫、蹼都呈橘红色。喙黑色。肉瘤突起，表面光滑、呈灰黑色。白鹅全身羽毛白色，喙、肉瘤、胫、蹼都呈橘黄色。皮肤浅黄色，眼睑黄色，虹彩灰蓝色。90 ～ 210日龄，成年公鹅体重5千克，成年母鹅体重4.7千克。

19. 马岗鹅

（1）产地与分布　马岗鹅产于广东省开平市马岗镇。主要分布于开平市及周边佛山、肇庆、湛江、广州，广西壮族自治区也有分布。

（2）特征及生产性能　马岗鹅为早熟易肥肉用中型鹅品种。头羽、背羽、翼羽和尾羽均为灰黑色，颈背有一条黑色鬃状羽毛，胸羽灰棕色，腹羽白色，喙、肉瘤、胫、蹼黑色。出壳重为113克，成年公鹅体重为5.5千克，母鹅为4.8千克。一般在140 ～ 150日龄开产，年产蛋35 ～ 40个，平均蛋重为168克，蛋壳白色。

20. 定安鹅

（1）产地与分布　定安鹅产于海南省定安县。中心产区在安定县新竹、定城和宣文等镇毗邻的澄迈县，海口市琼山、东屯等区也有分布（图2-8）。

图2-8　定安鹅（刁有祥 摄）

（2）特征及生产性能　定安鹅体形中等，外貌清秀，体态呈椭圆形。喙长。虹彩黄褐色。颈较细长，稍呈弓形，后躯发达。产蛋期腹下单褶或双褶，垂皮明显。羽毛全白，喙橘黄色，跖、蹼、趾橙黄色，颈羽、翼羽、尾羽灰褐色，腹下乳白色。成年公、母鹅体重分别为5240克、4410克，母鹅平均开产日龄185天。每年从9～10月产蛋开始至翌年3～4月结束，年产蛋2～4窝，平均年产蛋37枚，平均蛋重160克。公鹅性成熟期140～160天，适宜配种日龄在200天以上。公、母鹅配种比例1∶（4～5）。平均种蛋受精率84.2%，平均受精蛋孵化率94.4%。定安鹅耐粗饲，抗病力强，四季产蛋，肉质鲜美。全年能为市场提供鹅苗和肉鹅，为适应市场需求的中型鹅品种。

21. 平坝灰鹅

（1）产地与分布　平坝灰鹅产于贵州省安顺市平坝县，中心产区为平坝县的高峰、马场、夏云、城关、白云、羊昌等乡、镇，毗邻的清镇、花溪、长顺、西秀等县、市也有分布。

（2）特征及生产性能　平坝灰鹅鹅身背面、两翼羽毛为灰色，前胸部、腹部羽毛为灰白色或白色。喙短且硬呈黑色。公鹅体形高大，发育匀称，头大脸阔，脖粗有劲。额部肉瘤发达盖于喙上，额下有发达的咽袋，呈三角形。母鹅颈细长，身体扁平，羽毛光滑紧密，眼鼓有神，肩宽，尾腹宽大，蛋窝发达。

平坝灰鹅性成熟较晚。从第二年开始，产蛋量每年以20%～25%的速度递增，蛋壳乳白色。平坝灰鹅属大型鹅种，生长快，日增重70～90克。成年公鹅体重7.5～8.5千克，母鹅7～7.5千克；公鹅初生重130～134克，母鹅125～130克；30日龄公鹅体重2.3～2.6千克，母鹅2.13～2.38千克；60日龄公鹅体重4.8～5.54千克，母鹅4.68～5.16千克；70～90日龄上市未经育肥的公鹅平均体重6.08千克，母鹅5.54千克。平均肝重580克，最大肥肝可达900克。种公鹅性成熟期在190日龄以上，公、母鹅配种比例1∶5。种蛋受精率在75%以上，受精蛋孵化率85%，母鹅的繁殖年限为5年。

22. 织金白鹅

（1）产地与分布　织金白鹅产于贵州省西北部毕节地区织金县，主要分布于黔西、大方、毕节、纳雍、金沙和相邻的六枝、普定等地。

（2）特征及生产性能　织金白鹅为肉、绒兼用的中型鹅品种。织金白鹅体形高大，全身羽毛白色，体形紧凑。颈长、喙、额瘤、蹼为橘红色。出壳雏鹅平均体重为88.95克，成年母鹅体重为4.0千克，公鹅为5.0 千克。开产日龄240天，产蛋旺季集中在冬、春两季，年平均产蛋40枚，蛋壳白色，平均蛋重为165克，蛋壳厚度0.6毫米，蛋形指数1.6。种蛋受精率为80%，受精蛋孵化率85%。每只成年鹅年产羽毛量280 ～ 300克。

23. 云南鹅

（1）产地与分布　云南鹅产于云南省大理白族自治州永平县，中心产区为大理白族自治州永平县和玉溪市通海县，主要分布于大理、楚雄、文山、德宏、玉溪等地，省内其他地区也有饲养。

（2）特征及生产性能　云南鹅为中型鹅品种，有白鹅和灰鹅两种。白鹅头较大，喙橘黄色，喙基部有一肉瘤，颈细长，稍弯曲，颈较长，形似天鹅，胫和蹼橘黄色。灰鹅的喙和肉瘤黑色，胫和蹼灰黄色。白鹅和灰鹅的虹彩多数黄色，少数蓝灰色、褐色。

成年白公鹅4670克，白母鹅4220克；成年灰公鹅4.0千克，灰母鹅3.60千克。母鹅平均开产日龄390天，早者240天。白鹅平均年产蛋23枚，平均蛋重136克；灰鹅平均年产蛋25枚，平均蛋重141克。平均蛋形指数1.44。公鹅性成熟期360 ～ 420天，一般在春、秋两季繁殖。母鹅就巢性强，平均就巢持续期31天。公鹅利用年限2 ～ 3年，母鹅3 ～ 5年。

24. 右江鹅

（1）产地与分布　右江鹅产于广西壮族自治区百色市右江区，中心产区为百色市，主要分布于右江两岸的田野、田东、田林等县，南宁、钦州、玉林和梧州等地也有分布。

（2）特征及生产性能　右江鹅为肉用中型鹅品种，分白鹅和灰鹅两种。白鹅数量较少，灰鹅占绝大多数，两者体形均为船形。背宽胸广，成年公、母鹅腹部均下垂。头部肉瘤较小而平。咽喉下方无咽袋。白鹅全身羽毛洁白，虹彩浅蓝色。嘴、脚与蹼橘红色。皮肤、爪和嘴豆为肉色。灰鹅头部和颈的背面羽毛呈棕色，颈两侧与下方直至胸部和腹部着生白羽。背羽灰色镶琥珀边。主翼羽前两根为白色，后八根为深灰色镶白边。尾羽浅灰色镶白边。腿羽灰色。头部皮肤和肉瘤交界处有一小圈白毛。虹彩黄褐色，嘴黑色。脚和蹼为橙黄色。成年公鹅重约4.5千克、母鹅4.0千克，年产蛋40枚左右，平均蛋重为150克，蛋壳多为白色，青色较少。公、母鹅配种比例1∶(5～6)，种蛋受精率为90%以上。

25. 钢鹅（铁甲鹅、建昌鹅）

（1）产地与分布　钢鹅产于四川省凉山彝族自治州西昌市，中心产区为安宁河流域的西昌、德昌、冕宁、会理、宁南、越西及攀枝花的米易等县。在高寒的昭觉也有饲养。

（2）特征及生产性能　钢鹅为肥肝、肉、油兼用型鹅品种，属于灰色鹅地方类型。体形较大，体躯向前抬起，前额有黑色肉瘤。背羽、翼羽、尾羽为棕色或白色镶边的灰黑色羽，状似铠甲，故又称铠甲鹅，从头顶起，沿颈的背面直到颈的基部，有一条由宽渐窄的深褐色鬃状羽带。出壳重为127克，成年公鹅体重为5千克，母鹅为4.5千克。屠宰测定：活重5.6千克的公鹅，全净膛为76.8%，半净膛为88.5%；活重4.9千克的母鹅半净膛为88.6%，全净膛为75.5%。180～200日龄开产，年产蛋41.82枚，平均蛋重为173.37克。

26. 阳江鹅（黄鬃鹅）

（1）产地与分布　阳江鹅产于广东省阳江市，中心产区为阳江市的塘坪、积村、北贯、大沟等乡，分布于临近的阳春、屯白、恩平等县、市。

（2）特征及生产性能　阳江鹅为小型鹅品种。体形细致紧凑。自头顶至颈背部有一条棕黄色的羽毛带，形似马鬃，故称黄鬃鹅。全身羽毛紧贴，背、翼和尾为棕灰色。喙、肉瘤黑色，胫、蹼橙黄色。无咽袋、无腹褶。皮下脂肪薄、肉质鲜美，可用于制作白切鹅。宜放牧，耐粗饲，抗病力强。成年公鹅体重为4.0千克，母鹅为3.1千克。开产日龄为150～160天。年产蛋26个，平均蛋重为141克，蛋壳白色，蛋形指数1.4。公、母鹅配种比例1：（5～6），种蛋受精率为84%。

27. 乌鬃鹅（清远鹅）

（1）产地与分布　乌鬃鹅产于广东省清远市北江两岸的江口、源潭、洲心、附城等10个乡、镇。分布在粤北、粤中地区和广州市花都区、番禺区以及清远县及邻近的花都区、佛冈县、从化市、英德市等地。佛山市的南海、顺德、三水等区及肇庆的高要市、四会市以及珠海市的斗门区等地也有饲养。

（2）特征及生产性能　体形紧凑，头小、颈细、腿矮。公鹅体形较大、呈榄核形；母鹅呈楔形。羽毛大部分呈乌棕色，从头顶部到最后颈椎有一条鬃状黑褐色羽毛带。颈部两侧的羽毛为白色，翼羽、肩羽、背羽和尾羽为黑色，羽毛末端有明显的棕褐色银边。胸羽灰白色或灰色，腹羽灰白色或白色。在背部两边有一条起自肩部直至尾根的2厘米宽的白色羽毛带，在尾翼间未被覆盖部分呈现白色圈带。青年鹅的各部位羽毛颜色比成年鹅较深。喙、肉瘤、胫、蹼均为黑色，虹彩棕色。成年公鹅体重可达3～3.5千克，母鹅体重可达2.5～3千克。母鹅开产日龄为140天左右，母鹅有很强的就巢性，一年分4～5个产蛋期。年产蛋29.6枚，蛋重为144.5克，蛋形指数1.5，蛋壳浅褐色。公、母鹅配种比例1：（8～10），种蛋受精率约88%。

28. 四川白鹅

（1）产地与分布　四川白鹅产于四川省，主要分布温江、乐山、宜宾、成都、德阳、内江及重庆市永川区、荣昌、大足、江安、长宁翠屏区、高县和兴文等平坝和丘陵水稻产区。

（2）特征及生产性能　四川白鹅为蛋用中型鹅品种，全身羽毛洁白、紧密；喙、胫、蹼橘红色；虹彩灰蓝色。公鹅体形稍大，头颈较粗，体躯稍长，额部有一呈半圆形的肉瘤。母鹅头清秀，颈细长，肉瘤不明显。成年公鹅体重4.36～5.0千克，母鹅3.41～4.10千克，年平均产蛋量达60～80枚，高的可达120个，蛋壳颜色为白色，蛋重140克左右。公、母鹅比例1：（3～4），受精率为84.5%，受精蛋孵化率为84.2%。

29. 狮头鹅

（1）产地与分布　狮头鹅产于广东省潮州市饶平县的溪楼村，中心产区为潮州市饶平县、潮安县和湘桥区，汕头市龙湖区和澄海区，揭阳市揭东、榕城等地，黑龙江、广西、云南、陕西等20多个省、直辖市、自治区均有分布（图2-9）。

图2-9　狮头鹅（刁有祥 摄）

（2）特征及生产性能　狮头鹅的全身羽毛及翼羽均为棕褐色，边缘色较浅、呈镶边羽。由头顶至颈部的背面形成如鬃状的深褐色羽毛带。羽毛腹面白色或灰白色。狮头鹅体躯呈方形，头大颈粗，前躯略高。公鹅昂首健步，姿态雄伟。头部前额肉瘤发达，向前突出，覆盖于喙上。两颊有左右对称的肉瘤1～2对，肉瘤黑色。公鹅和2岁以上母鹅的肉瘤特征更为显著。喙短、质坚、黑色，与口腔交接处有角质锯齿。脸部皮肤松软，皱褶。

狮头鹅羽毛灰褐色或银灰色，腹部羽毛白色。头大而眼小，头部顶端和两侧具有较大黑肉瘤，鹅的肉瘤可随年龄而增大，形似狮头，故称狮头鹅。颌下肉垂较大。嘴短而宽，颈长短适中，胸腹宽深，脚和蹼为橙黄色或黄灰色，成年公鹅体重10～12千克，母鹅9～10千克。但年产蛋量少，仅有25～35个，每个卵重平均约203克。极耐粗饲，食量大。生长迅速，体质强健，成熟早，75～90日龄的肉用鹅，体重为5～7.5千克，肌肉丰厚，肉质优良。

30. 伊犁鹅（新疆鹅、塔城鹅）

（1）产地与分布　伊犁鹅产于新疆维吾尔族自治州伊犁和塔城一带。产区为伊犁哈萨克自治州伊犁、昭苏、尼斯克、特克斯、察布察尔、霍城、巩留、新源等县和塔城地区的额敏县，另在博尔塔拉、阿勒泰、和田、喀什、阿克苏和乌鲁木齐等地也有分布。

（2）特征及生产性能　伊犁鹅体形中等，头上平顶，无肉瘤突起，颌下无咽袋，颈较短，胸宽广而突出，体躯呈扁平椭圆形，腿粗短，体形与灰雁非常相似。雏鹅上体黄褐色，两侧黄色，腹下淡黄色，眼灰黑色，喙黄褐色，胫、趾、蹼橘红色，喙豆乳白色。成年鹅喙象牙色，胫、趾、蹼肉红色，虹彩蓝灰色。羽毛可分为灰、花、白三种颜色。灰鹅，头部、颈部、背部、腰部等羽毛灰褐色，胸、腹、尾下灰白色，并杂以深褐色小斑，喙基周围有一条狭窄的白色羽环，在体躯两侧及背部，深浅褐色相衔，形成状似复瓦的波状横带，尾羽褐色，羽端白色，最外侧两对尾羽白色。花鹅羽毛灰白相间，头部、背部、翼部等灰褐色，其他部位白色，常见在颈肩部出现白色羽环。白鹅全身羽毛白色。

伊犁鹅成年公鹅体重4.29千克，成年母鹅3.53千克。一般每年只有一个产蛋期，出现在3～4月，也有个别鹅分春、秋两季产蛋的。全年可产蛋5～24个，平均年产蛋量为10.1个。平均蛋重为153.9克，蛋壳乳白色。

二、培育品种

1. 扬州鹅

（1）品种培育过程　扬州鹅是由扬州大学、扬州市农林局等单位利用我国皖西白鹅、四川白鹅和太湖鹅3个地方良种鹅的遗传资源，采用现代遗传育种理论和技术手段，经杂交、配合力测定，筛选出最佳组合，再进行自繁、横交固定、扩群繁育，进行世代选育。经8个世代大群常规选育和4个世代家系选育，先后历经16年，最终培育出遗传性能稳定、体形外貌一致、繁殖率高、早期生长速度快、肉质优、适应性强等特点的新鹅种。2006年，通过国家畜禽资源委员会审定。

（2）特征及生产性能　扬州鹅头中等大小、高昂，前额有明显半球形肉瘤、呈橘黄色。公鹅肉瘤大于母鹅，颈匀称，粗细长短适中；母鹅颈略比公鹅细，体躯方圆紧凑。羽毛洁白，绒质较好，在鹅群中偶见在眼梢或腰背部呈少量灰黑色羽毛个体，占群体的3%左右；喙、胫、蹼橘红色（略淡）；眼睑蛋黄色；虹彩灰蓝色。公鹅比母鹅体形略大而长，公鹅雄壮，母鹅清秀，雏鹅全身乳黄色，喙、胫、蹼橘红色。

仔鹅放牧加补饲条件下，70日龄平均活重为3.654千克；母鹅平均产蛋达73.05个，受精率92.9%，受精蛋孵化率89.02%。

2.天府肉鹅

（1）品种培育过程　由四川农业大学、四川畜牧总站及四川德阳景程禽业有限责任公司等单位，利用白羽朗德鹅、四川白鹅等国内外优良鹅种的基因资源，运用现代家禽配套系育种技术，其父系（P1系）来源于四川白鹅与白羽朗德鹅的杂交、回交后代，母系（M1系）来源于四川白鹅，经过多个世代选育而成。2011年，通过国家畜禽资源委员会审定。

（2）特征及生产性能　父母代公鹅出壳时全身绒羽黄色，成年后羽毛洁白，颈部羽毛呈簇状；喙、胫、蹼橙红色（少数橙黄色）；体形较大且丰满，颈较短粗，额上基本无肉瘤。母鹅出壳时全身绒羽为黄色，成年后全身羽毛白色；喙、胫、蹼橙黄色；头清秀，颈细长，额上有较小的橙黄色肉瘤。商品代雏鹅出壳时全身绒羽黄色，70日龄时全身羽毛为纯白色；喙、胫、蹼橙黄色。

父母代母鹅开产日龄200～210天，初产年产蛋量85～90个，种蛋受精率88%以上。商品代6周龄成活率95%以上，10周龄体重3.6～3.8千克，10周龄补饲料肉比2.1∶1，肉质优良，具有突出的肉用价值。

三、引进品种

1. 朗德鹅

（1）产地与分布　朗德鹅又称西南灰鹅，原产于法国西南部的朗德省。该鹅种是在大型图卢兹鹅和体形较小的玛瑟布鹅杂交后代的基础上，经过长期选育而成。我国已多次引进朗德鹅，主要用于肥肝生产。目前，在我国吉林、山东、浙江及江苏等地均有朗德鹅种鹅场（图2-10）。

图2-10　朗德鹅（刁有祥 摄）

（2）特征及生产性能　雏鹅全身大部分羽毛深灰，少量颈部、腹部羽毛较浅，喙、胫和脚棕色，少量为黑色，喙尖白色。脚粗短，头浑圆。个别的也会出现带白斑或全身羽毛浅黄色。成年鹅背部毛色灰褐，颈背部接近黑色。胸部毛色浅，呈银灰色；腹部毛色更浅，呈银灰色到白色。颈粗大，较直。体躯呈方块形，胸深，背阔。脚和喙橘红色，稍带乌。一般在2～6月份产蛋，年产蛋35～40个，蛋重180～200克，肉用、肝用性能成年公鹅体重7～8千克，成年母鹅体重6～7千克。8周龄仔鹅活重可达4.5千克左右。肉用仔鹅经填肥后，活重达到10～11千克，肥肝重700～800克。朗德鹅对人工拔毛耐受性强，羽绒产量在每年拔毛2次的情况下可达350～450克。种蛋受精率不高，仅65%左右，母鹅有较强的就巢性。

2. 莱茵鹅

（1）产地与分布　原产于德国莱茵州，是欧洲产蛋量最高的鹅种，现广泛分布于欧洲各国。我国南京市畜牧兽医站最早引进该鹅种饲养。大量的杂交试验表明，其对改良我国鹅种的肉用性能有良好效果。目前，在上海、吉林、黑龙江、重庆等地均有种鹅场进行生产。

（2）特征及生产性能　体形中等偏小。初生雏背面羽毛为灰褐色；从2周龄到6周龄，逐渐转变为白色；成年时，全身羽毛洁白。胫、蹼呈橘黄色。头上无肉瘤，颈粗短。年产蛋量为50～60个，平均蛋重150～190克。成年公鹅体重5.0～6.0千克，母鹅4.5～5.0千克。8周龄仔鹅活重可达4.2～4.3千克，料肉比为（2.5～3.0）∶1。莱茵鹅能适应大群舍饲，是理想的肉用鹅种。但产肝性能较差，平均肝重为276克。母鹅开产日龄为210～240天。公母鹅配种比例为1∶（3～4），种蛋平均受精率为74.9%，受精蛋孵化率为80%～85%。

3. 罗曼鹅

（1）产地与分布　罗曼鹅是欧洲古老品种，原产于意大利，有灰、白、花3种。在我国，目前主要饲养的是白羽罗曼鹅。对白色罗曼鹅，丹麦、美国和中国台湾进行了较系统的选育，主要是提高其体重和整齐度，改善其产蛋性能。英国则选体形较小而羽毛纯白美观的个体留种。白罗曼鹅是我国台湾地区主要的肉鹅生产品种，饲养量占台湾全省的90%以上（图2-11）。

图2-11　罗曼鹅（刁有祥　摄）

（2）特征及生产性能　白罗曼鹅外表很像埃姆登鹅，体形比爱姆登鹅小1/2，属于中型鹅种。头中等大小，白羽罗曼鹅全身羽毛白色，眼为蓝色，喙、胫与趾均为橘红色。其体形明显的特点是圆，颈短，背短，体躯短。成年公鹅体重6.0～7.0千克，母鹅体重4.5～5.5千克。母鹅220日龄开产，年产蛋

25 ～ 50个，蛋重140 ～ 160克，椭圆形，蛋壳呈白色。公、母鹅比例1 ∶ 4，受精率85%，孵化率88%。

4. 卡洛斯鹅

（1）产地与分布　卡洛斯鹅是由匈牙利卡洛斯公司培育的绒、肉兼用型优良品种。2011年3月，由我国农业部执行“948”项目引进卡洛斯鹅曾祖代种蛋1200个，经过孵化、育雏、育成几个阶段，获得了卡洛斯鹅祖代核心群880只种鹅。2012年，以该品种进行扩繁，生产父母代。目前，向吉林、内蒙古、湖南和江苏等地大中型种鹅饲养场进行推广。

（2）特征及生产性能　成年鹅全身羽毛白色，喙、胫、蹼橘红色，无肉瘤。雏鹅绒毛黄色，头顶及背部后方呈浅黑灰色，20日龄后逐渐变成白色。母鹅年均产蛋62.8个，平均蛋重175克。种蛋受精率93.1%，孵化率81.2%，育雏成活率95.6%。

5. 霍尔多巴吉鹅

（1）产地与分布　霍尔多巴吉鹅是由欧洲最大的水禽养殖加工企业匈牙利霍尔多巴吉鹅股份公司多年培育的国际公认的绒、肉兼用型优良品种。该品种不仅肉质鲜嫩、蛋白质含量高、脂肪少、胆固醇低，而且产绒多、含绒量高、绒朵大、弹性好。尤其耐粗饲、抗寒抗热、适应性强。目前，在内蒙古、山东、黑龙江、安徽、海南和吉林等地都建有种鹅场（图2-12）。

图2-12　霍尔多巴吉鹅
（刁有祥 摄）

（2）特征及生产性能　体形高大，羽毛洁白、丰满、紧密。胸部开阔，光滑。头大，呈椭圆形。眼蓝色，喙、胫、蹼呈橘黄色。胫粗，蹼大。头上无肉瘤，腹部有皱褶下垂。雏鹅背部为灰褐色，余下部分为黄色绒毛。2 ～ 6周龄羽毛逐渐长出，变成白色。180天公鹅体重达8.0～12.0千克，母鹅体重达6.0～8.0千克。母鹅年产蛋30~50个，蛋重170~190克。蛋壳坚厚，呈白色。公、母鹅配比为1 ∶ 3。母鹅可连续使用5年。种鹅在陆地上即可正常交配，正常饲养情况下，种蛋受精率为90%，受精蛋孵化率在80%以上。

第三章

鹅的生物学特性

第一节　鹅的行为特征

鹅是最聪明的鸟类之一，它有很好的记忆力，不容易忘记人、动物或某些情境。鹅彼此之间以及与其他动物能和谐共处，并具有很好的群居性。鹅表现出的所有行为中，有些行为是正常行为，有些行为则是异常行为或称为有害行为。只有充分了解哪些行为可后天形成以及鹅表现出的行为正常与否等，才能通过观察鹅的行为来判断鹅群情况、确定养鹅环境是否合理等，并采取相应措施使鹅适应环境，充分挖掘其生产潜能，提高生产效益。

一、啄羽行为

鹅的啄羽行为包括自净啄羽、啄尾和啄背3种。

1. 自净啄羽

鹅有洁身自净的天性。无论雏鹅、小鹅还是大鹅，睡醒和下水游泳后，即行自啄羽毛“打扫卫生”。自啄的顺序依次为肩、背、翅、腹下和颈，其行为是每次啄翼羽一根或其他羽毛数根，从根部往末梢滑出。清除干净后开始擦油，即从尾脂腺处啄得脂肪向躯体各部涂擦，其顺序依次为肩、背、翅和胸，腹下很少见擦油。

2. 啄尾

30日龄后的雏鹅开始建立家族群，家族间的识别靠啄其尾部尾脂腺脂肪来完成。经过7～10天，同家族个体间记忆牢固，不再啄尾。因而，此期内常可见到从外周进入睡眠群中的个体叼啄睡眠者的尾部，有的被啄者站起前进几步再行睡眠，有的仅摇3～5次尾以应答，后进入者则见到摇尾后自动卧下。

3. 啄背

啄背为非正常行为，饲料单一、营养缺乏、饲养密度过大、强光、羽毛不洁、青绿饲料不足、湿度过大等均可能导致个体间相互啄毛。尤其是啄食背部羽毛，轻则背部羽毛呈灰色湿束状，重则背部羽毛被啄光出血。如不及时处理则发展很快，1天间30%个体背部无毛，2天后50%以上个体光背，3天后则80%以上个体光背，并伴背部出血。高温啄羽常伴以打斗和张口呼吸，两翅散开；高湿啄羽常伴羽毛湿润，胸腹部水污明显。密度过大啄羽和光线太强啄羽常伴以啄头颈羽毛，前者光背个体先见于弱小者，后者则先见于强壮个体。缺乏青绿饲料的啄羽则表现为群体间不分大小相互猛啄，但发展较慢。

二、游泳行为

鹅虽为水禽，但第1次到河边却不敢下水，群鹅呈长线状站立于河边。4～5分钟后，胆大个体开始饮河水。约15分钟，饮水个体试趟浅水区，惊恐拥挤状态消失。25～30分钟时，进入浅水区个体敢于在水中洗头、玩水，50%个体试探进入浅水区饮水。第2次下水较第1次容易驱赶，在浅水区站立10分钟左右时，胆大个体即开始向深水区试探。当其双脚踩不到河底时，即迅速返回。1～2分钟后，该个体会继续试探，如此重复3～5

次，该个体即敢于在深水区自由游动。此时，成功的兴奋会使该个体频繁地进出深水区，并在鹅群中到处穿插以炫耀。约经30分钟，便会有3～5只鹅模仿第1只鹅的动作，并且成功的喜悦会使其在游泳中伴以戏水、扇翅。当有10～20只雏鹅进入深水区后，胆大的个体开始潜水试探水深。第1次潜水，大多头向河心方向，并扎得很浅，时间也很短。常为尾部还未入水就浮出水面，双脚蹬河底后带起一片浑水，潜水距离不到1米，而出水后向前冲3～5米。成功后不顾疲劳潜8～10次，其他鹅竞相模仿，形成3～5只在潜水、10～20只在游泳、70%～80%鹅于浅水区观看、20%～30%鹅在岸上走动的场面。为防止鹅受凉感冒，鹅群每次下水游泳时间应控制在30分钟左右。鹅群学会游泳之后，每次补饲精料后会自动下水饮水、洗澡和游泳。当采食不足且水面有浮游植物时，鹅群则在水中游动采食。此时，应视鹅群的年龄和天气情况掌握下水时间。原则上，鹅龄越大，下水时间愈长；天气晴好气温较高时，可以延长下水时间。

性成熟期和繁殖季节到来时，公鹅的游泳除了采食、洗澡和饮水的需要外，还为了取悦母鹅。此时，公鹅游泳的花样增多，侧泳、仰泳、侧洗和翻洗，频频潜水，延长潜水距离，在深水区站立展翅，甚至贴水面飞翔等，以吸引母鹅。

三、交配行为

公鹅追逐母鹅有交配要求，最早见于120日龄（豁眼鹅），大多数鹅种见于180日龄前后。一般情况下，鹅的交配在水中完成。据观察，在没有水域的情况下，鹅也能交配，种蛋受精率高时仍可达90%以上。

鹅的交配从嬉戏开始，公鹅在水中频频扎猛子，以翅扇水，并发出响亮、短暂、连续不断的“嘎、嘎”叫声。母鹅闻声游至公鹅周围，公鹅快速游动，母鹅追随前进。游动5～10分钟后，只有待配母鹅紧追不舍，其他母鹅陆续分开。母鹅在发现

图3-1 公鹅与母鹅交尾过程（一）（刁有祥 摄）

图3-2 公鹅与母鹅交尾过程（二）（刁有祥 摄）

图3-3 交尾结束公鹅上岸休息（刁有祥 摄）

公鹅开始叼啄其颈部羽毛并踩背时，大多迅速引领公鹅进入浅水区，待双脚踩住河底时，站立收身协助公鹅完成上背动作，并举尾协助完成交配（图3-1、图3-2）。当公鹅叼啄其头颈羽毛时，无经验的母鹅即在深水区站立及收身。此时，如遇无交配经验的公鹅，一边上背一边勾尾，往往因母鹅在水中左右晃动而致交配失败；有经验的公鹅多次重复上背动作，真正完成上背后才向下勾尾交配。老练的母鹅在公鹅叼啄头颈羽毛后，引导其奔向浅水区，无经验的公鹅边上背边勾尾交配；或在深水区已踏母鹅背上，形成一上一下叠罗前进，但由于公鹅自然前倾，母鹅头部一直浸于水中，且挣扎举头于水上呼吸。这两种情况的交配常因母鹅无法完成举尾而失败。交配成功后，公鹅扎1～2个猛子后游离鹅群休息（图3-3）。在游离过程中，尽量绕过其他公鹅，母鹅则连续3～4次用头向背部撩水，扇翅2～3次，左右摇尾3～4

次后上岸休息。公鹅性欲旺盛而母鹅拒绝交配时，公鹅叼啄其头颈羽毛时，母鹅游动逃离。这种游离常常伴有双翅打水动作，与引导公鹅向浅水区截然不同。

四、产蛋行为

母鹅喜欢在安静、阴暗及干燥处筑巢产蛋，并且有固定窝位产蛋的习惯。当自己的产蛋窝位被其他鹅占领时，如为弱势母鹅，则卧于窝边等待，直至占领者离去才入窝产蛋。所以，常发生蛋产于窝边的情况。如为强势母鹅，则叼啄占领者，直至其腾挪开为止。占领者如为弱势母鹅，打斗很简单；而当占领者亦为强壮母鹅时，不但不躲避叼啄，反以叼啄相应，但不站立，后来者一直叼啄，直至腾挪部分位置强行卧下。有时后来者急于产蛋，则不顾先行占领者的叼啄而卧其背上，叼啄得实在受不了时，以尾部相向。母鹅产蛋时间多集中在每天的2：00～10：00和14：00～22：00。据统计，2：00～6：00产蛋的占12%～15%，6：00～8：00产蛋的占20%～25%，8：00～10：00产蛋的占8%～12%，14：00～18：00占10%，18：00～20：00占20%，20：00～22：00占10%，其他时间不超过50%。

母鹅临产时，发出响亮的“咯、咯”（长达3～4秒）鸣叫后，同家族公鹅立即前来护送母鹅进入产房。雄性好的公鹅待母鹅入窝后卧下方才离去，雄性差的则送至产房门口即离去。不论雄性强弱，公鹅都不叼啄卧在窝内的产蛋母鹅，而靠临产母鹅自己去驱赶占领窝位者。

入窝后，母鹅首先用嘴勾翻其他鹅产的蛋，双脚尽量不踩蛋，卧下后胸腹晃动（俗称“围窝”）并用嘴勾叼窝边干草送于胸腹下，闭目静眠5～20分钟后开始产蛋。60%～70%母鹅采用站立姿势产蛋，30%～40%母鹅采用卧姿产蛋。母鹅产蛋时，精神十分集中，对周围环境反应迟钝。随后，呼吸越来越急促，整个身子轻微起伏。在出现努责前几分钟，腹部起伏次数每分钟达50多次。此时，大多数母鹅的肛门离草面仍在5厘米以上。努责时鹅颈常向前伸长，努责间歇时头又抬起。站立产蛋的鹅从站立至蛋产出一般1～2分钟，蛋产出后，鹅即由产蛋瞬间的蹲姿恢复为站姿，体态也逐渐放松，由于产蛋而外翻的泄殖腔也因括约肌的收缩而逐渐恢复原状。产蛋时间长短不一，大多在10～30分钟完成。蛋产出后，母鹅先伏窝休息，如无其他母鹅干扰，70%～80%的母鹅要暖蛋10～15分钟方才离去。尤其是窝内仅一鹅时，更是如此。大多数鹅仍将头埋于翅中休息，有时鹅会突然惊醒，急忙站起来转身察看自己产的蛋，并亲昵地用喙把蛋拨到腹部下，同时用喙将四周的草拨到身旁，覆盖腹部后再伏下。产后伏窝的时间一般为30分钟左右，最短8分钟，最长达2小时之多。如遇2只以上的鹅伏于同一窝时，一鹅产蛋后，另一鹅会起身企图将蛋拨于自身下，这时产蛋鹅会奋力争夺，将蛋夺回自己身下后才安心伏下休息。了解母鹅的产蛋行为，有利于科学地饲养及管理种鹅。鹅伏窝时，往往用喙或脚将身下垫草拨开。如下面铺的垫料过薄，则易露出地面。这样产下的蛋，不仅容易接触地面弄脏，也易使蛋骤冷。因而应将窝内的草垫厚，并应在草下放一层干净的细沙。同时，为了使蛋壳表面的水分尽快吸干，防止窝内潮湿，必须经常更换干垫草。在生产中，应按最集中产蛋时间鹅的数量准备足够的产蛋窝，以避免母鹅争窝和窝外产蛋。

五、打斗行为

并群时和繁殖季节，鹅常发生打斗行为。

1. 并群打斗

当外来鹅群在公鹅带动下接近原居群时，附近原居群公鹅迅速回拢，并伸颈于地，目视外来群，发出短促响亮的“咯、咯”连续的示威驱赶声。对方所有公鹅趋前对阵发出同样的叫声，鸣叫5～8次对方不离开时，双方最强壮的公鹅开始打斗。打斗时，双翅展开但不扇动，头颈贴地突然前冲。接触后，啄咬对方颈肩部羽毛，并伴以撕拉。多数情况下两鹅接触后，强者叼啄弱者头颈4～5次后，弱者即逃离，随之全群撤离，打斗历时4～5分钟即结束。而当进攻者最初未叼啄原居群公鹅的头颈要害部位而叼啄其肩背时，对方反攻强烈，打斗时间较长。双方其他公鹅边鸣叫边趋前，但不参加打斗。一旦双方分出胜负即行分离，进而建立新的位次，之后，鹅群方能恢复平静。

2. 群内打斗

主要发生在繁殖季节。这种打斗行为与合群时相同，但打斗较为激烈，一般历时10～15分钟。配种期不随意调动公、母鹅，当遇到不配种的公鹅或是某试验小组里的公母鹅配合力不强等情况，不得已要换公鹅的话，必须提前10天进行调整，让公鹅与母鹅群有一个熟悉、认知的过程。建立起良好关系之后，才能捡拾种蛋，以获得较高的受精率。

六、啮齿行为

鹅和鸡与多数哺乳动物不同，鹅喙扁平，故又称“扁嘴”，分上、下两部分。内喙有50～80个数量不等的锯齿，舌侧及表皮角质层亦呈锯齿状。这些锯齿状器官具有牙齿的功能，是采食牧草和坚硬食物的主要工具。但是，它们会随着组织的不断生长而增长。当放牧时间不足、长期采食鲜嫩牧草和喂给配合饲料时，鹅就要像老鼠、兔子那样通过啮齿行为来磨损生长旺盛的锯状齿。鹅的啮齿发生在中午或晚间采食、游泳之后，在潮湿地段（如河边、小水坑中）进行。啮齿的群鹅以家族为单位散布于河池边或小泥潭周围，两腿并立或前后分立，颈脖伸向前下方，喙向前下方斜伸先行吸水漱口，而后曲颈竖直向下啄泥；漱口时鹅的上颌不动，下颌连续快速运动，水流自前端进入口腔后，随舌的上下运动而从两侧的舌齿、喙齿缝隙流出，鹅头贴水面左右摆动，双腿缓慢向前走动；至岸边稀泥处开始啄泥，啄泥时上、下颌一起运动，并不时将泥团向左右侧甩出。啮齿行为不同于饮水，饮水时下颌连续运动4～5次后有仰头饮、咽动作；也不同于采食水中食物，采食时除上下颌一齐运动外，尚有不时抖脖吞咽动作。如果条件不具备，缺乏潮湿地段，地面被硬化，那么，鹅会对环境中的木制栏杆或种植的树木等进行啃咬，较长时间后会导致小树死亡、木制栏杆被啃咬断的现象。因此，如果为了给鹅遮挡阳光而在鹅的生活环境里种植树木，那么就一定要用铁网或砖块等将小树保护好以便保证树苗成长。鹅啃咬木杆是青绿饲料供应不足所致，所以在饲养管理上应注重为鹅提供足够的青绿饲料，以满足鹅食草的需求。

七、睡眠行为

鹅的睡眠可分为白昼睡眠和夜晚睡眠。白昼睡眠行为，鹅群在圈舍内采食精料饮水后，会在公鹅的带领下寻找干燥的地段睡觉，睡眠时间约1小时。不睡的个体仍在觅食或游泳，或进行自洁。鹅的夜晚睡眠，强壮个体居于睡眠区中间，弱小个体居于外周。睡眠时，80%～85%个体呈卧姿，其余为站立状。站立睡眠鹅中1/3呈单腿站立，2/3为双腿站立。有2%～3%的站立鹅承担放哨任务，俗称“哨鹅”。哨鹅在听到站立睡觉鹅喉间发出长而尖细的轻微叫声或低沉轻微连续3～4声时，则缓慢地在睡眠群中寻找空隙地点卧下睡觉，而在此过程中躺着的鹅只站起补充到站鹅睡眠行列。当遇到蛙、蛇或蝙蝠等轻微干扰时，受扰的睡眠家族哨鹅会发出较大的“咯咯”叫声。此时，同家族睡眠中鹅发出“咯、咯”的回应，并缓慢转移到大群鹅的另一端，未受扰的家族则继续睡觉。只在转移家族经过或到达时发出几声“咯、咯、咯、咯、咯”的叫声以示知晓，谓之“扰群”。当遇到猫、犬等动物干扰时，不像白昼进行监视，哨鹅常发出响亮尖厉嘶鸣。鹅群则不分家族，全部迅速逃入水中或在圈舍内飞奔，并伴以响亮嘶鸣声，谓之“惊群”。这是民间养鹅防盗的主要缘由。

八、模仿行为

雏鹅具有较强的探索、仿效行为。雏鹅在进入新环境时，部分鹅最初表现出好奇而探索前进。雏鹅遇陌生物品时，常先小心地靠近，接近后用嘴衔咬几下，群体中有鹅表现这种行为时，其他鹅也试着做这种动作。如开食、初饮和第1次下水等，都是少数鹅先进行探索，其他鹅观看，以后模仿。这种行为对调教鹅有重要作用。但这种模仿行为也会带来不良习惯，如模仿聚堆、跳入水槽或食槽、啄食、争斗等。因此，在雏鹅探索、模仿行为时，应及时调教雏鹅开食、饮水，且使之尽快形成固定行为。另外，雏鹅很易受惊吓，突如其来的巨大声音、人畜或飞鸟的突然进入、偶然出现色泽鲜艳的物品、突然停电、强光等，都会使雏鹅受到很大的惊扰。雏鹅表现异常惊慌，发出叫声，向一个方向聚集，这种情况下就非常容易引起鹅的意外死亡。育雏时，应为雏鹅提供一个相对稳定、安静及舒适的生活环境。育雏器以及育雏人员应固定，不可经常更换。

总之，只有正确认识鹅的行为特征，并根据这些特征加强饲养管理，才能有效提高养鹅的经济效益。

第二节　鹅的生活习性

鹅的驯化程度比鸡、鸭低，有些生活习性与鸿雁相似。只有熟悉鹅的生活习性，才能制定出适宜的日常管理制度，才能做到科学养鹅。

一、喜水性

鹅的祖先是鸿雁和灰雁，生活在河流、湖泊、沼泽附近，喜欢在水中洗浴、嬉戏、配种和觅食。虽然经过了几百年乃至几千年的驯化和选育，但家养鹅仍然保留了其祖先的这种喜水习性。在鹅养殖过程中很容易发现其喜水的习性，无论哪个周龄的鹅见到水后都会主动下到水中活动。鹅的尾脂腺很发达，其中分泌的油脂被鹅用喙部涂抹于羽毛上，会使羽毛具有良好的沥水性。在水中活动不会被浸湿，同时也提高了羽毛的保温效果。鹅趾蹼的结构也非常有利于在水中划水。鹅没有耳叶，耳孔被羽毛覆盖，当鹅在水中活动时可以防止进水。这些都为鹅在水中活动创造了条件。

在养鹅生产中，尤其是在选择场地时必须考虑到有适当的水面供鹅活动，若无水面则会因为鹅的一些生活习性无法得到满足而影响生产。适当的水中活动有助于减少鹅体表寄生虫（如螨类）病的发生，也有助于促进羽毛的生长。鹅喜爱干净，如果缺水不能洗浴会使羽毛脏污，不仅影响羽绒质量，而且也可能影响种鹅的交配活动。

二、喜干性

尽管鹅是水禽，有喜水的天性，但也有喜干燥的另一面。夜间鹅总是喜欢选择到干燥、柔软的垫草上休息和产蛋。因此，在其休息和产蛋的场所必须保持干燥，否则对鹅的健康、产蛋数量以及蛋壳质量都会产生不良影响。鹅舍内潮湿、垫草潮湿且有泥，则会使鹅的羽毛非常脏乱，容易造成羽毛脱落和折断。

鹅下水活动时，其羽毛上的泥巴被洗掉的同时也会洗去羽毛上的油脂而使其失去沥水性，影响其保温性能。

三、耐寒性

鹅的颈部和体躯都覆盖厚厚的羽毛，羽毛上油脂的含量较高。所以，羽毛不仅能够有效地防水，而且保温性能非常好，能有效地防止体热散发和减缓冷空气对机体的侵袭。成年鹅耐寒性很强，在冬季仍能下水游泳、露天过夜。鹅在梳理羽毛时，常用喙压迫尾脂腺，挤出分泌物，涂在羽毛上面，使羽毛不被水所浸湿，形成了防水御寒的特性。一般鹅在0℃左右低温下，仍能在水中活动；在−4℃寒冷地区也能正常生长；在10℃左右的气温下，仍可保持较高的产蛋率。

四、合群性

鹅具有良好的合群性，其祖先在野生状态下都是群居生活和成群结队飞行，这种本性在驯化过程中仍然保留下来。经过训练的鹅，在放牧条件下可成群远行数里而不乱。因此，在鹅生产中大群饲养是可行的。母鹅通常性情温顺，在大群饲养条件下有良好的合群性，相互之间能够和平相处。但是，公鹅的性情比较暴躁，相互之间会出现争斗现象，尤其是不同群的公鹅相遇后该现象更突出。因此，在成年种用鹅群管理中尽可能减少调群。当不同群体到运动场或水池活动时，也应防止出现混群。

五、警觉性

相对于其他家禽来说，鹅胆量较大，一旦有陌生人接近鹅群则群内的公鹅会颈部前伸、靠近地面，鸣叫着向人攻击。鹅的警觉性很高，夜间有异常的动静其就会发出尖厉的鸣叫声。因此，有人养鹅做守夜用。但由于警觉性高，所以其也易受惊吓。故养鹅舍及周围环境应保持安静，严禁生人和犬、猫、黄鼠狼、老鼠等动物进入，避免产生应激。

六、广食性

鹅是杂食性禽类，其祖先生活在河、湖之滨，主要以水生植物和陆生植物为食。鹅喜欢采食植物性饲料，但在生产中配制饲料时必须添加适量的动物性原料，有助于改善鹅的健康和生产性能。鹅消化粗纤维的能力比较高，有报道认为，鹅能够消化饲料中30%左右的粗纤维。鹅以觅食大量青绿饲料为主，因而饲养成本低，饲料转化率高，更适合我国人多地少、粮食比较紧张的国情。在冬季缺少青绿饲料的时期，可以将农作物秸秆粉碎后作为主要的饲料来源。将玉米带籽粒青贮后，可以作为冬季和早春种鹅的饲料；也可以将墨西哥玉米进行青贮，使用效果都比较理想。只要保证每天约250克的精饲料，就能保证种鹅有良好的繁殖性能。

七、就巢性

就巢性（也称抱窝性）是禽类在进化过程中形成的一种繁衍后代的本能，其表现是雌禽伏卧在有多个种蛋的窝内，用体温使蛋的温度保持在37.8℃左右，直至雏禽出壳。我国的大多数鹅种都保持了抱窝的习性，某些鹅种的抱窝性很强（如浙东白鹅）。鹅在抱窝期间卵巢和输卵管萎缩，产蛋停止，采食量也明显下降。每次抱窝的时间可持续10天，个别可长达1个月左右。抱窝性强的鹅产蛋量必然减少。因此，要在生产中提高鹅的产蛋量，就必须通过各种形式消除或减少鹅的抱窝行为。

八、休产习性

鹅有明显的繁殖季节性表现，在5～10月份绝大部分的种鹅都停产进入休产期，在此期间，种鹅的卵巢和输卵管萎缩。对于种鹅养殖者来说，在休产期间可以停止饲喂精饲料而主要喂以青绿饲料，降低饲养成本，同时可以进行活体采毛以增加收入。

九、羽毛生长与脱换

鹅出壳时全身覆盖的是绒毛，从3日龄开始新羽毛逐渐长出，5周龄前后全身羽毛长齐，6～8周龄翅膀上的大翎生长，10周龄第一次羽毛更换完成，12周龄后再次更换羽毛。在40日龄前，鹅体格发育的重要时期，鹅喜欢采食青绿饲料，如果把精饲料和青绿饲料分开放置，鹅会选择采食青绿饲料，但是，在6～8周龄大翎生长期间鹅会更多地采食含蛋白质多的精饲料以满足大翎生长所需要的蛋白质。当大翎生长完成后，鹅又会主动选择采食青绿饲料。如果3～5周龄大量使用精饲料会使鹅翅膀肌肉与骨骼的发育不协调，导致“翻翅”问题的发生。因此，在鹅生长的不同时期要提供营养不同的饲料。仔鹅要选择在10周龄前后出栏，如果推迟出栏则鹅可能处于羽毛更换时期，有血管毛的存在，不仅影响屠体品质而且降低羽绒质量。成年鹅在夏末秋初要更换羽毛，在此之前应该进行活体拔毛以提高毛绒利用效益。

第三节　鹅的消化和繁殖

一、鹅的消化系统

鹅的消化系统包括口腔、咽、食管和食管膨大部、腺胃、肌胃、肠（小肠、盲肠、大肠）和泄殖腔、肝及胆囊、胰腺。消化器官主要用于采食、消化食物、吸收营养和排泄废物。

1. 口腔、咽

鹅无软颚，所以口腔和咽之间没有明显界限。口腔没有唇、齿，颊部也很短，有喙，喙由上、下颌形成。喙边缘有许多横脊，在水中采食时便于将水滤出，并把食物压碎。硬颚构成口腔顶壁，正中线上有颚裂，向后连鼻后孔。硬颚上有5列颚乳头。鹅舌长，前端稍宽，分舌尖和舌根两部分。舌黏膜有厚的角质层。鹅丝状乳头位于舌的边缘。舌上没有味觉乳头，但是在口腔黏膜内有味蕾分布。咽与口腔之间以最后一列颚乳头为界，咽乳头和喉乳头为咽和食管的分界。咽的顶端正中有一咽鼓管口。唾液腺很发达，包括上颌腺、下颌腺、颚腺、咽腺及口角腺。这些腺体分泌黏液，有导管开口于口腔和咽的薄膜面。

2. 食管和食管膨大部

食管能扩张，便于吞咽较大食团，鹅的颈长，食管也长，为40～60厘米，食管分为颈部和胸部食管。食管最初位于气管背侧，在颈部转到气管的右侧，在入胸腔之前形成一个纺锤形的食管膨大部，有着与鸡嗉囊相似的功能，起着储存和浸软食物的作用。

3. 胃

胃分为腺胃和肌胃。腺胃呈短纺锤形，位于左、右肝叶之间的背侧部分。黏膜上有数量较多的小乳头，黏膜内有大量胃腺，可分泌盐酸和胃蛋白酶，分泌物通过导管开口于乳头。腺胃体积不大，储存食物有限，主要功能是分泌胃液和推移食团进入肌胃。肌胃亦称“胗”，位于腺胃后方，呈扁椭圆形的双凸体，长7～11厘米，最宽处5～8厘米，表面上有厚而致密的中央肌膜。肌胃有2个通口：一个通腺胃，一个通十二指肠。2个口都在肌胃的前缘，距离很近。肌胃的肌层发达，暗红色。黏膜层内有肌胃腺，分泌物形成一层类角质膜，有保护黏膜的作用。鹅的类角质膜较厚，较易剥离。肌胃腔内有较多的砂粒，对食物起研磨作用，所以肌胃又称砂囊。肌胃收缩时，产生很大的肌内压。据测定，鹅肌胃收缩时压力可达25～35千帕。这样大的压力不但能磨碎坚硬的食物，甚至能把玻璃球压碎、使小金属管扭曲。沙砾在肌胃内的作用很重要，如将肌胃内腔的沙砾移去，消化率将下降25%～30%。食物在肌胃停留的时间视饲料的坚硬度而异，细软食物约1分钟就可推向十二指肠，而坚硬食物的停留时间可达数小时之久。

4. 肠和泄殖腔

鹅肠较短，为其体长的3～4倍，分为大肠和小肠。在大、小肠上均有肠绒毛，但无中央乳糜管。在大、小肠黏膜内有肠腺，但在十二指肠内无肠腺。小肠分为十二指肠、空肠和回肠。十二指肠位于肌胃右侧，长30～40厘米，直径0.6～1.0厘米。肌胃的幽门口连通十二指肠。十二指肠以对折的盘曲为特征，可分为降部和升部。两部分肠段之间夹有胰腺。与十二指肠起始端相对应处的十二指肠末端向后侧延续为空肠。空肠形成许多肠褶，长80～100厘米，直径0.8～1.0厘米，由肠系膜悬挂于腹腔顶壁。鹅空肠形成5～8圈肠襟，数目较固定。空肠的中部有一盲突状卵黄囊憩室，是胚胎期间卵黄囊柄的遗迹。回肠较为平直，末端稍增，长80～110厘米，直径0.6～0.9厘米，以回盲韧带与盲肠相连。空肠与回肠无明显差异，一般以卵黄囊憩室为分界线，向上靠近十二指肠的为空肠，向下与大肠相连的为回肠。小肠壁内有肠腺，分泌物排入肠腔，对食物进行消化。大肠分为盲肠和直肠。盲肠有2条，长20～30厘米，呈盲管状，盲端游离。回盲口可作为小肠与大肠的分界线。距回盲口约1厘米处的盲肠壁上有一膨大部，由位于盲肠内的大量淋巴小结组成，称为盲肠扁桃体。回盲口的后方为直肠，直肠很短，长10～18厘米，末端连接泄殖腔。盲肠会进一步消化小肠内未被分解的食物及纤维素，并吸收水和电解质。与陆禽相比，盲肠对纤维素的分解和吸收作用对水禽更重要。鹅若切除盲肠，会引起纤维素消化率下降，粪便含水率升高。泄殖腔为消化、生殖、泌尿三系统的共同通道，泄殖腔略呈球形，内腔面有3个横向的环形黏膜褶，将泄殖腔分为3部分：前部为粪道，与直肠相通；中部为泄殖腔，输尿管、输精管或输卵管开口在这里；后部为肛道，肛道壁内有肛腺，分泌黏液。肛道的背侧壁上有腔上囊的开口。肛道向后通肛门（又称泄殖孔），肛门壁内有括约肌。

5. 肝及胆囊

鹅肝较大，分左、右2叶，不等大。其重量从孵化出壳到性成熟增加30倍左右。一般鹅肝重为60～100克。雏鹅的肝呈淡黄色，这是由于雏鹅吸收卵黄色素的结果。成年鹅的肝一般为暗褐色。每叶的肝动脉、肝门静脉和肝管进出肝的地方称为肝门。左叶肝管直接开口于十二指肠末端，右叶肝管先入胆囊，再由胆囊发出的胆管在肝管的旁边入十二指肠。胆汁在肝内产生，并由两条胆管输入十二指肠末端的下方。肝右叶的胆管扩大而成胆囊，鹅的胆囊呈三角形。胆囊起储存胆汁的作用。当十二指肠有食物时，胆囊即行收缩并排空胆汁使之进入肠道。左叶的胆管没有扩大，肝分泌的胆汁直接同胆管内的胆汁一起进到小肠。鹅在肝中可以聚存大量脂肪，这对于生产脂肪肝是有利的。采取填肥的方法，可使鹅肝增加到原来重量的10～15倍。

6. 胰腺

胰腺位于十二指肠降部和升部之间的系膜内，呈淡粉色，分为背叶、腹叶和脾叶。鹅胰腺有2条导管，并同胆管一起开口于十二指肠末端。胰的分泌部为胰腺，胰腺分泌胰液。胰液含有淀粉酶、蛋白分解酶和脂肪分解酶，排入十二指肠，消化食物。在胰腺腺泡之间，呈团块状分布着众多的胰岛，胰岛分泌胰岛素等激素，随静脉血循环。鹅的胰岛特别发达，与哺乳动物一样，若没有胰液则会消化不良。

二、鹅的繁殖系统

鹅的繁殖系统功能是产生生殖细胞（雄性产生精子，雌性产生卵子）、分泌激素和繁殖后代。

1. 公鹅生殖器官

包括睾丸、附睾、输精管和阴茎。

（1）睾丸　鹅有2个，左右对称，以睾丸系膜悬挂于同侧肾前叶的前下方，呈豆状，其左侧比右侧稍大。睾丸大小、重量、颜色随品种、年龄和性活动的时期不同有很大变化。未成年的鹅睾丸很小，仅绿豆至黄豆大小，一般为淡黄色；性成熟已长相当大，配种季节睾丸很大，可达鸽蛋大，这时由于内有大量精子而使颜色呈乳白色。

睾丸外被结缔组织形成的白膜所包围，但没有隔膜和小叶，其内主要由大量的精细管构成。精子即在精细管中形成，精细管相互汇合，最后形成若干输出管，从睾丸的附着缘走出而连接于附睾。睾丸的精细管之间分布有成群的间质细胞，雄性激素即由它分泌。雄性激素可控制公鹅的第二性征发育、雄性活动表现和交媾动作等。

（2）附睾　鹅的附睾较小，呈长纺锤形，位于睾丸背内侧缘，且被悬挂睾丸的系膜所遮盖。因为睾丸的输出小管不是在附睾的尖端，而是沿着附睾的全长发出，所以不能区分附睾的头、体和尾部。

（3）输精管　输精管是一对弯曲的细管，与输尿管平行，向后逐渐变粗。其末端变直后膨大的部分称脉管体，精子可在此储存，并由脉管体所分泌的液体所稀释。输精管入泄殖腔后变直，呈乳头突起，称射精管，位于输尿管外侧。鹅没有副性腺。

（4）阴茎　鹅的阴茎具有伸缩性，螺旋状扭曲，由左、右2条纤维淋巴体构成阴茎基底部和阴茎体。左边纤维淋巴体比右边大。勃起时，左、右淋巴体闭合形成1条射精沟，从阴茎底部上方的2个输精管乳头排出的精液沿射精沟流至阴茎顶端射出。

2. 母鹅生殖器官

母鹅生殖器官由卵巢和输卵管组成。母鹅生殖器官仅左侧发育正常，右侧在孵化期间就停止发育了。

（1）卵巢　位于腹腔左肾前端，卵巢由富有血管的髓质和含有无数卵泡的皮质两部分构成。卵细胞就在卵泡里发育生长，孵出24小时内的雏鹅卵巢很小，乳白色。后来，由于血管增生而呈红褐色。此后，由于卵巢的结缔组织相对减少，卵泡和包于其中的卵细胞增大，肉眼可在卵巢表面见到大量卵泡。到产蛋期，卵细胞内卵黄颗粒开始沉积，以供未来胚胎发育的需要，最后成为成熟卵泡。卵细胞因含有大量卵黄颗粒而通称为卵黄。卵黄外面包有一层薄的卵黄膜，透过卵黄膜可以看到一个白色斑点。这是卵细胞的细胞核和细胞质所在之处，即为胚珠，受精后的胚胎开始发育。

卵巢除排卵外，还能分泌雌激素、孕酮和雄性激素。雌激素对卵泡生长发育及对排卵激素的释放起一定作用，它还可刺激输卵管的生长，使耻骨开张、肛门增大，以利于产蛋。

此外，雌激素还有提高血液中脂肪、钙、磷含量的作用，利于体组织的脂肪沉积。母鹅排卵后不产出黄体，但仍产生孕酮。应用大剂量的孕酮可以引起卵泡萎缩，也能导致母鹅换羽。

卵巢分泌的雄性激素量虽不多，但同雌性激素的协同作用可以促进蛋白的分泌。

（2）输卵管　鹅仅左侧输卵管发育完全，是一条长而弯曲的管道。幼禽的输卵管较细，产蛋母鹅的输卵管变粗大。它以系膜悬挂在腹腔背侧偏左，腹侧还有一游离的系膜。输卵管分以下5个部分：漏斗部、卵白分泌部、峡部、子宫部和阴道部。漏斗部是输卵管的起端，中央有一宽的输卵管腹腔口，其边缘薄而呈伞状为输卵管伞。卵白分泌部最长，也是弯曲最多的部分，黏膜形成纵褶，内含丰富腺体，分泌物形成卵白。峡部是较窄的一段，此部分泌物是一种角蛋白，主要形成卵壳膜。子宫部是峡部之后较宽的部分，卵在此部停留的时间最长。黏膜里含有壳腺，其分泌物沉积于壳膜外形成卵壳。阴道部是输卵管的末端，弯曲呈“S”形，向后开口于泄殖腔的左侧。

第四章
鹅的营养需要与饲料配合

第一节　鹅的营养需要

鹅同其他禽类一样，都具有体温高、代谢旺盛、呼吸频率及心跳快、生长发育快、易育肥、性成熟与体成熟早、单位体重产品率高的生理特性，而且鹅具有草食、耐粗饲的消化特点。要发挥鹅最大的生产潜力，首先应供其用于维持健康和正常生命活动的营养需要，即维持需要，然后提供用于供给产蛋、长肉、长毛、肥肝等生产产品的营养需要，即生产需要。所需要的主要营养物质有蛋白质、碳水化合物、脂肪、矿物质、维生素和水。

一、蛋白质

蛋白质是鹅体组织的结构物质，鹅体内除水分外，蛋白质是含量最高的物质。蛋白质是鹅体组织的更新物质，机体在新陈代谢中有许多蛋白质被更新，并以尿素或尿酸的形式随尿排出体外。蛋白质还是鹅机体的调节物质，它提供了多种具有特殊生物学功能的物质，如催化和调节代谢的酶和激素，提高抗病力的免疫球蛋白和运输氧气的血红蛋白等。蛋白质还是能量物质，它可以分解产生能量供体内需求。蛋白质缺乏时，会造成雏鹅生长缓慢，种鹅体重逐渐下降、消瘦，产蛋率下降，蛋重降低或停止产蛋。同时，鹅的抗病力降低，影响鹅的健康，会继发各种疾病，甚至引起死亡。同能量一样，饲料中的蛋白质会经过消化代谢后才能转化为鹅的产品，形成1千克仔鹅肉和鹅蛋中的蛋白质，分别需要品质良好的饲料蛋白质大约2千克和4千克。

鹅对蛋白质、氨基酸的需要量受多种因素影响。

（1）饲养水平　氨基酸摄取量与采食量呈正相关，饲养水平越高，采食量越多，摄取的氨基酸也越多。由于鹅采食量会随日粮能量浓度及环境温度而发生变化。因此，日粮氨基酸浓度也要随之变动。

（2）生产力水平　氨基酸的需求量与鹅的生长速度和产蛋强度呈正相关，生长速度快，产蛋量多，氨基酸的需要量就高，反之则低。

（3）遗传性　不同品种或品系的鹅对氨基酸需要量也有差异。

（4）饲料因素　鹅对蛋白质的需要与日粮氨基酸是否平衡有关，氨基酸平衡的日粮，其蛋白质水平可适当降低。生产上可根据不同饲料所含氨基酸种类与数量，把多种饲料配合起来，相互取长补短，使氨基酸趋于平衡，以达到提高饲料蛋白质利用率的目的。当氨基酸不平衡，特别是化学结构相似的氨基酸比例失衡时，往往会发生氨基酸间的拮抗作用，使含量较少的那一种氨基酸的利用率下降，导致鹅对这种氨基酸的需要量增加。如饲料中赖氨酸过剩，会使精氨酸的需要量增加。精氨酸过剩也会影响赖氨酸的吸收；亮氨酸、异亮氨酸、缬氨酸之间也存在拮抗作用。

二、碳水化合物

碳水化合物是鹅体最重要的能量来源，鹅的一切生理活动过程，都需要消耗能量。由于饲料中所含总能量不能全部被鹅所利用，必须经过消化、吸收和代谢才能释放出对鹅有效的能量。因此，实践中常用代谢能作为制定鹅的能量需要和饲养标准的指标，代谢能等于总能量减去排泄出的粪能、尿能。不同鹅品种及不同生产阶段对代谢能的需要量各不相同。

作为鹅的重要营养物质之一，碳水化合物在体内分解后，产生热量，以维持体温和供给生命活动所需要的能量，或者转变为糖原，储存于肝脏和肌肉中，剩余的部分转化为脂肪储积起来。当碳水化合物充足时，可以减少蛋白质的消耗，有利于鹅的正常生长和保持一定的生产性能；反之，鹅体就会分解蛋白质产生热量，以满足能量的需要，从而造成对蛋白质的消费，影响鹅的生长和产蛋。当然，饲料中碳水化合物也不能过多，以免使鹅生长过肥，影响产蛋。

碳水化合物广泛存在于植物性饲料中，动物性饲料中含量很少。碳水化合物可分为无氮浸出物和粗纤维两类。无氮浸出物又称可溶性碳水化合物，包括淀粉和糖分，在谷实、块根、块茎中含量丰富，比较容易被消化吸收，营养价值较高，是鹅的热能和育肥的主要营养来源。粗纤维又称难溶性碳水化合物，其主要成分是纤维素、半纤维素和木质素，通常在秸秆和秕壳中含量最多。纤维素通过消化后被分解成单糖（葡萄糖）供鹅吸收利用。碳水化合物中的粗纤维是较难消化吸收的，如日粮中粗纤维含量过高，会加快食物通过消化道的速度，也严重影响对其他营养物质的消化吸收，所以日粮中粗纤维的含量应有限制。但适量的粗纤维可以改善日粮结构，增加日粮体积，使肠道内食糜有一定的空间，还可刺激胃肠蠕动，有利于酶的消化作用，并可防止发生啄癖。

一般认为，鹅消化粗纤维能力较强，消化率可达45%～50%，可供给鹅体内所需的一部分能量。最新资料表明，鹅对粗纤维组分中的半纤维素消化能力强，而对纤维素尤其是木质素的消化能力有限。一般情况下，鹅的日粮中纤维素含量以5%～8%

为宜，不宜高于10%。如果日粮中纤维素含量过低，不仅会影响鹅的胃肠蠕动，而且会妨碍饲料中各种营养成分的消化吸收。因而在成鹅日粮中适当配以粗糠、谷壳等含纤维较高的饲料。

鹅对碳水化合物的需要量，根据年龄、用途和生产性能而定。一般来说，育肥期鹅和淘汰老鹅应加喂碳水化合物饲料，以加速育肥。雏鹅和留作种用的青年鹅，不宜喂给过多的高碳水化合物，以免过早育肥，影响正常生长和产蛋。

三、脂肪

脂肪是体内能量供给和储存的重要物质，也是鹅重要的供能物质。每克脂肪氧化可产生39.3千焦的能量，是碳水化合物的2.25倍。适宜的脂肪含量能增加饲料的适口性与消化率。在肉用鹅的日粮中添加1%～2%的油脂可满足其高能量的需要，同时也能提供能量的利用率和抗热应激能力，但饲料或日粮中脂肪含量过高，则极易酸败变质，影响适口性和产品质量，生产上应尽量避免。

蛋白质一般在鹅能量供应不足的情况下才分解供能，但其能量利用的效率不如脂肪和碳水化合物，还会增加肝、肾负担。因此，在配合日粮时，应将能量与蛋白质控制在适宜水平。

四、矿物质

矿物质又称无机物或灰分，其在鹅生命中起着重要作用。鹅体需要的矿物质有十多种，尽管其占机体的含量很少（3%～4%），且不是供能物质，但却是保证鹅体健康、生长、繁殖和生产所不可缺少的营养物质。其主要存在于鹅的骨骼、组织和器官中，有调节渗透压、保持酸碱平衡和激活酶系统等作用，又是骨骼、蛋壳、血红蛋白、甲状腺素等的重要成分。如供给量不当或利用过程紊乱，则易发生不足或过多现象，出现缺乏症或中毒症。通常把鹅体内含量在0.01%以上的矿物质元素称为常量元素。鹅需要的常量元素主要有钙、磷、氯、钠、镁、硫等；微量元素主要有铜、铁、锌、锰、碘、钴、硒等。

1. 鹅需要的常量元素

（1）钙与磷　钙与磷是鹅骨骼和蛋壳的主要组成成分，也是鹅需要量最多的两种矿物质元素。钙主要存在于骨骼和蛋壳中，是形成骨骼和蛋壳所必需的。如缺钙会发生软骨症，成年母鹅产软壳蛋，产蛋量减少，甚至产无壳蛋。钙还有一小部分存在于血液和淋巴液中，对维持肌肉及神经的正常生理功能、促进血液凝固、维持正常的心脏活动和体内酸碱平衡都有重要作用。但钙过多也会影响雏鹅的生长和对锰、锌的吸收。雏鹅和青年鹅日粮中钙的需要量为0.6%～1.0%，种鹅2.5%～2.75%。日粮中钙的含量过多或过少，对鹅的健康、生长和产蛋都有不良影响。

磷除与钙结合存在于骨组织外，对碳水化合物和脂肪的代谢以及维持机体的酸碱平衡也是必要的。鹅缺磷时，食欲减退，生长缓慢，严重时关节硬化，骨脆易碎。产蛋鹅需要磷多些，因为蛋壳和蛋黄中的卵磷脂、蛋黄磷蛋白中都含有磷。鹅对日粮中有效磷的需要量，雏鹅为0.46%，产蛋鹅为0.5%、磷在饲料营养标准和日粮配方中有总磷和有效磷之分。禽类对饲料中磷的吸收利用率有很大出入，对于植物饲料来源的磷，吸收利用不好，大约只有30%可被利用；对于非植物来源的磷（动物磷、矿物质磷）可视为100%有效。所以，家禽的有效磷=非植物磷+植物磷×30%。

维生素D能促进鹅对钙、磷的吸收。维生素D缺乏时，钙和磷虽然有一定数量和适当比例，但是产蛋鹅也会产软壳蛋，生长鹅也会引起软骨症。此外，饲料中的钙和磷（有效磷）必须按适当比例配合才能被鹅吸收、利用。一般雏鹅的钙和磷（有效磷）比例应为（1～2）：1，产蛋鹅应为（4～5）：1。钙在骨粉、蛋壳、贝壳、石粉中含量丰富，磷在骨粉、磷酸氢钙及谷物、糠麸中含量较多。因此，在放牧条件下，一般不会缺钙，但应注意补饲些骨粉或谷物、糠麸等，以满足对磷的需要；相反，在舍饲条件下，一般不会缺磷，应注意补钙。

（2）氯和钠　通常以食盐的方式供给。氯和钠存在于鹅的体液、软组织和蛋中。其主要作用是维持体内酸碱平衡；保持细胞与体液间渗透压的平衡；形成胃液和胃酸，促进消化酶的活动，帮助脂肪和蛋白质的消化；改进饲料的适口性；促进食欲，提高饲料利用率等。缺乏时，会引起鹅食欲减退，消化障碍，脂肪与蛋白质的合成受阻，雏鹅生长迟缓，发育不良，成年鹅体重减轻，产蛋率和蛋重下降，有神经症状，死亡率高。

氯和钠在植物性饲料中含量少，动物性饲料中含量较多，但一般日粮中的含量不能满足鹅的需要，必须给予补充。鹅对食盐的需要量为日粮的0.3%～0.5%，添加过量会引起中毒。当雏鹅饮水中食盐含量达到0.7%时，就会出现生长停滞和死亡；产蛋鹅饮水中食盐的含量达到1%时，会导致产蛋量下降。因此，在鹅的日粮中添加食盐时，用量必须准确。特别要注意的是，鱼粉等海产品也含有食盐。如果饲料中补了食盐，又用鱼粉，总盐量达0.6%～0.8%（按饲料干物质计算），饮水又不足，即可发生食盐中毒。但在肥肝鹅日粮中，食盐的含量可较高，以1%～1.6%为宜。

（3）镁　镁是骨骼的成分，酶的激活剂，有抑制神经兴奋性等功能。发生缺镁症的确切原因不明，有认为日粮中阴阳离子失调，喂过量施用氯肥、钾肥的青饲料易发生缺镁症。此外，日粮严重缺镁，含钙、磷过高也可发病。镁缺乏症的主要症状是：肌肉痉挛，步态蹒跚，神经过敏，生长受阻，种鹅产蛋量下降。镁在植物性饲料中含量丰富，一般不需给鹅专门补充镁。如过量食入钾会阻碍镁的吸收，过量食入钙、磷会影响镁的利用。

（4）硫　动物体内含硫约0.51%，大部分呈有机硫状态，以含硫氨基酸的形式存在于蛋白质中，以角蛋白的形式构成鹅的羽毛、爪、喙、跖、蹼的主要成分。鹅的羽毛中含硫量高达2.3% ～ 2.4%。硫参与碳水化合物代谢。当日粮中含硫氨基酸不足时，易引起啄羽癖。无机硫可合成含硫氨基酸，因此适当补饲无机硫即可满足需要。由于蛋氨酸是含硫氨基酸，并能在动物体内和胱氨酸进行互补，如果饲喂含硫氨基酸丰富的动物性蛋白质饲料，则无需补饲无机硫。

2. 鹅需要的微量元素

（1）铁、铜和钴　这三种元素都与机体造血功能有关。铁是组成血红蛋白、肌红蛋白、细胞色素及多种氧化酶的重要成分。在动物体内仅占0.004%，担负着输送氧的作用，并参与复杂的氧化还原过程。铜与铁的代谢有关，参与了机体血红蛋白的形成，还能促进红细胞的成熟。由于饲料中含铁量丰富，而且鹅能较好地利用机体周转代谢产生的铁。因此，鹅一般不易缺铁。但舍饲鹅或不在放牧季节的鹅，日粮中应补铁。当鹅体内缺乏铁和铜时，则会引起贫血。缺铜还会影响骨骼发育，引起骨质疏松，出现腿病。另外，还会出现食欲减退、异食癖症、生长缓慢、羽毛褪色、生长异常、胃肠机能障碍、运动失调和神经症状等。钴是维生素B_{12}的组成成分，能促进血红素的形成，预防贫血病，提高饲料中氮的利用率并具有促生长作用。鹅缺钴时一般表现为生长缓慢、贫血、骨粗短症、关节肿大。鹅日粮中一般含钴不少，加之需要量较低，故不易出现缺钴现象。日粮中一般利用硫酸亚铁、氯化铁、硫酸铜、氯化钴或硫酸钴等来防止鹅发生铁缺乏症、铜缺乏症或钴缺乏症。

（2）锰　锰是多种酶的激活剂，与碳水化合物和脂肪的代谢有关。锰是骨骼生长和繁殖所必需的。缺锰时，雏鹅的踝关节明显肿大、畸形，腿骨粗短，胫骨远端和跖骨的近端扭转、弯曲；母鹅产蛋量减少，孵化率降低，薄壳蛋和软壳蛋增加。鹅以植物性饲料为主，通常不需要补锰。但日粮中钙、磷含量过多，会影响锰的吸收，加重锰的缺乏症。生产上常添加硫酸锰、氯化锰等来满足鹅对锰的需要。

（3）锌　锌是许多酶不可缺少的成分。多数酶和激素的活性离不开锌，它能加速二氧化碳排出体外，促进胃酸、骨骼、蛋壳的形成，增强维生素的作用，提高机体对蛋白质、糖和脂肪的吸收，对鹅的生长发育、寿命的延长和繁殖性能有很大的影响。缺锌时，雏鹅生长缓慢，腿骨短粗，踝关节肿大，皮肤粗糙并起鳞片，羽毛生长受阻并易被磨损脱落，种鹅产蛋量和孵化率下降，胚胎发育不良，雏鹅残次率增加。放牧青饲料的鹅一般不缺锌，但在不放牧青饲料的季节，日粮中需补锌，补饲一般选用硫酸锌或氧化锌，但应注意到钙、锌之间存在拮抗作用，日粮中钙过多会增加鹅对锌的需要量。

（4）碘　碘是甲状腺的组成成分，动物体内的碘大部分存在于甲状腺中。甲状腺素能提高蛋白质、糖和脂肪的利用率，促进雏鹅生长发育，对造血、循环、繁殖及抵抗传染病等都有显著影响。缺碘时，可引起甲状腺肿大、基础代谢和生活力下降，雏鹅生长受阻，羽毛生长不良，母鹅产蛋率、种蛋受精率和孵化率低，胚胎后期死亡多。由于谷物籽实类饲料中含碘量极低，常不能满足鹅的需要。特别是缺碘地区，更加需要在日粮中添加碘制剂。一般碘化钾和碘酸钙是较有效的碘源，其中碘酸钙优于碘化钾。

（5）硒　硒与维生素E互相协调，是谷胱甘肽过氧化酶的组成部分，硒是最容易缺乏的微量元素之一，鹅如果缺硒，易发生脑软化病、白肌病及肝坏死，并造成免疫力下降，产蛋率和孵化率降低。硒是一种毒性很强的元素，其安全范围很小，容易发生中毒。因此，在配制日粮时，应准确计量，混合均匀，添加量一般为0.15毫克/千克，多以亚硒酸钠形式添加。

五、维生素

维生素是一类具有高度生物学活性的低分子有机化合物，

它不同于其他营养物质，既不提供能量，也不作为动物体的结构物质。大多数在鹅体内不能合成，必须由饲料供给。虽然动物对维生素的需要量甚微，但作用巨大，是鹅维持正常生理活动和生长、产蛋、繁殖所必需的营养物质，起着调节和控制机体代谢的作用。多数维生素以辅酶和催化剂的形式参与代谢过程中的生化反应，从而保障细胞结构和功能的正常。当日粮中维生素缺乏或吸收不良时，常会导致特定的缺乏症，引起鹅机体内的物质代谢紊乱，甚至发生严重疾病，直至死亡。

维生素按其溶解性可分为脂溶性维生素和水溶性维生素两大类。脂溶性维生素可在体内蓄积，短时间饲料中缺乏，不会造成维生素缺乏症。而水溶性维生素在鹅体内不能储存，需要由饲料提供，否则容易引起维生素缺乏症。

1. 脂溶性维生素

（1）维生素A　维生素A主要生理功能是维持一切上皮组织结构的完整性，保持眼结膜和视力的健康，增强鹅对疾病的抵抗力，提高产蛋率和孵化率。缺乏时，鹅易患夜盲症，泪腺的上皮细胞角化且分泌减少，发生干眼病，甚至失明。由于上皮组织增生，影响到消化道、呼吸道及泌尿生殖道黏膜的功能，导致鹅抵抗力降低，易患各种疾病，产蛋量下降，饲料转化率降低。雏鹅发育受阻，骨骼发育不良，种蛋受精率和孵化率降低。

维生素A主要存在于鱼肝油、蛋黄、肝粉、鱼粉中。青绿饲料、胡萝卜等富含胡萝卜素。鹅维生素A的最低需要量一般为每千克日粮1000～5000国际单位。

（2）维生素D　维生素D与钙、磷代谢有关，是骨骼钙化和蛋壳形成所必需的营养素。雏鹅缺乏维生素D，产生软骨症、软喙和腿骨弯曲。成年鹅缺乏维生素D时，蛋壳质量下降，产无壳蛋或软壳蛋。鹅体皮下、羽毛中的7-脱氢胆固醇经紫外线照射后产生维生素D_3，植物体中的麦角固醇经照射后产生维生素D_2，长期舍饲的鹅缺少阳光照射时，有时会出现缺乏维生素D_3，在饲养中应根据情况进行补充。另外，维生素D_3的效力比维生素D_2高40倍，鱼肝油中含有丰富的维生素D_3，日晒的干草、青饲料中含有维生素D_2。

（3）维生素E　维生素E有助于维持生殖器官的正常功能和肌肉的正常代谢作用，维生素E又是一种有效的体内抗氧化剂，对鹅的消化道及机体组织中的维生素A等具有保护作用。饲料中维生素E缺乏时，往往导致公鹅精子减少，母鹅受精率差，受精蛋孵化率低，产蛋下降。雏鹅患脑软化症、渗出性素质病和白肌病。维生素E在麦芽、麦胚油、棉籽油、花生油、大豆油中含量丰富，在青饲料、青干草中含量较多。添加维生素E可以促进雏鹅生长，提高种蛋孵化率，鹅受应激时对维生素E的需要量也会增加。

（4）维生素K　维生素K的主要生理功能为参与凝血作用。因此，缺乏维生素K时，鹅凝血时间延长，导致大量出血，引起贫血症。维生素K有4种：维生素K_1在青饲料、大豆和动物肝脏中含量丰富；维生素K_2可在鹅肠道内合成；维生素K_3和维生素K_4是人工合成，其活性比自然形成的大1倍，并可溶于水，常作为补充维生素的添加剂使用。当饲料中有磺胺类或抗生素时，易发生内出血，外伤时凝血时间延长或血流不止。在采集鹅毛前3～5天，可在饲料或饮水中补加维生素K，以防拔伤皮肤时流血不止。

2. 水溶性维生素

（1）维生素B_1（硫胺素）　维生素B_1是构成消化酶的主要成分，能防止神经失调和多发性神经炎。缺乏时，正常神经功能受到影响，食欲减退，羽毛松软无光泽，体重减轻；严重时腿、翅、颈发生痉挛，头向后背极度弯曲，呈“观星”姿势，瘫痪倒地不起。维生素B_1在糠麸、青饲料、胚芽、草粉、豆类、发酵饲料和酵母粉中含量丰富。它在酸性饲料中相当稳定，但遇热、遇碱易被破坏。

（2）维生素B_2（核黄素） 维生素B_2对体内氧化还原、调节细胞呼吸起重要作用，能提高饲料的利用率，是B族维生素中最为重要而易缺乏的一种。不足时雏鹅生长不良，软腿，关节触地走路，趾向内侧卷曲；成鹅产蛋少，蛋黄颜色浅，孵化率低。核黄素富含于青饲料、干草粉、酵母、鱼粉、小麦及糠麸中，禾谷类、豆类、块根茎饲料中核黄素含量贫乏，平养鹅可从粪便中采食到一定数量的核黄素。

（3）泛酸（维生素B_3） 泛酸是辅酶A的组成部分，与碳水化合物、脂肪和蛋白质代谢有关。缺乏泛酸时，雏鹅生长受阻，羽毛粗糙，骨变短粗，随后出现皮炎、口角局限性损伤，种蛋孵化率低。泛酸与核黄素的利用有关，一种缺乏时另一种需要量增加。维生素B_3很不稳定，与饲料混合时易受破坏，故常用泛酸钙作添加剂。糠麸、小麦、青饲料、花生饼、酵母中含泛酸较多，玉米中泛酸含量较低。

（4）烟酸（维生素B_5、尼克酸、维生素PP） 烟酸是抗癞皮病维生素。烟酸对碳水化合物、脂肪、蛋白质代谢起重要作用，同时为皮肤和消化道机能所必需，并有助于产生色氨酸。饲料中缺乏烟酸时，消弱机体新陈代谢；鹅发生黑舌病，特征性病症是舌头和口腔发炎，采食减少；雏鹅生长停滞，羽毛发育不良，生长不丰满，有时脚和皮肤呈现鳞状皮炎。成鹅缺乏烟酸时，产蛋量和孵化率下降。烟酸在酵母、豆类、糠麸、青饲料、鱼粉中含量丰富，玉米、高粱和禾谷类籽实中烟酸呈结合状态而很难利用。当出现可疑烟酸缺乏症时，每千克饲料中加10毫克烟酸，见效很快。

（5）维生素B_6（吡哆醇） 维生素B_6有抗皮肤炎作用，与机体蛋白质代谢有关。日粮中缺乏时，鹅体内的多种生化反应遭受破坏，特别是氨基酸的代谢障碍，引起雏鹅食欲减退，生长不良，出现异常性兴奋、间接性痉挛等症状和皮炎、脱毛及毛囊出血；母鹅产蛋量与种蛋孵化率下降，体重减轻，生殖器官萎缩和第二性征衰退等病症。一般饲料原料（如糠麸、苜蓿、干草粉和酵母等）中含量丰富，且又可在体内合成，故很少有缺乏现象。

（6）胆碱　胆碱是构成卵磷脂的成分，它能帮助血液脂肪的转移，有节约蛋氨酸、促进生长、减少脂肪在肝脏内沉积的作用。缺乏胆碱时，雏鹅生长缓慢，发生腿关节肿大症，且易形成脂肪肝，种鹅产蛋率下降。鱼粉、饲料酵母和豆饼等胆碱含量丰富，米糠、麸皮、小麦等胆碱的含量也较多。但在以玉米为主配合日粮时，由于玉米含胆碱少，应注意添加。

（7）维生素B_{12}（钴维生素）　维生素B_{12}参与核酸合成、甲基合成、碳水化合物代谢、脂肪代谢以及促进红细胞的发育和成熟，有助于提高造血功能，能提高日粮中蛋白质的利用率，对鹅的生长有显著的促进作用。缺乏维生素B_{12}时，雏鹅生长迟缓、贫血、饲料利用率降低、食欲减退，甚至死亡。种鹅产蛋量下降，蛋重减轻，孵化率降低。维生素B_{12}在肉骨粉、鱼粉、血粉、羽毛粉等动物性饲料中含量丰富。

（8）叶酸（维生素B_{11}）　叶酸对羽毛生长有促进作用，与维生素B_{12}共同参与核酸代谢和核蛋白的形成。缺乏时，雏鹅生长缓慢，羽毛生长不良，贫血，骨短粗，腿骨弯曲。叶酸在动植物饲料中含量都较丰富，因此鹅常用日粮中一般不缺乏叶酸。但是在长期服用磺胺类药物时，常使叶酸利用率降低，这种情况下应添加叶酸。对严重贫血的雏鹅，可肌内注射50～100毫克叶酸，1周内可恢复正常。

（9）生物素（维生素H）　生物素也称为维生素B_4，参与脂肪和蛋白质代谢，是几种酶系统的组成成分。生物素在肝脏和肾脏中较多。一般饲料中生物素的含量比较丰富，性质稳定，消化道内合成充足，不易缺乏。当日粮中缺乏时，会发生皮炎，雏鹅生长缓慢，羽毛生长不良，种蛋孵化率低。对活体采集羽绒的鹅，要补充生物素，以有利于羽绒再生。

（10）维生素C（抗坏血酸）　维生素C可增强机体免疫力，促进肠内铁的吸收，对预防传染病、中毒、出血等有着重要的作用。缺乏维生素C时，鹅发生坏血病，生长停滞，体重减轻，关节变软，身体各部出血，贫血。维生素C在青绿多汁饲料中含量丰富，且鹅体具有合成维生素C的能力，一般情况下不会缺乏。但当鹅处于应激状态或中暑时，应增加日粮中维生素C的用量，以增强鹅的抵抗力。

六、水

水是鹅体的重要组成部分，也是鹅生理活动不可缺少的重要物质。鹅缺水比缺食危害更大。鹅体内含水约为70%，鹅肉中含水77%，鹅蛋中含水70.4%。鹅体内养分的吸收、运输、废物的排泄、体温的调节等都要借助水才能完成。此外，水还有维持鹅体的正常形态，润滑组织器官等重要功能。鹅如果饮水不足，会导致食欲下降、饲料的消化率和吸收率降低，仔鹅生长缓慢，鹅产蛋量减少，严重时可引起疾病甚至死亡。各种饲料中都含有水分，青绿饲料、多汁饲料含水已不少，但仍不能满足鹅体的需要。所以，在日常饲养管理中必须把水分作为重要的营养物质对待，供给清洁而充足的饮水。俗话说，“好草好水养肥鹅”，这表明了水对鹅的重要性。鹅吃1克饲料要饮水3.7克，在气温12～16℃时，鹅每天平均要饮1000毫升水。由于鹅是水禽，一般都养在靠水的地方，在放牧中也常饮水，故不易发生缺水现象。如果是集约化饲养，则要注意满足鹅的饮水需要。

第二节　鹅常用饲料原料

饲料是指在合理饲喂条件下能对鹅提供营养物质、调控生理机制、改善鹅产品品质且无有毒、有害作用的物质。国际饲料分类法将饲料分为八大类，分别为粗饲料、青绿饲料、青黄贮饲料、能量饲料、蛋白质饲料、矿物质饲料、维生素补充饲

料、饲料添加剂。

我国饲料分类法是在国际饲料分类法八大类的基础上结合中国传统饲料分类习惯划分为20亚类，分别是：青绿多汁类饲料、树叶类饲料、青贮饲料、块根、块茎、瓜果类饲料、干草类饲料、农副产品类饲料、谷实类饲料、糠麸类饲料、豆类饲料、饼粕类饲料、糟渣类饲料、草籽树实类饲料、动物性饲料、矿物质饲料、维生素饲料、饲料添加剂、油脂类饲料及其他饲料。

一、粗饲料

粗饲料指干草及各种农作物的秸秆、秕壳等。凡野生青草或栽培青绿饲料作物收割后晒干或用其他方法干燥的饲草，均称为干草。大部分调制的干草是指在未结籽实之前收割的草。优质干草颜色青绿，气味好，含有较丰富的粗蛋白质、矿物质、维生素D及胡萝卜素，适口性好。

干草营养价值的高低取决于制作干草的青饲料种类、收割时期、调制和储藏方法。由豆科植物制成的干草，含较多的蛋白质和钙，禾本科植物的蛋白质和钙含量少。豆科、禾本科及各类作物调制的干草在能量含量上没有显著差别。干草粉也可作为鹅的饲料。

凡是农作物籽实收获后的茎秆和枯叶均属秸秆类饲料，如玉米秸、稻秸、麦秸、高粱秸以及各种豆秸等。这类饲料粗纤维和木质素含量高，蛋白质含量低，有机物质消化率低。秕壳类饲料指种子脱粒或清理时的副产品，秕壳种子外壳、外皮、瘪谷及部分破碎茎叶等。这类饲料的营养价值变化大，能量和蛋白质含量稍高于草秆类饲料。

二、青绿饲料

该类饲料全部来源于自然野生植物或人工栽培植物，如新鲜牧草和杂草、水生植物及其他栽培饲料作物等。青绿饲料的营养价值因受多种因素的影响变化较大。一般水分含量多在75%～95%，粗蛋白质在2%～7%，风干后粗蛋白质含量可达12%～15%，青绿饲料富含多种维生素，但缺少维生素B_{12}，矿物质含量较高且易吸收，钙磷比适当，粗纤维含量较低，适口性好、易消化。饲喂青绿饲料时要注意防止亚硝酸盐、氢氰酸、氰化物及农药中毒。

三、青黄贮饲料

青黄贮饲料是将新鲜的青绿饲料或收获后的玉米秸秆直接或经适当凋萎后，切碎、密封于青黄贮窖或塔内，在无氧条件下利用乳酸菌发酵作用调制而成。青黄贮饲料原料来源广泛、不受气候条件限制、制作方法简便，存放时间长，并可减少青绿饲料中的亚硝酸盐、氢氰酸等有毒物质。青黄贮饲料的营养价值随原料不同而异。发酵后部分蛋白质被分解为酰胺和氨基酸，大部分无氮浸出物分解为乳酸，粗纤维质地变软，消化率提高。青黄贮饲料多汁，并保留了青绿饲料的营养物质，富含维生素和菌体蛋白。青黄贮饲料有轻泻作用，可以克服其他饲料造成的便秘。

四、能量饲料

能量饲料包括谷实类籽实及其加工副产品、块根块茎类饲料及其加工副产品、动植物油脂和糖蜜等。

1. 玉米

玉米籽实中含粗脂肪约4%，有的品种可达6%，在谷实类中属脂肪含量较高的一种，主要存在于玉米胚芽中。玉米籽实中淀粉含量可达70%以上，主要存在于胚乳中，而粗纤维含量很低，属能量饲料。玉米中的蛋白质含量低，质量也差，特别是缺少赖氨酸、蛋氨酸、色氨酸等畜禽必需氨基酸。还要在配制日粮时用饼粕、鱼粉或合成氨基酸加以调配。玉米籽实中所含各种矿物质微量元素也不能满足鹅的营养需要，必须补充相应的矿物质或微量元素添加剂。特别需要注意的是，玉米籽粒中所含的磷多以植酸态磷的形态存在，难以被吸收利用。玉米籽实中的总能消化率可达90%，粗蛋白质消化率近80%，各种必需氨基酸消化率多在85% ～ 90%。粗蛋白质含量虽低，但消化利用率较好。

2. 高粱

高粱中含碳水化合物约70%及3% ～ 4%的脂肪，属能量饲料，有效能值仅次于玉米。但高粱和其他谷实类一样，蛋白质含量低，同时所有必需氨基酸含量都不能满足畜禽的营养需要。特别是在限制性氨基酸中赖氨酸、含硫氨基酸及色氨酸含量不及需要量的一半。矿物质及微量元素含量，除了铁以外，所有矿物质也都不能满足鹅的营养需要。在总磷含量中有约一半以上是植酸态磷，还含有0.2% ～ 0.5%的鞣酸，两者都属于抗营养因子，前者阻碍矿物质、微量元素的吸收利用，后者则影响氨基酸以及能量的利用效率。

3. 小麦（含次粉）

全粒小麦中含粗蛋白质约14%，最高可达16%，最低为11%，在谷实类中其蛋白质含量仅次于大麦，但从蛋白质质量分析则所有必需氨基酸含量都较低，特别是赖氨酸、含硫氨基酸、色氨酸等限制性必需氨基酸含量都在鹅需要量以下。小麦的粗纤维含量较低，有效能值仅次于玉米，在能量饲料中属高档配合饲料原料。矿物质微量元素含量优于玉米。

次粉颜色可以从灰白色到淡褐色，容重0.29 ～ 0.54千克/升。通常颜色较深者容重小，含麸皮较多，质量也较差。次粉作为饲料，颗粒较细，不利于消化，一般在配合饲料中不宜搭配过多，但可用于配合料的黏结剂。次粉中约含粗蛋白质14%（变动于11% ～ 18%），粗脂肪含2% ～ 3%（变动于0.4% ～ 5.0%），粗灰分含2% ～ 3%（变动于0.8% ～ 4.3%）；无氮浸出物平均含65%（变动于53% ～ 73%）。同样次粉中所含有效能值变异也较大，代谢能值与消化能值高的可达13.75兆焦/千克和15.94兆焦/千克，而质量差者代谢能仅含8.24兆焦/千克，因此使用时应注意加以区分。

4. 稻谷（含糙米、碎米）

稻谷食用或作饲用前均需脱壳，有些饲养技术落后的地区也有不分离稻壳，将稻谷直接粉碎用于饲料者，但试验证明，稻壳中仅含3%的粗蛋白质，40%以上是粗纤维，粗纤维中一半是难以消化的木质素。稻谷中含有约8%的粗蛋白质，60%以上的无氮浸出物及约8%的粗纤维，如不脱壳在能量饲料中属中低档谷物。稻谷中赖氨酸、胱氨酸、蛋氨酸、色氨酸等必需氨基酸都较缺，不能满足鹅的营养需要，因此作为能量饲料应去壳，并补充其他蛋白质饲料。此外，稻谷中所有必需微量元素、矿物质都较缺乏，同样在配料时应作相应的补充。

糙米中含粗蛋白质8%～9%，略高于玉米，低于小麦。无氮浸出物含量居各种谷物之首，有效能值也最高，是一种良好的能量饲料。和其他谷实类饲料一样存在蛋白质含量低、质量差的问题。在矿物质、微量元素中除锰、锌含量较高外，所有必需微量元素都不能满足鹅的营养需要。

碎米的营养成分含量变异很大，粗蛋白质含量可变动于5%～11%，粗纤维含量变动于0.2%～2.7%，无氮浸出物可变动于61%～82%。粗纤维含量低而无氮浸出物含量高的碎米的营养价值可与玉米相媲美。碎米中的氨基酸含量变异较大，但即使含量较高的碎米，其中所有氨基酸亦均不能满足畜禽的需要。

5. 大麦

裸大麦粗蛋白质含量高于皮大麦。大麦中的粗纤维含量都高于玉米，与小麦近似，而皮大麦则仅次于稻谷、谷子等。可作为能量饲料，但皮大麦的有效能值比裸大麦低0.42～0.84兆焦/千克。

裸大麦与皮大麦都是蛋白质含量高而品质较好的谷实类，有些品种的大麦粗蛋白质含量高出玉米一倍以上，氨基酸含量也较高，如赖氨酸含量最高可达0.6%，有些品种赖氨酸含量也比玉米约高出1倍。从蛋白质质量的角度看，大麦作为配合饲料原料有其可取之处。另外，裸大麦与皮大麦中矿物质及微量元素含量在谷实类中也都属于含量较高的品种。

6.粟（含谷子）

粟中的粗蛋白质含量与麦类的含量近似。粟带壳及种皮，粗纤维含量较高，在谷实类中亦属含脂量较高的一种，粟具有食味香美等优点，约含粗蛋白质11%、粗脂肪4%，另外还含有胡萝卜素、B族维生素及维生素E。

7. 甘薯

以品质及其用途分类可分为高淀粉品种、副食用品种及茎叶用品种。

高淀粉品种：一般含干物质27%，高者可达33%，干物质中淀粉含40%；但粗蛋白质仅含4%，不及玉米的一半。粗脂肪含量很低，约0.8%，其中必需氨基酸的含量也远不能满足鹅的需要，有效能值含量高，在配合饲料中可作为能量饲料部分代替玉米。

8. 木薯

晒干后的木薯干中含无氮浸出物78%～88%，属能量饲料。蛋白质含量低，铁、锌含量在能量饲料中属较高的品种；从木薯中提取淀粉后得木薯渣，脱水后含粗蛋白质4%，粗纤维11%～16%，无氮浸出物63%～66%，钙0.90%，磷0.10%，质量差参不齐。

木薯块根中含有有毒成分氢氰酸。在新鲜木薯块根中，氢氰酸含量可变动于15～400毫克/千克，皮层部比肉质部的含量高4～5倍。为此，在实际饲用或食用时应注意皮层部分的去毒处理。鲜木薯块根经日晒2～4天后氢氰酸含量约降低一半，在75℃下烘7～8小时后，可降低60%以上，在沸水中煮沸15分钟可降低95%以上，用青贮的方法密封1个月亦效果不佳，仅可降低30%。

9. 玉米淀粉副产品

（1）玉米蛋白质饲料　玉米蛋白质饲料，是由玉米取油后的玉米胚芽饼或玉米粕汲取淀粉后的玉米种皮等组成的玉米深加工副产品。玉米淀粉的副产品多无固定的工艺及产品规格，因此其营养成分因玉米浸出液、玉米种皮、玉米胚芽饼（粕）的组成比例及质量而异，变化很大。粗蛋白质含量可变动于20% ～ 28%，粗纤维含量可变动于7% ～ 11%。粗纤维含量相对较高，蛋白质含量、氨基酸含量及其利用率均明显低于玉米蛋白粉，属中低档能量饲料。

（2）玉米蛋白粉　玉米蛋白粉是将玉米脱胚芽、粉碎、水选制取淀粉后的脱水副产品，属有效能值较高的蛋白质饲料，其氨基酸利用率可与豆饼相媲美。此外，我国还开发出一种新产品，即“粉浆蛋白”，是将制取淀粉后的粉浆（俗称“潜水”）脱水而成，其蛋白质质量可与优质大豆粕、鱼粉媲美，氨基酸消化率高达95%以上。

10. 小麦麸

小麦麸属于粗蛋白质含量较高而粗纤维也高的中低档饲料，与米糠近似，但其质量较差，除胱氨酸、色氨酸略高于米糠外，所有氨基酸含量都低于糠麸类中同类氨基酸的含量，其消化（代谢）率也因工艺不同变异较大。为此，用小麦麸作配合饲料原料时应查明小麦麸的内在质量加以合理利用。此外，小麦麸中所含粗脂肪仅为米糠含脂量的1/4，而粗纤维含量却高于米糠，所以小麦麸的有效能值也明显地低于米糠。但由于其适口性好，在配合饲料中仍占有重要地位，一般用量在10%左右，可以改善饲料质地。

11. 米糠、米糠饼、米糠粕

米糠是一种蛋白质含量较高的糠麸类能量饲料，但其蛋白质质量较差，氨基酸消化率次于小麦麸。米糠中含有丰富的磷、铁和锰，但缺铜、钙，特别是在其总磷量中80%以上是植酸磷，直接制约各种矿物质元素的吸收利用。因此，在设计饲料配方时应考虑矿物质微量元素的平衡和补充。米糠中不饱和脂肪酸含量较高，不宜久存。

米糠饼及米糠粕的粗脂肪含量分别约为9%和1%，粗蛋白质含量分别约为14%和16%。尽管习惯上将米糠饼粕归入饼粕类，但按国际饲料分类原则两者均属于能量饲料。从其有效能值看，在饼粕类中亦属中档品，从其氨基酸组成分析，和米糠没有本质的差别。米糠饼粕和米糠一样，含有较高的磷、铁、锰等必需矿物质元素，植酸磷含量更相对地高于米糠，仍然是不利因素。

五、蛋白质饲料

1. 大豆

大豆中约含35%的粗蛋白质、17%的粗脂肪，有效能值也较高，不仅是一种优质蛋白质饲料，同时也是高能量饲料，从其氨基酸组成及消化率分析也属于上品。赖氨酸含量在豆类中居首位，约比蚕豆、豌豆含量高出70%。大豆中含钙较低，在总磷含量中约1/3是植酸磷，因此在饲用时还应考虑磷的补充与钙、磷平衡问题。

在生大豆中所含抗营养物质中主要有胰蛋白酶抑制因子、脲酶、外源血凝集素，致肠胃气胀因子，抗维生素因子，α-淀粉酶抑制因子，鞣酸、植酸、皂角苷，草酸以及一些抗原性蛋白质等。近年来，在各种抗营养因子的测定方法、热处理效果方面进行了大量的研究。

2. 黑大豆

黑大豆含有粗蛋白质，属蛋白质饲料。用同级黑大豆与同级黄大豆比较，黑大豆中粗蛋白质及粗纤维含量均比黄大豆高1%～2%，而粗脂肪含量比黄大豆低1%～2%。两者中的粗灰分含量相差无几。

3. 大豆饼（粕）

大豆饼中残脂为5%～7%，大豆粕中残脂为1%～2%，因此前者比后者的有效能值及粗蛋白质含量均较低。大豆饼（粕）中富含畜禽限制性氨基酸。其他如组氨酸、苏氨酸、苯丙氨酸、缬氨酸等含量也都在畜禽营养需要量以上，所以大豆饼（粕）多年来一直作为平衡配合饲料氨基酸需要量的蛋白质饲料。

4. 菜籽饼（粕）

菜籽饼中含粗蛋白质35%～36%，菜籽粕中含37%～39%。有些菜籽饼粕的干物质中粗纤维含量高达18%以上，按照国际饲料分类原则应属于粗饲料。但一般菜籽饼（粕）中粗纤维含量为12%～13%，属低能量蛋白质饲料。菜籽饼（粕）中含有较高的赖氨酸，富含铁、锰、锌、硒，但缺铜，在其总磷含量中约有60%以上是植酸磷，不利于微量元素矿物质的吸收利用，研制配方时应采取补充措施。

5. 棉籽饼（粕）

棉籽饼（粕）营养价值与加工过程有关。全脱壳的棉籽饼（粕）粗蛋白质含量在40%以上，未脱壳的只有24%，部分脱壳的棉籽饼（粕）粗蛋白质含量在30%～35%。氨基酸平衡程度比豆饼和菜籽饼差。棉籽饼（粕）精氨酸含量较高，粗纤维含量也较高。一般棉籽仁中含有大量的色素腺体，其中含有对鹅有害的棉酚。棉籽油及棉子饼的残油中均含有1%～2%的环丙烯类脂肪酸，它可以加重棉酚引起的蛋黄变褐、变硬，并使蛋白呈粉红色。

6. 花生仁饼（粕）

花生仁饼和花生仁粕中的粗蛋白质含量分别约含45%和48%，高于豆饼中的含量3%～5%，但从蛋白质的质量分析，则不如豆饼。如赖氨酸含量仅为豆饼的一半。除精氨酸的含量较高外，其他必需氨基酸的含量均低于豆饼。不带壳的花生饼中粗纤维的含量一般在4%～6%，花生壳中含有将近60%的粗纤维。用机榨法或用土法压榨的花生饼中一般含有4%～6%的粗脂肪，高者可达11%～12%。花生饼中的残留脂肪可供作能源，但残脂多的花生饼中的残脂容易被氧化，不利保存。但残脂量少的花生饼一般多经过高温、高压，其蛋白质多发生梅拉德反应，引起蛋白质变性，利用率降低。高温（110 ～ 140℃）处理的花生仁饼对氨基酸的代谢率一般低于低温（60 ～ 100℃）处理的代谢率，其中尤以赖氨酸、组氨酸最为明显。因此，对花生饼中的残脂量问题应从花生饼的加工工艺、运储条件、储存时间等综合因素考虑之后才能得到合理的评价。除粗脂肪外，一般花生粕比花生饼中的营养成分相对含量较高。花生仁饼（粕）中的矿物质及微量元素的含量受原料、土壤地质条件的制约。相对于其他饼粕类，花生仁饼（粕）中的钙、磷含量较低，总磷中的40%为植酸磷，难以被单胃鹅吸收利用。花生饼（粕）的微量元素含量与一般饼粕类相比属中低档，唯铁的含量较高，其他微量元素含量都偏低。

7. 向日葵仁饼（粕）

向日葵仁饼中含粗蛋白质平均含量为23%，变动于14% ～ 43%，两者相差3倍以上；向日葵粕中含粗蛋白质26%，变动于17% ～ 45%，相差也很大。说明同名为向日葵仁饼或粕的营养实质并非同一质量。习惯上将向日葵仁饼（粕）归类于饼粕类，称之为蛋白质类饲料，其有效能值也较低，一般不及糠麸类。从向日葵饼粕品位分析总的属低档饼粕或低能量蛋白质饲料。正常向日葵籽的仁与壳的重量比例大约为76 ∶ 24。按照目前的取油工艺，须保留一定量的壳才有利于壳仁与油的分离，为此，壳及油在向日葵饼粕中的残留量便成为决定其饲料营养成分的关键性制约因素。纯向日葵仁干物质中的粗蛋白质、粗脂肪、粗纤维及粗灰分含量分别为22.4%、53.9%、0.9%和3.3%，而纯向日葵壳干物质中分别为6.6%、2.2%、64.0%和2.2%。

无水纯净向日葵仁中含0.75%的赖氨酸，但向日葵籽壳中仅含有0.18%的赖氨酸，两者相差4 ～ 5倍。向日葵仁脱脂后其蛋白质含量可达48.6%，赖氨酸含量可达1.63%，可与优质豆饼媲美，是一种优质蛋白质饲料资源。但随着向日葵饼粕中的含壳量的增加，不仅粗蛋白质含量减少，同时各种氨基酸含量也递减，成为饼粕类中的低档品，为此，只有尽量去壳才能提高向日葵饼粕的饲用价值。

8. 玉米胚芽粕

玉米胚芽粕中含粗蛋白质18% ～ 24%，粗脂肪2% ～ 3%，粗纤维8% ～ 12%，两者的有效能值均较低，大体与米糠饼（粕）的质量近似。玉米胚芽粕中的氨基酸组成与玉米蛋白质相似，蛋氨酸、赖氨酸、亮氨酸含量较多，而色氨酸偏低，虽属于饼粕类，但按国际饲料分类原则大部分产品属于中档能量饲料。

9. 鱼粉和鱼浸膏

鱼粉是一种设计全价配合饲料时的高档蛋白质补充料，但其营养成分因原料质量不同，变异较大，规格也很多。一般按粗蛋白质含量分为55% ～ 60%、60% ～ 65%、65%以上3个档次。一般含赖氨酸4% ～ 6%、含硫氨基酸2% ～ 3%、色氨酸0.6% ～ 0.8%；含铁、锌、钙、磷、硒较高，但锰、铜较低，钠、氯含量过高者是掺盐鱼粉。

鱼浸膏中含水分约为50%、粗蛋白质30%、赖氨酸1.5%，含硫氨基酸、色氨酸等均低于鱼粉，含铁、硒较高。真空干燥法或蒸汽干燥法制成的鱼粉的效价比烘烤法制成的鱼粉的效价约高10%。鱼粉中一般含有6% ～ 12%的脂类，其中不饱和脂肪酸含量较高，极易被氧化而产生异臭，用于喂鹅，用量过高会影响蛋的品质。

进口鱼粉因生产国的工艺及原料而异，质量较好的是秘鲁鱼粉及白鱼鱼粉，粗蛋白质含量可达60%以上，含硫氨基酸约比国产鱼粉高一倍，赖氨酸也明显高于国产鱼粉。

10. 血粉

优质血粉中赖氨酸含量比国产鱼粉高出一倍，含硫氨基酸含量与进口鱼粉相近，可达1.7%，色氨酸1.1%，比鱼粉的高出

1 ～ 2倍。畜禽新鲜血液中约含干物质18%，其干物质中含粗蛋白质多在90%以上，赖氨酸居天然饲料之首，达6.67%。但总的氨基酸组成极不平衡，亮氨酸是异亮氨酸的10倍以上，在设计饲料配方时应用含异亮氨酸较多的饲料加以配伍。有些经过勾兑的含血粉饲料的产品氨基酸利用率可与鱼粉媲美。但血粉自身的氨基酸利用率相对不高。氨基酸组成也不理想。因此，充分利用血粉的营养特性可科学地配制出优质蛋白质浓缩饲料的技术关键在于调配。

11. 肉骨粉

因原料不同，骨肉粉的质量变异较大，粗蛋白质含量可变动于20% ～ 50%，粗脂肪含量可变动于8% ～ 18%，粗灰分含量可变动于26% ～ 40%，赖氨酸含量可变动于1% ～ 3%，含硫氨基酸含量可变动于3% ～ 6%，色氨酸含量较低，不足0.5%，其他营养成分差异也较大。

12. 羽毛粉

羽毛粉中含粗蛋白质80% ～ 85%，含硫氨基酸含量居所有天然饲料之首，缬氨酸、亮氨酸、异亮氨酸的含量均居前列，加工方法得当是调配这几种必需氨基酸的好原料。但赖氨酸、色氨酸含量不高，因加工方法不同其生物学利用率变异较大，在设计饲料配方时应充分考虑以上几个方面。

13. 氨基酸类

在十多种必需氨基酸中，可供饲料添加剂的商品化产品有六七种，如赖氨酸、赖氨酸盐酸盐、蛋氨酸、DL-蛋氨酸羟基类似物（MHA）、DL-蛋氨酸羟基类似物钙盐、DL-蛋氨酸钠、色氨酸、L-苏氨酸等。

六、矿物质饲料

天然来源的动植物饲料中的矿物质元素一般难于满足鹅的需要，矿物质饲料可弥补这一缺陷。矿物质元素饲料分常量元素饲料和微量元素饲料。

1. 常量矿物质元素饲料

（1）补钙、磷的饲料　碳酸钙、磷酸二氢钙、磷酸氢钙、磷酸三钙、石粉、骨粉、贝壳粉、蛋壳粉、磷酸氢二钠、磷酸铵盐类、生石膏粉。

（2）补钠、钾、氯、镁、硫的饲料　氯化钠、碳酸氢钠、碳酸钠、硫酸钠、乙酸钠、丙酸钠、氯化钾、硫酸钾、氯化镁、硫酸镁、碳酸镁、氧化镁。

2. 微量元素补充饲料

（1）补铁饲料　硫酸亚铁、富马酸亚铁、柠檬酸铁络合物、乳酸亚铁、柠檬酸铁铵、甘氨酸亚铁、葡糖酸亚铁、苏氨酸亚铁、肽铁、其他铁盐和亚铁盐。

（2）补铜饲料　硫酸铜、醋酸铜、氯化铜、氧化铜、碱式碳酸铜和蛋氨酸铜、碳酸铜、葡萄糖酸铜、氧化亚铜以及碘化亚铜等。

（3）补锰饲料　硫酸锰、碳酸锰、氯化锰、磷酸氢锰、氧化锰、三氧化二锰、醋酸锰、柠檬酸锰、葡萄糖酸锰。

（4）补锌饲料　硫酸锌、氧化锌、碳酸锌、氯化锌、醋酸锌、乳酸锌等。

（5）补碘饲料　碘化钾、碘酸钙和碘酸钾。

（6）补钴饲料　硫酸钴、氯化钴、碳酸钴、氧化钴、葡萄糖酸钴等。

（7）补硒饲料　亚硒酸钠、硒酸钠、酵母硒等。

七、维生素补充饲料

1. 脂溶性维生素

常用的脂溶性维生素产品有如下几种。

（1）维生素A　维生素A油、维生素A乙酸酯、维生素A棕榈酸酯、维生素A丙酸酯、胡萝卜素。

（2）维生素D　维生素D_2、维生素D_3。

（3）维生素E　α-生育酚乙酸酯、α-生育酚。

（4）维生素K　甲萘醌、亚硫酸氢钠甲萘醌、亚硫酸嘧啶甲萘醌、二氢萘醌二乙酸酯、乙酰甲萘醌。

2. 水溶性维生素

（1）维生素B_1　维生素B_1盐酸盐、维生素B_1硝酸盐。

（2）维生素B_2　烟酸和烟酰胺。

（3）泛酸及其钙盐　DL-泛酸钙、D-泛酸钙。

（4）维生素B_6　（盐酸吡哆醇）氯化胆碱；叶酸；肌醇。

（5）维生素B_{12}　氰钴胺素、羟钴胺素、硝钴胺素、氯钴胺素、溴钴胺素、硫钴胺素等。

（6）维生素C　L-抗坏血酸、抗坏血酸钠、抗坏血酸钙、抗坏血酸棕榈酸酯。

（7）生物素（d-生物素）　甜菜碱、肉毒碱。

八、饲料添加剂

饲料添加剂的种类繁多，性质各异，按国内较为常用或习惯的分类方法可大体分为营养性和非营养性两类。

1. 营养性添加剂

（1）氨基酸饲料添加剂　人工合成的氨基酸（如蛋氨酸、赖氨酸、苏氨酸、色氨酸等），在配合饲料中，根据家禽的饲养标准及饲料中的含量，利用人工合成的晶体氨基酸来补足家禽的营养需要量，从而提高饲料蛋白质的质量。一般的使用方法是缺什么补什么，缺多少补多少，但需注意氨基酸的生物效价。

（2）维生素添加剂　维生素种类很多，通常根据其溶解性分为两大类，即脂溶性维生素和水溶性维生素。脂溶性维生素通常是指那些能溶于脂肪及其他脂溶性溶剂的维生素，包括维生素A、维生素D、维生素E和维生素K四种。水溶性维生素是指能溶于水的维生素，含有B族维生素和维生素C。B族维生素主要包括9种，即维生素B_1、维生素B_2、维生素B_6、维生素B_{12}、烟酸、泛酸、叶酸、生物素和胆碱。常用的维生素添加剂是人工合成的维生素盐类或多种维生素混合物。使用时必须了掌握各种维生素的实际含量，然后按动物的需要量确定添加量。

（3）微量元素添加剂 微量矿物质元素包括铁、锌、铜、锰、碘、硒和钴等，饲料中如果维生素B_{12}的含量充足，则钴不需要添加。生产实践中，是将饲料中可能缺乏而必须添加的各种微量元素制成复合微量元素添加剂，以满足动物对微量元素的需要。常用的微量元素大多为化工产品，通常是各种微量元素组成和含量不相同，使用时应将微量元素添加量换算成微量元素盐类的用量。

2. 非营养性添加剂

（1）饲料用酶制剂 主要可分为两类消化性酶和非消化性酶。①消化性酶：饲料中常用的消化性酶制剂α-淀粉酶、糖化酶、酸性蛋白酶和中性蛋白酶，主要辅助动物消化道酶系作用，降解淀粉和蛋白质成为易被吸收的小分子物质。②非消化性酶：主要包括木聚糖酶、果胶酶、甘露聚糖酶、β-葡聚糖酶、纤维素酶等非淀粉多糖酶和植酸酶。根据产品中所含酶的种类，饲用酶制剂一般分为饲用单一酶制剂和饲用复合酶制剂，最常用的饲用酶制剂是几种酶的复合物。

（2）抑菌促生长剂 这类添加剂的主要作用是抑制与宿主争夺营养成分的微生物，或者促进消化道的吸收能力，提高家禽对饲料利用率；这类添加剂的品种很多，有抗生素类、有化学合成的抗菌药。一般国家对其使用范围、用量、使用期及停药期均做了严格的规定。

（3）驱虫保健剂 在高密度集约化饲养中，寄生虫病危害很大，因而预防寄生虫病的发生很重要。驱虫药的种类很多，但一般毒性较大，只能在发病时做治疗药物，短期使用，不能做添加剂长期加在饲料内使用。目前，世界各国批准的作为饲料添加剂使用的驱虫剂只有两类：一类是驱虫性抗生素，如越霉素A；另一类是抗球虫剂，如莫能霉素、盐霉素等。

（4）抗氧化剂　空气中的氧是造成饲料中的脂肪、蛋白质、碳水化合物及维生素等变质腐烂的诱因。氧化变质的饲料产生异味，不仅影响适口性，降低采食量，甚至引起拒食及疾病。常用的抗氧化剂有乙氧基喹啉，简称乙氧喹。

（5）防霉剂　饲料中含有丰富的蛋白质、淀粉、维生素等营养成分，在高温高湿的情况下，容易因微生物的繁殖而产生腐败霉变，霉变的饲料不仅影响适口性，降低采食量，还会影响饲料的营养价值，而且霉菌分泌的毒素会引起鹅的拒食、腹泻、生长停滞以致死亡。常用的防霉剂有短链酸及其盐类，丙酸、丙酸钠、丙酸钙及柠檬酸等。

（6）增色剂　为了提高鹅产品的美观性及商品价值，有些饲料内需加入着色剂，可使蛋黄及皮肤的颜色加深。允许饲料内使用的着色剂有食用色素、类胡萝卜素及叶黄素等。

（7）调味增香剂　为了增进鹅的食欲，或掩盖某种饲料成分中的不良气味，在饲料中加入香料、调味剂，从而达到促进食欲、提高饲料效率的目的。常用的有花椒、味精、糖精等。

饲料添加剂的选择和使用应遵循农业部发布的《饲料添加剂品种目录》《饲料药物添加剂允许使用品种目录》《饲料添加剂安全使用规范》《兽药停药期规定》等法律法规。

第三节　鹅的饲养标准和饲料配方

一、鹅的饲养标准

随着饲养科学的发展，根据生产实践中积累的经验，结合消化、代谢、饲养及其他试验，科学地规定了各种畜禽在不同体重、不同生理状态和不同生产水平下，每只每天应该给予的能量和各种营养物质的数量，这种规定的标准就是“饲养标准”。饲养标准是根据科学试验和生产实践经验的总结制定的，具有普遍指导意义。但在生产实践中，不应把饲料标准看作是一成不变的规定。因为鹅的营养需要受品种、遗传基础、年龄、性别、生理状态、生产水平和环境条件等诸多因素的影响。所以，在饲养实践中，应把饲养标准作为指南来参考，因地制宜，加以灵活应用。

饲养标准种类很多，大致可分为两类：一类是国家颁布的饲养标准，称为国家标准，如美国NRC饲养标准、英国ARC饲养标准等；另一类是大型育种公司根据各自培养的优良品种或品系的特点，制定的符合该品种或品系营养需要的饲养标准，称为专用标准。

鹅的饲养标准要包括能量、蛋白质、必需氨基酸、矿物质和维生素等指标，每项营养指标都有其特殊的营养作用，缺少、不足或超量均可能对鹅产生不良影响。能量的需要量以代谢能表示，蛋白质的需要量用粗蛋白质表示，同时标出必需氨基酸的需要量，以便配合日粮时使氨基酸得到平衡。配合日粮时，能量、蛋白质和矿物质的需要量一般按饲养标准中的规定给出。维生素的需要量是按最低需要量制定的，也就是防止鹅发生缺乏症所需维生素的最低量。鹅在发挥最佳生产性能和遗传潜力时的维生素需要量要远高于最低需要量，一般称为“适宜需要量”或“最适需要量”。各种维生素的适宜需要量不尽一致，应根据动物种类、生产水平、饲养方式、饲料组成、环境条件及生产实践结合经验给出相应数值。实际应用时，考虑到动物个体与饲料原料差异及加工储藏过程中的损失，维生素的添加量往往在适宜需要量的基础上再加上一个保险系数（安全系数），以确保鹅获得定额的维生素并在体内有足够的储存，此添加量一般称为“供给量”。

与鸡饲养标准相比，鹅的饲养标准相对滞后，部分指标引用的仍然是鸡的饲养标准。特别是鹅多以放牧饲养为主，体形差异较大。随着鹅养殖规模的扩大和饲养水平的提高，鹅的饲养标准将会不断完善和发展。目前，我国所使用的鹅的营养标准通常参照表4-1～表4-3。

表4-1　美国NRC（1994）鹅的营养需要量

营养成分	营养素	0～4周龄	4周龄以上
营养成分	代谢能/（兆焦/千克）	12.13	12.55
蛋白质和氨基酸	粗蛋白质/%	20	15
	赖氨酸/%	1.0	0.85
	蛋氨酸+胱氨酸/%	0.60	0.50
常量矿物质元素	钙/%	0.65	0.60
	有效磷/%	0.30	0.30
脂溶性维生素	维生素A/国际单位	1500	1500
	维生素D_3/国际单位	200	200
水溶性维生素	胆碱/毫克	1500	1000
	烟酸/毫克	65.0	35.0
	泛酸/毫克	15.0	10.0
	维生素B_2/毫克	3.8	2.5

表4-2　法国鹅的营养推荐量

周龄	0～3周龄	4～6周龄	7～12周龄	种鹅
代谢能/（兆焦/千克）	10.87～11.7	11.29～12.12	11.29～12.12	9.2～10.45
粗蛋白质/%	15.8～17	11.6～12.5	10.3～11.0	13～14.8
钙/%	0.75～0.8	0.75～0.8	0.65～0.73	2.6～3.0
磷（有效磷）/%	0.42～0.45	0.37～0.4	0.32～0.35	0.32～0.36
赖氨酸/%	0.89～0.95	0.35～0.6	0.47～0.5	0.58～0.66
蛋氨酸/%	0.4～0.42	0.29～0.31	0.25～0.27	0.23～0.26

续表

周龄	0～3周龄	4～6周龄	7～12周龄	种鹅
含硫氨基酸/%	0.79～0.85	0.56～0.6	0.48～0.52	0.42～0.47
色氨酸/%	0.17～0.18	0.13～0.14	0.12～0.13	0.13～0.15
苏氨酸/%	0.58～0.62	0.46～0.49	0.43～0.46	0.4～0.45
钠/%	0.14～0.15	0.14～0.15	0.14～0.15	0.12～0.14
氯/%	0.13～0.14	0.13～0.14	0.13～0.14	0.12～0.14

表4-3　前苏联鹅的饲养标准

周龄	1～3周龄	4～8周龄	9～26周龄	种鹅
代谢能/(兆焦/千克)	11.72	11.72	10.88	10.46
粗蛋白质/%	20	18	14	14
粗纤维/%	5	6	10	10
钙/%	1.2	1.2	1.2	1.6
钠/%	0.8	0.8	0.7	0.7
有效磷/%	0.3	0.3	0.3	0.3
赖氨酸/%	1.0	0.9	0.7	0.63
蛋氨酸/%	0.50	0.45	0.35	0.30
蛋氨酸+胱氨酸/%	0.78	0.70	0.55	0.55

二、配方设计

鹅饲料配合的方法有许多种，如试差法、四角法（又称方块法或对角线法）、公式法（又称代数法）和电子计算机法。鹅饲养中，如未配备电子计算机，而饲料种类和营养指标又不多，应用前三种方法还是很简便的。但如果所用饲料种类多，需要满足的营养指标多，就必须借助于电子计算机。应用电子计算机可以筛选出营养全面、价格最低的饲料配方。在生长中最常用的手工设计方法是试差法，此法容易掌握，一般生产单位都可以用来设计配方，大致可分为以下6个步骤。

① 确定鹅的饲养标准。根据所饲养鹅的品种和所处生产阶段选用饲养标准，确定拟配制的饲料应该给予的能量等各种营养物质的种类和数量。

② 根据当地饲料资源情况，以及自己的经验初步拟定出饲料原料的种类及试配比例。

③ 从饲料营养成分和营养价值表查出所选饲料原料的营养成分含量。

④ 按试配比例计算出所选定的各种原料中各项营养成分的含量，并逐项相加，算出成品中各项营养成分的含量，然后与鹅饲养标准相比较，并调整到与其基本相符的水平。

⑤ 根据饲养标准、预防动物疾病等的需要，使用适量的添加剂，如氨基酸、维生素、矿物质、抗生素等。

⑥ 核算配合饲料的成本，打印出饲料配方。

三、鹅的饲料配方实例

见表4-4、表4-5。

表4-4　豁眼鹅育肥期的日粮配方

原料组成及营养水平		2～4周龄	5～8周龄
原料组成	玉米/%	65.29	66.10
	大豆粕/%	26.50	20.45
	玉米蛋白粉/%	1.00	
	玉米秸秆粉/%	4.00	
	花生秧/%		10.00
	石粉/%	1.20	1.20
	磷酸氢钙/%	1.40	1.40
	乙氧基喹啉（30%）/%	0.08	0.08
	氯化胆碱/%		0.24

续表

原料组成及营养水平		2～4周龄	5～8周龄
原料组成	盐/%	0.40	0.40
	复合微量元素/%	0.10	0.10
	复合维生素/%	0.03	0.03
	合计/%	100	100
营养水平	代谢能/（兆焦/千克）	11.44	10.89
	粗蛋白质/%	18.92	15.17
	粗纤维/%	3.14	4.83
	钙/%	0.88	0.96
	有效磷/%	0.39	0.38
	赖氨酸/%	0.91	0.70
	蛋氨酸/%	0.28	0.22

表4-5　豁眼鹅种鹅试验日粮配方

原料组成及营养水平		第1组	第2组	第3组	第4组
原料组成	玉米/%	61.34	50.94	64.56	57.7
	大豆粕/%	17	16.6	18.5	17
	玉米蛋白粉/%	4.8	4.7	3.7	5.5
	鱼粉/%	1.5	2.5	1.16	1.25
	稻糠/%	8.06	15.5	—	—
	谷糠/%	—	—	5.5	10.7
	食盐/%	0.35	0.35	0.35	0.35
	磷酸氢钙/%	0.8	0.65	0.71	0.71
	石粉/%	5	4.98	5	5
	复合微量元素/%	0.1	0.1	0.1	0.1
	复合维生素/%	0.03	0.03	0.03	0.03
	乙氧基喹（30%）/%	0.08	0.08	0.08	0.08
	氯化胆碱（50%）/%	0.24	0.24	0.24	0.24

续表

原料组成及营养水平		第1组	第2组	第3组	第4组
原料组成	葵花油/%	0.7	3.33	0	1.34
	合计/%	100	100	100	100
营养水平	代谢能/（兆焦/千克）	12.18	12.21	12.22	12.19
	粗蛋白质/%	16.21	16.92	17.14	16.22
	粗纤维/%	4.30	5.70	4.41	6.34
	钙/%	2.37	2.47	2.42	2.32
	有效磷/%	0.37	0.39	0.35	0.31
	赖氨酸/%	0.77	0.78	0.80	0.76
	蛋氨酸/%	0.29	0.28	0.28	0.29

第五章 鹅的生产性能测定

选择优秀鹅种用个体，育种工作必须首先对待选鹅群有关生产性能的表型进行测定。这种对鹅群表型进行的系统测定工作称之为鹅生产性能测定。生产性能测定是鹅育种的最基础工作，是一切育种工作的基础。生产性能测定必须严格按照科学、系统和规范的规程实施，才能为鹅育种提供全面可靠的信息，否则将降低甚至误导鹅育种工作的进展。

第一节　鹅的体形外貌测定

鹅的体形外貌，不仅是一定生产力的直接表征，也是生长发育、健康状况和外表的反映。因此，鹅体形外貌的鉴定，对于鹅的育种有着一定的意义。体形外貌鉴定的方法主要有两种，一是观察鉴定，二是体尺测量，各有优点，相互补充。

一、观察鉴定

这种方法主要通过肉眼观察鹅的整体及各个部位，有时也辅以手摸和行动观察，来辨别其优劣。进行外貌鉴定时，人要与鹅保持一定距离，确保鹅处于安静状态。从鹅的正面、侧面和后面，主要观察青年鹅和成年鹅的羽色、肉色、胫色、喙色及肤色，肉瘤形状、颜色及大小，虹彩颜色，眼睑形状及颜色，颌下有无咽袋，是否有顶心毛等。同时留意保种特征是否典型，体形是否与选育方向相符。还应在观察鉴定时进行文字记录，以供选种考虑。

肉眼观察鉴定不受时间、地点等条件的限制，不需要特殊的器械，简单易行，这样鹅不致过分紧张。尤其重要的是可以观察到鹅的全貌，从而可判断鹅体形外貌，以及对生长条件的适应情况。当然，这种方法需要鉴定人员具有丰富的实践经验。

二、体尺测量

体尺测量，可避免肉眼鉴定带有的主观性。目前畜牧生产中已广泛地利用测量体尺的方法来鉴别畜禽，并已发明测量工具，如胸角尺、卡尺等。

鹅的主要体尺指标和测量方法如下。

（1）体斜长　肩关节至髋骨结节间距离。反映鹅体在长度方面的发育情况，用卷尺测量。

（2）胸宽　两肩关节之间的体表距离。表示鹅胸腔及胸肌发育的情况，用卡尺测量。

（3）胸深　第一胸椎到龙骨前缘的距离（厘米）。表示鹅胸腔、胸肌、胸骨发育情况，用卡尺测量。

（4）龙骨长　龙骨突前端到龙骨末端的距离。反映鹅体躯长度发育情况，也反映胸骨、胸肌发育情况，用卷尺测量。

（5）骨盆宽　两髋骨结节间的距离。表示骨盆宽度和后躯发育情况，用卡尺测量。

（6）跗跖骨长（胫长）　胫部上关节到第三、四趾间的直线距离。反映鹅体高情况，用卡尺或卷尺测量。

（7）胫围　跗跖骨中部的周长。反映骨骼粗细情况，用卷尺测量。

（8）半潜水长　鹅颈向前伸直，嘴尖到髋骨连线中点的距离。反映鹅在半潜水时，没入水中部分的最大垂直深度，与喙长、颈长、体躯长度有关，用卷尺测量。

（9）颈长　第一颈椎前缘至最后一颈椎后缘的直线距离。表示颈部的长短情况，用卷尺测量。

豁眼鹅体尺的数据资料见表5-1、表5-2。

表5-1　豁眼鹅10周龄体尺数据资料　　单位：厘米

性别	体斜长	胸深	胸宽	龙骨长	胫长	胫围	半潜水长
公	30.59±0.45	7.19±0.06	11.31±0.08	13.23±0.08	11.00±0.05	4.81±0.03	69.69±0.30
母	28.34±0.52	7.22±0.14	10.69±0.21	12.06±0.21	10.50±0.11	4.57±0.06	65.62±0.83
总	29.39±0.39	7.30±0.12	11.09±0.17	12.63±0.20	10.76±0.09	4.65±0.05	67.47±0.70

表5-2　豁眼鹅10周龄体重体尺指标相关分析

	体重	体斜长	胸宽	胸深	龙骨长	骨盆宽	胫长	胫围	半潜水长	颈长
体重	1									
体斜长	0.89**	1								
胸宽	0.43**	0.38**	1							
胸深	0.78**	0.73**	0.32*	1						
龙骨长	0.77**	0.80**	0.27*	0.73**	1					
骨盆宽	0.64**	0.56**	0.28	0.60**	0.44*	1				
胫长	0.65**	0.59**	0.23	0.60**	0.58**	0.39*	1			
胫围	0.64**	0.51**	0.39**	0.47**	0.44**	0.09	0.51**	1		
半潜水长	0.77**	0.77**	0.25	0.66**	0.74**	0.54**	0.61**	0.53**	1	
颈长	0.53**	0.53**	0.17	0.44**	0.54**	0.05	0.42**	0.38**	0.78**	1

第二节　鹅的生产性能测定

一、生长发育性能测定

从遗传学角度来看，生长发育是遗传基础与环境共同作用的结果。因此，对生长发育的研究既涉及遗传性的表现，也涉及如何保证性状充分的条件以及如何利用生长发育规律，采用不同措施施以影响，以达到不断改进鹅品质和产量的目的。

鹅的生长发育规律包括体重增长规律、内脏器官增长规律、骨骼增长规律、羽毛增长规律等。当然，不同品种、不同性别和不同生长发育时期，都会表现出各自品种固有的特点和规律。我们要充分利用这些特点和规律，给予不同的营养需要量，制定科学的饲养管理制度，观察鹅群的健康状况等，指导和改善饲养管理。

1. 生长发育性能测定

在一般情况下，研究鹅群的生长发育，主要采用定期称重方法。对于称重的时间，应视鹅群的种类、用途和周龄的不同而异，表5-3列出了不同类型鹅生长发育阶段划分。对于育种群和保种群，一般建议从初生开始，每两周测定1次，直到10周龄或13周龄，以后到成年（300日龄）再测定1次体重；也可以每周测定1次。试验研究表明，每周测定1次体重，对雏鹅生长发育影响不大。对于商品群或生产群，一般只要进行初生重和10周龄体重测定。表5-4列出了豁眼鹅品种的生长发育数据资料。

2. 鹅生长曲线

对鹅的生长发育进行比较研究，主要从动态观点来研究体重的增长，通常采用3种不同的生长曲线来反映体重增长的规律。

表 5-3　不同类型鹅生长发育阶段划分

群体		育雏期		育成期	产蛋期
		雏鹅	中雏鹅		
商品鹅		0 ～ 4周龄	5 ～ 8周龄	9 ～ 10周龄	
种鹅	中、小型鹅	0 ～ 4周龄	5 ～ 8周龄	9 ～ 28周龄	29 ～ 66周龄
	大型鹅	0 ～ 4周龄	5 ～ 8周龄	9 ～ 30周龄	31 ～ 66周龄

表 5-4　豁眼鹅0 ～ 10周龄体重变化　　单位：克

周龄	核心群		
	公	母	总
初生重	71.00±5.03	71.75±5.41	71.43±3.46
1周龄	152.75±2.81	150.50±5.33	151.63±2.82
2周龄	349.00±3.63	312.25±6.02	330.63±7.67
3周龄	731.00±22.73	685.00±13.35	708.00±13.87
4周龄	1273.33±19.48	1113.30±16.71	1200.59±21.57
5周龄	1459.00±18.89	1328.85±46.31	1374.40±33.50
6周龄	1733.33±41.69	1589.71±73.35	1656.00±47.01
7周龄	2109.00±90.38	2072.00±20.41	2092.18±48.35
8周龄	2488.50±117.31	2370.40±144.16	2434.82±88.76
9周龄	2794.17±49.83	2397.50±73.10	2595.83±73.18
10周龄	2761.33±85.77	2399.17±57.41	2612.25±73.50

（1）累积生长　任何一个时期可测得的体重、体尺，代表该鹅被测定之前生长发育的累积结果。鹅在初生阶段累积体重增加很慢，以后加快；经过一段时间又趋缓慢，最后接近停止。整个累积生长曲线表现为“S”形。肉鹅一般3周龄后生长加速，5 ～ 7周龄达到高峰，8周龄后开始减慢，10周龄后表现为缓慢增长。但不同体形的鹅生长发育规律略有差异，大型鹅在8周龄后仍表现出较强生长态势。性别对初生体重无明显影响，一般

要到5周龄以后公母鹅体重的差异才表现出来，8周龄以后差异明显。根据鹅的生长规律，可将生长阶段分为4个时期，即缓慢生长期（0～10日龄）、快速增长期（10～40日龄）、持续增长期（40～90日龄）和缓慢增长期（90～180日龄）。在生产中应根据鹅的生长发育规律，选择合适时期出栏，以获取最大的经济效益。

（2）绝对生长　指在一定时间内的增长量，这项指标反映的是生长发育的绝对速度。对肉鹅而言，由于个体小，早期生长阶段绝对增重不大，以后随着个体生长发育逐渐增加，到达一定水平后，又逐渐下降。一般鹅到4～8周龄时出现增重的高峰期，大型鹅生长高峰往往早于中小型鹅，9周龄以后明显下降。所以，肉用仔鹅的适时屠宰期，中小型品种以10周龄为宜，大型品种以不超过8周龄为佳。

（3）相对生长　由于绝对生长只反映了生长速度，并没有反映生长强度，为了表示鹅生长发育强度，就需要采用相对数值表示。相对生长是指在单位时间内增重占始重的百分率。鹅体重的相对增长率高峰期出现在2周龄左右，大、中型鹅2周龄相对生长率达到了130%以上，随周龄的增长而下降，一般鹅长到9周龄时已下降到10%以下，到成年后，生长强度下降至零。

（4）鹅体各部位和器官的发育规律　鹅的头部属早熟部位，大腿属晚熟部位。鹅的躯体表现出从前向后的逆向发育顺序。翼的早期发育较强，后期较弱。鹅的骨骼在2～6周龄时生长最快，8周龄后生长减慢。因此，6周龄内的鹅，应充分供应钙、磷等矿物质元素。鹅肉和腹脂属晚熟组织。腿肌的生长高峰在50日龄左右，胸肌的发育比腿肌稍晚。鹅腹脂的存积则在骨骼和肌肉发育之后。肉鹅消化器官发育显示：以1周龄时最大，以后逐周降低。总消化道重的值降序为：肌胃、肝、空回肠、十二指肠、腺胃、食管、胰腺、直肠、舌、盲肠和胆。消化道长度的增长远低于同期重量的增加。随着周龄的增长，消化道各段长度与总消化道长度的比值均无明显变化。5周龄后，各消化器官重量和长度变化均不大。

（5）羽毛的生长规律及特性　羽毛作为鹅的外层覆盖物，是皮肤特殊的附属结构。鹅羽毛发育起始于毛囊并伴着位于毛囊底部的毛乳头一起生长发育。鹅的毛囊分为初级毛囊和次级毛囊，初级毛囊主要形成片羽，次级毛囊主要形成绒羽。

鹅胚胎时期开始形成毛囊以及最初的羽毛覆盖。胚胎期第12天，鹅背部第1次可以看见明显的羽芽结构，胚胎期第19天，鹅身体表面将会覆盖一层最初的羽毛。当幼鹅孵化出壳后，身上覆盖着一层黄色的胎毛，而这层胎毛不管颜色还是结构，都与鹅最终形成的成熟羽毛有所不同，因为它们缺少片羽和翼羽。28～56日龄，雏羽开始在鹅全身密集地生长发育。至50日龄，鹅全身将覆盖雏羽，但这些雏羽并没有完全成熟。60日龄时，鹅腹部羽毛就已经成熟，而其他部位的羽毛也开始生长，但还是较小。只有到了80日龄左右，鹅背中部的羽毛也最后成熟，这时鹅全身羽毛完全成熟。

羽毛成熟后，毛囊乳头流入羽管的血液量将会减少，羽髓也逐渐从羽管中回缩，使羽管变空，直到羽毛变成富含90%角蛋白的无生命的结构。此时，髓会耗尽，羽管颜色渐渐褪去，并且开始发生高度的角质化，羽管和毛囊的联系被完全切断，羽毛完全成熟。此时，新生羽毛开始生长发育，促使旧羽毛脱落。换羽过程中，由于成熟的羽毛缺少营养供给，羽管与毛囊的连接比较松弛，成熟羽毛很容易脱落（而且不会伴随疼痛和皮肤损伤）。此时正是第一次人工采集鹅羽毛的最佳时期。在换羽或第一次采集羽毛后，鹅全身会出现短小的新生毛，它们会在84～110日龄快速密集地生长，而在随后的7～15天生长速度减慢，到了130日龄时全身的新生羽毛完全成熟。产蛋鹅在产蛋后期才开始换羽，而生长鹅和未开产的成年鹅每隔50～60天换羽1次。羽毛完全成熟大概需要44天。因此，鹅在整个生命过程中在不断地进行换羽。

二、肉用性能测定

1. 屠宰性能测定

随机采取公母鹅各30只以上，按照上市日龄，大型鹅一般为8周龄、中型鹅一般为10周龄、小型鹅一般为13周龄进行屠宰，也可在成年时进行屠宰，测定指标如下。

（1）宰前活重　指在屠宰前禁食6小时后称活重，以克为单位。

（2）屠体重　活鹅放血，去羽毛、脚角质层、趾壳和喙壳后的重量（鹅毛湿拔法须沥干）。

（3）屠宰率（%）　包括半净膛率和全净膛率两种。

半净膛重：鹅屠体去除气管、食管、嗉囊、肠、脾、胰、胆和生殖器官、肌胃内容物以及角质膜后的重量。

半净膛率（%）=半净膛重/宰前活重×100%

全净膛重：半净膛重再去除心、肝、腺胃、肌胃、腹脂，保留头、脚的重量。

全净膛率（%）=全净膛重/宰前活重×100%

（4）腿肌重　去腿骨、皮肤、皮下脂肪后的全部腿肌的重量。

腿肌率（%）=大小腿净肌肉重/全净膛重×100%

（5）胸肌重　沿着胸骨脊切开皮肤并向背部剥离，用刀切离附着于胸骨脊侧面的肌肉和肩胛部肌腱，即可将整块去皮的胸肌剥离，然后称重，即为胸肌重。

胸肌率（%）=胸肌重/全净膛重×100%

（6）腹脂重　腹部脂肪和肌胃周围脂肪的重量，反映了鹅体的脂肪沉积情况。

（7）肌胃重　肌胃去除内容物，即为肌胃重，反映了鹅胗的大小。

（8）肝重　去除肝周围的脂肪、胆囊的重量，反映了鹅肝的大小。

（9）饲料转化比　肉用仔鹅全程耗料量与总活重之比。

屠宰性能是衡量畜禽产肉性能的主要指标。一般认为屠宰率在80%以上、全净膛率在60%以上，肉用性能良好。

2. 常规肉品质测定

（1）嫩度　肌肉嫩度是肉在切割时所需的剪切力。剪切力是指测试仪器的器皿切断被测肉样时所用的力。肌肉嫩度是对肌肉各种蛋白质结构特性的总体概括，主要由肌肉中结缔、肌原纤维和肌浆等的蛋白质成分、含量与化学结构状态所决定。与鸡肉和鸭肉相比，鹅肉的嫩度稍差些。鹅的腿肌嫩度优于胸肌。

测定方法：取鹅的右侧整块胸大肌，剔除胸肌上的脂肪、筋腱、肌膜，在近龙骨端、中端、远龙骨端顺肌纤维方向各取宽0.9～1.1厘米、厚0.4～0.6厘米的肉柱，取法参考GB/T 9695.19—2008执行。用嫩度测定仪分别测定3个点剪切力，计算平均值。或采用物性分析测定仪（TMS-PRO）按NY/T 1180—2006要求进行检测。

（2）系水力　指肌肉在加压、切碎、加热、冷冻等特定条件下，保持其原有水分和添加水分的能力。衡量系水力的指标有多种，主要包括：压力法失水率、离心失水率、滴水损失、熟肉率等。国内常用失水率衡量肌肉蛋白质保持其内含水分的能力，失水率对肉的外观及嫩度都很重要，也与肌纤维、pH值等有关。肌肉系水力取决于品种、年龄、宰前状况、宰后肉的变化及肌肉的不同部位。

测定方法：取新鲜肉样称重（W_1），将肉样上、下各垫16层滤纸，滤纸外层各放一块硬质塑料板，置于铜环允许膨胀仪平台上，加压35千克，5分钟，撤除压力后称重（W_2）。

$$失水率（\%）=[（W_1-W_2）/W_1]\times 100\%$$

（3）肉色评定　肌肉颜色是重要的肉用品质指标，其深浅及均匀度主要由肌肉色素含量、分布及其化学状态决定，同时肌肉色素对肉色的作用受pH值的影响。肉色是肌肉外观评定的重要内容，不同品种及同一品种不同部位的肌肉颜色均不相同，这与肌肉中红肌纤维和白肌纤维的含量多少有关。

测定方法：称取新鲜胸肌3克（无筋腱和脂肪），置匀浆管中，加蒸馏水4毫升匀浆10分钟，匀浆液移入离心管中，再用6毫升蒸馏水分3次洗涤匀浆管，洗涤液一并倒入离心管，3500转/分钟离心10分钟，取出离心管用滤纸将液面的脂肪除去，将上清液倒入比色杯，用分光光度计在540纳米波长处测定光密度值（OD）。或采用肉色测定仪直接测定。

（4）pH值　是肉用品质测定时最重要的指标之一，它直接影响肉用产品的保藏性、熟煮损失和干加工能力。刚屠宰后的肉品pH值在6～7，1小时之后pH值开始下降，肉品僵直时pH值达到最低（5.4～5.6）。随僵直的解除、成熟时间的延长，pH值开始缓慢上升。pH值的大小取决于肌肉乳酸的含量，乳酸的积蓄会导致肌肉品质的下降。

测定方法：采用pH计，按GB/T 9695.5—2008要求检测。用胴体肌肉pH值直测仪直接测定。

（5）肌纤维直径和密度　肌纤维直径和密度均与肉质有密切关系，是反映肌肉嫩度的主要指标，也是评定肉质的重要指标。在肉品学中，肌纤维直径较小，密度较大，系水力越强，肉质的嫩度较大，肉质越鲜美。家禽肌肉肌纤维的数量不随年龄的增长而变多，肌纤维的密度会随着日龄的增加而逐渐降低，肌肉组织的生长只是肌纤维变粗的缘故。肌纤维的直径与生长速度的关系较为密切，生长速度越快，肌纤维直径越大。

测定方法：屠宰后1小时内的新鲜屠体，在胸大肌顺纤维方向取宽约1厘米、长约2厘米、深约1厘米的肌肉束，于固定液中浸泡，置于4℃冰箱中保存。放置10天以上备用。蜡包埋切片，切片厚度为6微米，H.E染色。每个样品制作石蜡切片10张。各用显微测定系统测量100根肌纤维的长径和短径，计算平均数，再换算成每根肌纤维的直径。在10×10倍显微镜下，每张切片随机取5个视野，拍照，计算每个视野中的肌纤维根数，再换算成单位面积肌纤维根数，即得肌纤维密度。

3. 肌肉常规营养成分测定

（1）水分　采用干燥箱恒温干燥法测定（GB/T 9695.15—2008）。

（2）粗蛋白质　采用半微量凯氏定氮法测定（GB/T 9695.11—2008）。

（3）粗脂肪　采用索氏浸提法测定（GB/T 9695.7—2008）。

（4）粗灰分　采用茂福炉灼烧法测定（GB/T 9695.18—2008）。

（5）维生素　烟酸、维生素A、维生素B_1、维生素B_2、维生素C分别采用高效液相色谱分析测定，每种维生素的测定方法分别见GB/T 9695.25—2008、GB/T 9695.26—2008、GB/T 9695.27—2008、GB/T 9695.28—2008、GB/T 9695.29—2008。

4. 肌肉微量元素含量测定

（1）铁　采用原子吸收分光光度计测定（GB/T 9695.3—2009）。

（2）钙　采用原子吸收分光光度计测定（GB/T 9695.13—2009）。

（3）锌　采用原子吸收分光光度计测定（GB/T 9695.20—2008）。

（4）镁　采用原子吸收分光光度计测定（GB/T 9695.21—2008）。

5. 肌肉风味物质测定

（1）肌苷酸　作为一种鲜味物质，肌苷酸是衡量肉质优劣的一项重要指标，其和糖蛋白在水中或脂肪中产生明显的肉鲜味。肌苷酸含量测定主要采用高效液相色谱法测定（GB/T 19676—2005）。

（2）硫胺素　是一种重要的风味前体物质。将含硫多肽及硫胺素等一起加热时，则产生类似于禽肉的香味。硫胺素含量测定主要采用高效液相色谱法测定（GB/T 9695.27—2008）。

（3）胆固醇　肌肉中胆固醇含量决定着肉品的营养价值，在家畜肉品中的含量要高于家禽类肉品。胆固醇含量测定主要采用气相色谱法测定（GB/T 9695.24—2008）。

（4）脂肪酸　脂肪酸是构成脂肪的重要化学物质，也是一种重要的芳香物质或芳香物质载体。脂肪酸可分为饱和脂肪酸和不饱和脂肪酸，前者包括豆蔻酸（$C_{14:0}$）、棕榈酸（$C_{16:0}$）、硬脂酸（$C_{18:0}$）、月桂酸（$C_{12:0}$）、十五碳正烷酸（$C_{15:0}$）、十七碳正烷酸（$C_{17:0}$）；后者包括棕榈油酸（$C_{16:1}$）、油酸（$C_{18:1}$）、亚油酸（$C_{18:2}$）、亚麻酸（$C_{18:3}$）、花生二烯酸（$C_{20:2}$）、花生四烯酸（$C_{20:4}$）、20碳五烯酸（$C_{20:5}$）等。脂肪酸含量的测定采用气相色法测定（GB/T 9695.2—2008）。

（5）氨基酸　氨基酸中的丝氨酸、谷氨酸、甘氨酸、异亮氨酸、丙氨酸和脯氨酸是肉香味的必需前体氨基酸，尤其谷氨酸是肌肉中的主要鲜味物质。

测定方法：准确称取0.1克肌肉组织样品于玻璃水解管中，加6摩尔/升盐酸0.5毫升，充氮气密封后110℃水解24小时，超纯水定容至50毫升，0.45微米滤膜过滤，放入4℃冰箱备用。使用氨基酸自动分析仪（L-8800，日立公司）进行样品分析，标准度100毫摩尔/毫升，样品与标准品进样量均为20微升，双通道分析，流速分别为0.45毫升/分钟和0.35毫升/分钟；波长为420纳米和570纳米；分析柱温57℃，反应柱温135℃；茚三酮缓冲液显色反应。

三、繁殖性能测定

鹅产蛋与繁殖性能主要包括以下几个指标。

1. 孵化指标

（1）种蛋合格率　指种母鹅在规定的产蛋期内（肉用型鹅在66周龄内）所产符合本品种、品系要求的种蛋数占产蛋总数的百分比。第一个产蛋年按66周龄，利用多年的鹅以生物学产蛋年计。

种蛋合格率（%）=合格种蛋数/产蛋总数×100%

（2）受精率　受精蛋占入孵蛋的百分比。血圈、血线蛋按受精蛋计算，散黄蛋按无精蛋计。

受精率（%）=受精蛋数/入孵蛋数×100%

（3）孵化率（出雏率）　包括受精蛋的孵化率和入孵蛋的孵

化率两种。

受精蛋孵化率（%）=出雏数/受精蛋数×100%

入孵蛋孵化率（%）=出雏数/入孵蛋数×100%

（4）健雏率

健雏率（%）=健雏数/出雏数×100%

单位种母鹅提供健雏数：指在规定产蛋期内，每只种母鹅提供的健康雏鹅数。

育雏率：指雏鹅4周龄结束时成活雏鹅数占入舍雏鹅数的百分比。

育雏率（%）=育雏期末雏鹅数/育雏入舍雏鹅数×100%

2. 生活力

以雏鹅至20日龄内的成活率，150～500日龄生产期的成活率作为鹅一生的生活力指标。

（1）雏鹅成活率　指育雏期末成活雏鹅数占入舍雏鹅的百分比。雏鹅为0～4周龄。

雏鹅成活率（%）=育雏期末成活雏鹅数/入舍雏鹅数×100%

（2）育成期成活率　指育成期末成活育成鹅数占育雏末入舍雏鹅数的百分比。鹅为5～30周龄。

育成期成活率（%）=育成期末成活的育成鹅数/育雏期末入舍雏鹅数×100%

或　育成期成活率（%）=（入舍母鹅数−死亡数和淘汰数）/入舍母鹅数×100%

3. 产蛋性能

（1）产蛋量　表示母鹅一个生物学产蛋年（或66周龄）的产蛋数。采用探蛋法，在晚间，逐个捉住母鹅，用中指伸入其泄殖腔内，向下探查有无硬壳蛋进入子宫部或阴道部，将有蛋的母鹅放入自闭产蛋箱内关好，待次日产蛋后放出，或以家系为单位记录鹅的产蛋量。

（2）开产日龄　常用的是鹅群体开产日龄，即鹅群达3%产蛋率时鹅群的日龄。

（3）开产体重　日产蛋率达3%时，鹅群的平均体重。

（4）就巢性　观察鹅群抱窝状况及抱窝鹅比例。

四、羽绒性能测定

鹅羽绒绒朵结构好，具有柔软、膨松、轻便、富有弹性、吸水少、可洗涤、保暖、耐磨等特点，经加工后是一种天然高级填充料，可以制成各种轻软防寒的服装及高档寝具，也是轻工、体育、工艺美术等不可缺少的原料。根据生产需求，目前对羽绒性能评定主要有以下几个指标。

1. 12周龄产羽量和产绒率

一般在鹅84日龄左右第1次换羽期采集羽绒。

2. 18周龄产羽量和产绒率

鹅一般6 ～ 7周龄后羽毛可长齐，这时可以在第2次换羽期采集羽绒。

3. 全年可进行换羽期采集羽绒次数及全年羽绒产量

第1次换羽期采集羽绒起，即将换羽时又进行换羽期采集羽绒1次，如此可得全年换羽期采集羽绒次数。各次所采集羽绒累积，可得全年羽绒产量。

4. 产蛋结束时羽绒产量

指鹅在即将完成一个正常产蛋年前，在产蛋率下降到5%时，进行羽绒采集所得的羽绒产量。

5. 烫煺毛产量

指鹅烫煺毛的重量，一般测肉用仔鹅上市时或成鹅时烫煺毛产量。

6. 活体采集羽毛产量

即活体采集羽绒的产量。

含绒率（%）=绒的含量/羽绒的总重量×100%

7. 羽绒质量

鹅的品种不同，羽绒的产量和质量存在明显差异。一般来说，体形大而健壮的鹅羽绒绒朵较大，绒层厚，每次所能获取的绒量多且质优。白羽品种鹅羽绒质量好于灰鹅品种。从出售价格来看，白色羽绒约比灰色羽绒高2%左右。我国北方地区的品种鹅比南方地区的品种鹅羽毛生长品质好，国内羽绒品质最佳的当数皖西白鹅，其绒羽的千朵绒重为39.665克，羽绒的千朵绒重达245.09克，每克含绒朵数为1267.7朵，均明显优于国内其他品种。引进鹅种中匈牙利鹅（霍尔多巴吉鹅和卡洛斯鹅）具有羽绒含绒量高、绒色纯白、绒朵大、杂质少、手感好、蓬松度高等特点，一般每年可拔毛4次，产绒400～500克。表5-5列出了几种常见鹅种的羽绒生产性能。

表5-5 几种常见鹅种的羽绒生产性能

品种	产毛量/克	产毛量/体重/（克/千克）	含绒量/%	千朵绒重/克
浙东白鹅	95.95	23.75	25.20	2.30
太湖鹅	69.38	23.05	21.43	2.50
豁眼鹅	89.65	27.93	15.74	2.03

五、肥肝性能测定

鹅肥肝质地细嫩、风味鲜美、浓腴、独特，不饱和脂肪酸、磷脂、微量元素和维生素含量丰富，享有“世界绿色食品之王”的美誉，是法国的“餐桌皇帝”。评定肥肝鹅生产性能，目前主要考虑以下几项指标。

1. 肥肝重

鹅经过3～4周填肥后，宰杀、剖腹取出的新鲜肥肝的重量。

2. 填饲期淘汰率

在一定的填饲时间内，填饲期淘汰率=填饲开始鹅数－填饲结束鹅数/填饲开始鹅数。

3. 料肝比

反映饲料转化为肥肝的能力，即生产单位重量的肥肝所消耗的饲料重量。通常，凡是肉用性能好的大型品种均适于肥肝生产，而产蛋多的小型品种肥肝生产性能较差。国际上常用于肥肝生产的品种有朗德鹅、图卢兹鹅、匈牙利白鹅、莱茵鹅、意大利鹅等，法国朗德鹅是世界公认的最优肥肝鹅品种。国内以狮头鹅、溆浦鹅肥肝性能较好。几种常见鹅种的肥肝生产性能，见表5-6。

表5-6 几种常见鹅种的肥肝生产性能

品种	肥肝重/克		肝料比
	平均	最大	
朗德鹅	869.00	1600	1 ∶ 24.5
狮头鹅	538.00	1400	1 ∶ 40.0
溆浦鹅	600.00	1331	1 ∶ 30.0
莱茵鹅	582.03	795	1 ∶ 25.1

第六章 鹅的繁殖技术

第一节 鹅的选育

鹅的选育主要有两种方式，即本品种选育和杂交繁育。前者是在同一品种内进行选配，后者是利用不同品种（系）进行杂交创新，以杂交后代为基础进行商品生产。本品种选育的方法，按照繁育时性状的聚集程度和选育群体的范围，又可以分为两大类：一类是品种繁育，即把品种的多个性状集中在一起按要求进行选育，选育群体的单位是整个品种；另一类是品系繁育，即把品种的多个性状分解，按单个或少数几个性状要求分别进行选育，选育群体的单位是品种内的各品系。

一、品种繁育

品种繁育是按照品种选育总体目标中的多项性状，对选育群体进行全面鉴定，依据鉴定结果把选育群体分为核心群、扩繁群和生产群。由最优秀的个体组成选育核心群，它们的后代是补充种鹅群的主要来源；把超过分级鉴定最低标准、较为良好的个体组成扩繁群，主要生产一般的种用鹅；把低于鉴定最低标准的个体组成生产群，主要用于商品生产。在上述分群的基础上，对不同的群采取不同的计划和措施进行繁育。种鹅选择的标准，是代表品种特性和特征的多项性状，集中各项性状的分别计分进行综合评分，按总分评定种用价值。

品种繁育曾经使用过较长时间，发挥过一定作用。在实践中，人们发现，选择全能的个体相当困难，选择的进展较慢，于是就根据不同的情况，在选择重点和标准上更加灵活，既发展了品种繁育方法，又为品系繁育打下了基础。品种繁育主要可以分为以下3种情况。

1. 直接用于生产和自身的选育提高

此种情况在我国普遍存在，大都将纯种直接用于生产鹅产品。这些品种大部分属地方品种，主要生产性能已基本满足市场的需要，可以直接用于生产。这种情况下的本品种选育，鹅各方面的性状要统筹兼顾，以鹅最重要的两个经济性状（即繁殖性能和增重速度）为主，进行综合选育。例如，豁眼鹅的选育过程中，考虑到选前羽色较杂，体形大小不一，产蛋性能差异较大，故在选育初期，主要强调羽色全白，喙、胫橘黄色，两眼眼睑豁口明显，平均产蛋量100个，成年公鹅体重4～4.5千克、母鹅3.0～3.5千克。经过3年选育，羽色基本一致，已经达到体重和产蛋数指标，且较稳定。

2. 作为经济杂交的亲本

本品种选育的纯种如用于经济杂交，因父本品种和母本品种的要求不同，在选育目标和方法上也有所差异。

（1）母本品种选育的重点　应放在提高繁殖性能上，因为这直接关系到所产经济杂交后代的多少，对降低种鹅生产成本、提升生产效率具有较大裨益。选育过程中，要求鹅群纯合度高，以降低群体内的变异程度。一般先采取一定程度的近交后，进行同质选配，不断提高产蛋性状基因的纯度，母本方面确保其有较高的配合力。

（2）父本品种选育的重点　应放在生长速度和饲料利用率上，因为这些性状的遗传力较高，利用本身的表型选择可以实现明显的遗传进展。与国外鹅种相比，我国鹅种的生长速度大都较慢，故而多选择国外良种作为父本。在对国外良种进行选育时，要强调风土驯化，环境条件不宜改变太快。因为繁殖性能对环境条件的变化最敏感，选留或驯养时应予以特别注意，并保证一定的选择强度。

3. 作为育种的原始素材

当纯种繁育的目的是为育种提供原始材料时，重点任务就是尽力保持该品种的所有基因资源，防止基因的丢失，即做好保种工作。因为不同品种的遗传差异和对环境的适应性不同，是品种改良和配套杂交的基础。要想做好保种工作，应有足够数量的保种群体，群内应采用等量留种，留种时不能根据鉴定标准来选择。在群体小时，通常选留中等水平并能代表群体的个体作种用，同时饲养管理条件尽可能保持稳定。这种保种群，还可作为对照群，用来衡量选育群的遗传进展。我国鹅种资源比较丰富，保种任务大，最好在品种的原产地建立保种场。保种群体的大小是保种的基本条件，如果要求100代内群体的近交系数不超过0.1，需要有效群体的大小为475只，按公母比1：5计算，实际参加繁殖的公母种禽分别为95只和475只。保种过程中还应该延长世代间隔，以减少单位时间内由于留种、近交等因素引起的基因频率的随机波动和近交率的上升。对鹅来说，保种群世代间隔以3～4年为宜。

二、品系繁育

品系繁育是在保持品种总体品质的前提下，分化并控制品种内部品质的异质群体，利用这些异质群体的分离和组合，促进品种总体品质的发展和提高。显然，品系繁育比较注重品种内群体间的性状的异质性，也可称为分系繁育，是在集中繁育基础上发展而来的，是当前普遍使用的畜禽育种方法。

1. 建立品系的方法

（1）类群　是按类别区分的品系，主要包括地方类群和外形类群。在品种内部，随着个体数量的增多和分布区域的扩大，由于环境条件和选择标准的不同，出现了具有不同特点的群体。我国的豁眼鹅就有山东、辽宁、吉林、黑龙江4个地方的类群；狮头鹅按照灰色的深浅就有棕褐色、灰棕色、灰白色3种外形类群；溆浦鹅也有灰羽和白羽之分。按照这种类群分的系，就称为类系。地方类群的形成，环境起了一定作用，人工选择起了重要作用。外形类群的形成，人们的喜爱偏好起了重要作用。

（2）群系　单系要使个体的优秀性状转变成群体的优秀性状，由于受到个体繁殖力的限制，需要的时间较长。为克服这一缺点，出现了在群体内建立近交程度不高的品系，这就是群系。建立群系的方法，称为群体继代选育法，其具体步骤如下。

① 选集基础群　按照建系的目标，将预定的群系应具有特征和特性的基因汇集在基础群内。如果预期的品系只要突出个别、少数的性状，基础群以同质为宜，从一个最好的群体中选集为好，这样建系的进度快、效果好；如果要同时突出多个性状，基础群则以异质为宜，因为难以选集几方面性状都优良的大量个体。基础群的选择，可以不考虑个体间的血统，只要具有所需要任何一个优秀性状即可，也可以是性状基本上类似的优秀个体。基础群内各个体的近交系数最好是零，至少大部分的个体是非近交的后代。群内的公鹅应该适当地增加，约比正常情况多1倍，公鹅个体间应没有亲缘关系，免得早期就被迫近交造成繁殖性能衰退。

② 闭锁繁育　基础群必须严格封闭，更新用的后备鹅均应该从基础群的后代中选择。群体的闭锁和相应的选种选配，有可能使各个体的优秀性状集中起来，并使基因纯合。当鹅群不大，或选配技术不强时，宜采用随机选配。因为，闭锁繁育必

然会有一定程度的近交，若再有意识采用近交，会使基因分离时各种可能的基因组合不能全部表现出来，可能使群体一些有益的基因丢失；而随机选配可使各种基因都有相同的组合机会。当鹅群较大或选配技术力量强时，则可在分析过去选配效果的基础上，进行个体选配。对符合品系标准的优秀个体，可采用同质选配或近交。

③ 严格选留　在建系的过程中，选种的目标应始终一致，不能随意改变，使基因频率朝着同一方向变化，让变异积累而表现出显著的表型变化。同时，饲养管理条件也应力求代代保持相对稳定。由于后裔测定需要的时间较长，而建系则需要缩短时间间隔，所以一般根据本身以及同胞或半同胞的生产性能等性状来进行严格的选种，而不采用后裔测定。选择强度要随着年龄的增长而加强。选种时要特别照顾家系，一般每一家系都应该留下后代，除非整个家系的全部成员都普遍很差。当对各家系的特性基本了解以后，就可以适当淘汰，以提高优良性状基因的频率及其纯合度。

（3）专门化品系　专门化品系是具有一定特点又专门用以与另一特定的品系配套杂交的品系。其中，专门作父本的称为父本品系，专门作母本的称为母本品系。在建立专门化品系时，既要注意每一品系特点的突出，又要注意到品系间的配合力。建系时，可以用系祖建系法或近交建系法，但主要是用群体继代选育法。通常先把全部选育性状分解为不同的组元，然后分别建立，既有分工，又能协作的父母本品系。例如，四川农业大学历经20余年选育的天府肉鹅配套系，父系的特点是生长速度快，母系的特点是产蛋量高、种蛋受精率高。

2. 培育新品系的作用与意义

品系繁育是鹅育种工作中最重要的繁育方法，品系也是目前育种工作者施以育种技术措施最基本的种群单位。品系繁育的全过程不仅是为了建系，更重要的是利用品系加快种群的遗传进展，加速现有品种的改良，促进新品种的育成和充分利用杂种优势。建系是手段，利用品系才是目的。开展品系培育工作主要有如下作用和意义。

（1）加快种群的遗传进展　品系可在品种内培育，也可以在杂种基础上建立；品系的质量要求不像品种要求那样全面，它要求具有突出的某些特点，个体数量要求不多，分布也不要求广泛。因此，培育一个品系要比培育一个品种快得多。品系种群的提纯比较容易。由于品系形成快、数量多、周转快，其遗传质量的改进，就不仅可以通过种群内选育而渐进，还可以通过种群的加速周转而不断提高。

（2）加速现有品种的改良　在本品种选育和畜禽杂交改良过程中，可以通过分化建系和品系综合，使鹅群得到不断的发展和提高。搞好品系繁育可以很好地解决群体中优秀个体质量高而数量少的矛盾，解决选择性状数目与选择反应成反比的矛盾，解决品种的一致性与品种结构，即异质性和种群基因纯合的矛盾，这些矛盾的解决将有助于加快品种的改良速度。

（3）促进新品种的育成　无论是纯种还是杂种群，只要它具有优势性状，特别是当优秀性状不是由个别基因，而是由一些基因组合控制时，品系繁育就更为有效。因为在培育新品种时，为了巩固遗传性往往采用近交，而近交又容易引起生活力衰退。若采用品系繁育，由于各品系内的基因大部分是纯合的，而系与系之间一般又没有亲缘关系，从而在品系综合时既可以使品系特性获得较稳定的遗传性，又可防止品种近交衰退的危险。应该指出的是，培育新品系时采用的品系繁育，主要任务是巩固优秀性状的遗传性。因此，在建系时可采用较高程度的近交，这样就可促进新品种的育成。

（4）充分利用杂种优势　由于品系经过闭锁群体下的若干代同质选配和近交繁育，许多座位的基因纯合度高、遗传性稳定、系间遗传结构差异较大。因此，品系不仅具有较高的种用价值，而且当品系间杂交时也会产生明显的杂种优势。品系可以为商品生产中开展品系间杂交提供丰富有效的亲本素材。

三、杂交繁育

杂交繁育与本品种选育不同的是，交配双方的基因型特点不同，后代的杂合程度增大。杂交繁育很早就在我国畜禽生产中得到应用，现在已经被广泛应用于商品生产和育种工作中，与本品种选育一样，杂交繁育也是被实践证明具有显著成效的繁育方式。

1. 杂交的种类

（1）按照杂合程度分

① 品系间杂交　即用同一品种内不同品系间的个体交配，杂合程度较低，后代称为品系间杂种。不过，由于专门化品系间杂交的后代，生产性能较高，适用于商业性生产。

② 品种间杂交　即用不同品种间的个体交配，杂合程度较高，后代称为品种间杂种。这种杂交是相对于本品种选育的一种杂交，也是通常所指的杂交。在国内，已广泛开展了狮头鹅、皖西白鹅、四川白鹅、豁眼鹅等品种间的杂交组合试验，在生产中已得到广泛应用。

③ 远缘杂交　即用在生物学分类上属于不同种或者亲缘关系更远的个体交配，杂合程度最高，后代称为远缘杂种。远缘杂种往往具有较好的生产性能，但繁殖性能较差。在鹅的杂交中，利用起源于灰雁的欧洲鹅种（如朗德鹅、莱茵鹅等）与起源于鸿雁的中国鹅种（如豁眼鹅、四川白鹅等）杂交，就属于远缘杂交。

（2）按照杂交的目的分

① 生产性杂交　主要目的是获得具有较高生产性能且整齐一致的商品性禽群。国外在肉用仔鹅、鹅肥肝生产中，经常使用这类杂交。其中，最简单且使用最广泛的是经济杂交，即用杂交一代进行商品生产。用2个品系或者2个品种进行杂交时，分别称为两系杂交或二元杂交。也有用3个、4个品系或者品种杂交的，分别称为三系、四系或三元、四元杂交，都属

复杂的经济杂交。如原产于广西的中偏大型合浦鹅，具有成熟早、生长快、饲料利用率高、抗病力强、产肝性能好、肉质鲜美等特点。成年公鹅体重7.5 ～ 8.5千克、母鹅为6.5 ～ 7.5千克，母鹅年产蛋量40个左右。为了提高种鹅生产效率，当地引入天府肉鹅母本品系作为经济杂交利用的母本，所生产的商品代为灰羽，生产性能与纯种合浦鹅差异不大，经济效益显著提高。

② 改良杂交　目的是在使被改良品种或品系的主要特点不发生重大改变的前提下，改进该品种或品系的个别缺点，这种杂交又称导入杂交或者引入杂交。一般来讲，均是引入其他品种或品系的最优秀公鹅个体，争取一次性引入成功。另外，被改良的品种或品系，通常是以其一部分优秀母鹅与引入的公鹅杂交，所产生的后代再与原品种或品系的优秀种鹅进行回交，然后在含有少量外血的杂种中选择理想的个体作为提高原品种或品系的骨干。在以上过程中，引入的外血数量不宜过多，一般在1/8~1/4。

③ 育成杂交　主要任务是通过两个或两个以上品种或品系的杂交，培育成新的品种或品系。具体的杂交方法可以多种多样。通常在第1阶段是用杂交改变原来品种或品系的遗传性（主要是不足或欠缺的那部分遗传性），培育新的特性，创造新的理想类型。第2阶段是通过杂交后代的自群繁育来保持所获得的理想类型，并加以改进，在这个基础上再稳定理想型的遗传性。第3阶段是建立新品种内部的整体结构，增加品种或品系的群体数量和分布地区。许多培育品种都是通过这种杂交而育成的。

2. 杂交繁育的方法

杂交繁育过程中，除品种和品系选育的方法外，还有以下两种特殊的繁育方法。

（1）反复选择法（RS）　反复选择法是根据杂交效果选择亲本的一种方法。一般是在已知最佳杂交父本，要对纯合度还不够的本地品种母本进行选择时使用。以最佳杂交父本品种的纯系或近交系作为测定系（A），本地品种母本作为被测定系（X），用本地品种。世代的母禽与测定系的公禽交配，根据杂交后代的生产性能选出优秀的母本，进行纯种繁殖。在纯繁后代中再选择种禽作为第1世代（X1），再次与测定系的公禽（A1）交配，检测其杂交效果，然后将优秀的本地1世代母禽留种纯繁，如此反复进行，以提高被测定系母本的纯合度。

（2）正反反复选择法（RRS） 正反反复选择法也是根据杂交效果选择亲本的一种方法。通常是在未知最佳杂交组合、要对父母双方进行选择时采用。这种杂交繁育的方法，既可避免近交，又可在建系的过程中进行杂交组合试验，还可把杂交后代用于商品生产，一举多得。第1年把A、B两个禽群中的公母禽分正反两组相互交配。第2年根据正、反杂交结果分别进行纯繁。第3年、第4年再重复第1、第2年的工作。如此正反反复选择。一定时间后，即可形成两个新的品系，彼此间都具有很好的杂交配合能力，可正式用于生产。

第二节 鹅的选配

选配就是有计划、有目的地确定交配双方的个体，以便生产更好的后代。

一、选配的种类和方法

1. 随机选配

种鹅与选配双方的组合方式分两类：一类是随机交配；另一类是人工选配。自然情况下，随机交配其实并不随机，往往体格强健、性欲旺盛的公鹅有较多的交配机会。真正的随机交配，应使每只母鹅都有同等的机会与每只公鹅交配，就必须用随机法决定与配双方，故又称随机选配。随机选配可以保证每种基因组合都有同样概率出现的可能，从而可能将原来分散在每个个体上的不同的优秀基因集中到同一个个体中，而获得理想型的个体；也有可能集中了所有的不良基因。因此，随机选配必须结合严格的选种。由于随机选配形式完全符合数量遗传所假定的条件，所以在按照数量遗传方法育种时最为合适。在随机选配的情况下，群体中近交的可能性很少。

2. 人工选配

人工选配中，按照选配依据的不同，可以分为几类。

（1）表型选配　表型选配是根据配偶的品质进行选配，故也称为品质选配。品质选配分为同质选配和异质选配两种。这两种选配方式主要根据配偶之间表型的同异进行，实质上都属于表型选配。在表型同质时，性状的表现也相同，往往其基因型可能比较近似。同质选配能巩固和加强性状的表现，使被选性状的遗传性稳定，增加这类个体的数量。但同质选配又阻抑了新性状的产生，容易导致生活力下降，可能会引起不良性状的积累。因此，同质选配通常只用于理想型个体之间的交配。

在表型异质时，其基因型可能差异较大。异质选配能使后代变异更丰富，提高后代的生活力。异质选配既可能使两个亲本各自的优良性状在后代身上结合，也可能使各自的不良性状在后代身上结合，因此应注意在选配之后加强选种工作的细致度。

同质和异质是相对的，表型相同，可能基因型却不同，如同样是灰羽鹅，有的可能是纯合个体，有的则可能是杂合个体。表型异质，有可能基因型比较相似，例如，溆浦鹅种有的鹅有顶心毛，有的鹅则没有，但两者基因型总体上比较相似。在实际运用时，要对表型的同质性进行深入分析。

（2）年龄选配　根据配偶双方年龄进行的选配。年龄与机体的许多性状及其表现有关，尤其是与生理功能、生产性能、生活力有密切的关系。年龄对基因型没有影响，对环境条件也没有影响，但对机体的生理功能有重要影响。继而对其接受和利用环境的能力产生影响，然后对其生产性能和生活力产生影响。一般来说，刚成年的种鹅交配，其后代表现最好。对于多数品种来说，母鹅在3岁以内比较好，公鹅要比母鹅年龄小些。但若公鹅年龄较小，与年龄较老的母鹅交配，其后代表型往往较差。

（3）亲缘选配　根据双方的亲缘关系远近进行的选配。有亲缘关系的个体，其基因型的整体有不同程度的相似，但是具体分到某个性状或某几个性状，则可能不太一样。即使是同父、同母的全同胞个体，在同样的环境条件下，彼此的表现都不大一样。凡是有亲缘关系的个体之间的选配，称为亲缘交配，或者近交。亲缘关系是个相对的概念，为了明确具体的界限，往往把5代以内有相同血统的个体之间的交配称为近交。近交的优点是使遗传性更加稳定，缺点是易引起生活力衰退，有时会产生分离现象。

二、生产中选配的技术要点

在生产中，结合上述选配方法，还应该注意以下几个问题，以保证最大的生产效率。

1. 适配年龄

适时配种才能发挥种鹅的最佳效益。公、母种鹅配种年龄均不宜过早，如果公鹅配种年龄过早，不仅影响其自身的生长发育，而且受精率低；如果母鹅配种年龄过早，则种蛋合格率降低，雏鹅品质差。对于特别早熟的小型鹅品种，公、母鹅的配种年龄可以适当提前。

2. 配种比例

公、母鹅的配种比例直接影响种蛋的受精率。在生产实践中，配种比例应根据品种、年龄、种蛋受精率的高低、季节、配种方法、饲养管理条件等进行调整。一般在自然交配的情况下，公、母鹅比例可参考表6-1；如采用人工授精，公、母鹅比例可扩大为1 ∶ 20左右。鹅群中，青年公鹅和老年公鹅比例宜小，体质强壮的适龄公鹅比例可适当加大；水源条件差，秋、冬季比例宜小；水源条件好，春、夏、秋初比例可适当加大。在良好的饲养管理条件下，尤其是放牧时，可适当减少公鹅的数量。

表6-1　常见不同体形鹅的公母比例

鹅种	雏鹅期公母比例	后备鹅期公母比例
大型鹅	1：2	1：（3～4）
中型鹅	1：（3～4）	1：（4～5）
小型鹅	1：（4～5）	1：（6～7）

3. 配种方式

（1）自然交配　公、母鹅按一定的比例组群，任其自然交配。自然交配一般在体形差异较小的品种或品系间进行。自然交配因其管理成本低，并能获得较高的受精率，在生产中广泛采用。其又可以分为以下几种形式。

① 大群配种　在一定数量的母鹅群中，按比例配以一定数量的种公鹅，让其进行自然交配。这种方法多为种鹅群或规模较小的鹅繁育场所采用。

② 小群配种　按不同品种的最适配种比例，1只公鹅与适量的母鹅组成一个配种小群进行配种，也称家系配种。这种方法在育种场常用。

③ 个体单配　公、母鹅分养在个体栏中，配种时，1只公鹅与1只母鹅配对配种，定时轮换。这种方法有利于克服鹅固定配偶的习性，提高配种比例和受精率，可以充分利用特别优秀的公鹅。

（2）人工辅助配种　在鹅的繁殖季节，为了使每只母鹅都能与公鹅交配，提高种蛋受精率，可以实行人工辅助配种。人工辅助配种是为了克服公、母鹅体形相差悬殊造成的配种失败问题，或为了解决缺少水面交配经验时母鹅没有水体平衡身体的矛盾。

人工辅助配种前，先把公、母鹅放在一起，让其彼此熟悉，并进行配种训练。待建立起交配的条件反射后便可进行配种。人工辅助配种时，操作人员在地面上抓住母鹅的两腿和两翅，轻轻摇动母鹅尾部，使其引诱公鹅接近。当公鹅踏上母鹅的背时，操作人员一只手托住母鹅，另一只手将母鹅的尾羽向上提起，此时公鹅就会前来爬跨母鹅进行配种；操作人员也可蹲在母鹅左侧，双手抓住母鹅的两腿保定，公鹅爬跨到母鹅背上，用喙啄住母鹅头顶的羽毛，尾部向前下方紧压，母鹅尾部向上翘，其生殖器与公鹅接触，公鹅射精。公鹅射精离开后，操作人员应迅速提起母鹅使其泄殖腔朝上，并在周围轻轻压一下，促使精液往阴道里流。这种配种方法能有效地提高种蛋受精率。

在利用大型鹅种作父本进行杂交改良时，由于公鹅体形大，母鹅体形小，自然交配有困难，此时可以考虑运用以上方法进行人工辅助配种。

（3）人工授精　在公、母鹅配种过程中，不让其自行交配，而是通过人工按摩采集公鹅精液，然后借助输精器将精液输送到母鹅的阴道内，使其受精。人工授精技术能克服不同品种、体重悬殊、择偶性等所造成的交配困难，也可提高优秀种公鹅的利用率，减少公鹅饲养量，节省成本。

① 人工授精的优点　在育种实践中，人工授精可避免公、母鹅体形差异过大所引起的配种困难，广泛应用于杂交育种；提升优秀种公鹅利用效率，迅速提高优秀基因在群体中的比例，加快育种进程；在育种上进行后裔测定时，可缩短测定时间，加快育种进程。

在生产实践中，人工授精便于减少公鹅的饲养数量，每只公鹅每次所采集的精液可给10～15只母鹅受精，可减少饲养公鹅的饲养成本，提高经济效益；母鹅笼养，有利于采用家系选择，提高产蛋数；在无水池的环境下，同样可以获得高的受精率；可使每只母鹅皆有受精的机会，防止漏配，提高种蛋受精率；鹅在繁殖季的早期与末期自然交配受精率较低，此时可通过调整采精的频率或增加授精的次数，提高受精率。如精液能冷冻保存，以优质精液授精，效果更佳。此外，人工授精还可以减少自然交配时生殖器官疾病的传染。

② 人工授精技术的环节

a．采精：采精过程中，按摩采精法中以背腹式效果最好。具体操作是：采精操作人员左手掌心向下，大拇指和其余4指分开，稍弯曲，手掌面紧贴公鹅背部，从翅膀基部向尾部方向有节奏地反复按摩。每1～2秒按摩1次，4～5次后，左手按摩稍用力挤压公鹅的尾根部。与此同时，用右手拇指和食指有节奏地按摩腹部后面的柔软部，并逐渐按摩和挤压公鹅泄殖腔环的两侧。此处的刺激可使富含血管体的淋巴窦产出淋巴液流入阴茎，使阴茎勃起并外翻伸出。当阴茎充分勃起时，一定要注意挤压泄殖腔环的背侧，这样会使排精沟完全闭锁，精液就沿着排精沟流向阴茎末端，用集精杯按在泄殖腔下方，可收集到洁净的精液。需要注意的是，集精杯不要紧贴泄殖腔，应与阴茎伸出的方向一致，以防阴茎受伤及精液被污染。采精需20～30秒，但品种及个体间有些差异。我国多数品种鹅阴茎伸出时立即射精，而欧洲鹅品种（如白罗曼鹅）射精习性与中国鹅不同，阴茎突出后须继续按摩才能使之兴奋而射精。公鹅个体间亦有差异，部分中国鹅射精习性也与白罗曼鹅相似。按摩采精时最好有2～3人协作，各司其职，既能保证公鹅安全，又能采到清洁的精液。按摩采精成功的关键在于刺激部位的准确（尾根部和坐骨部）和按摩的频率，这需要在实践中不断总结才能熟练。

b．输精：输精通常安排在多数母鹅产完蛋后进行，一般在8:00～9:00。将母鹅固定于输精台上，尾部朝上，腹部朝向输精者。输精者左手压下尾羽，拇指张开肛门，右手持输精管插入泄殖腔左下方阴道口至5～7厘米处注入精液。采出的精液一般用灭菌生理盐水按1：1比例稀释，并在30分钟内输完。输精剂量为每只鹅每次0.1毫升，间隔5天输精1次。

③ 注意事项　鹅人工授精操作过程中动作应轻缓，以避免损伤种鹅的生殖道。鹅群刚开产时，部分尚未产蛋的母鹅不必输精，输精前可采用连续2天腹部摸蛋法，将产蛋母鹅分开饲养和输精。人工授精前禁止种鹅下水，以避免羽毛沾湿造成操作困难及污染精液，也应暂停饮水和饲料，以免种鹅消化不良。注意做好鹅舍内外的清洁卫生工作，为种鹅提供良好的生活环境，同时也应严格实施各项防疫措施，保证种鹅健康。

我国养鹅多为地面平养，捕捉对鹅的应激很大，加之人工授精技术尚不够成熟，故在生产实践中采用较少。随着鹅饲养方法的不断改进及人工授精技术也不断完善，人工授精技术会逐渐被采用。特别是育种过程中，人工授精技术的应用不仅能有效提高种蛋受精率，也便于在育种中建立单父本家系并实现准确的系谱记录，进行高效、准确的选育工作。

（4）种鹅的利用年限及鹅群年龄结构　种公鹅利用年限为3～5年，个别优良的公鹅可延长至4～6年。种母鹅的利用年限比鸡和鸭的长，产蛋量随年龄的增长而逐年增加，一般到第4年才开始减少。第2个产蛋年的产蛋量比第1个产蛋年可增加15%～25%，第3年比第1年多产蛋30%～50%。所以，种母鹅一般可利用3～4年。

为了提高种鹅的使用年限，保证鹅群的高产稳产，提高生产效率和经济效益，鹅群要保持适当的年龄结构。较为理想的种群结构为：1岁龄的占30%，2岁龄的占35%，3岁龄的占25%，4岁龄的占10%。有些小型早熟鹅种（如我国的太湖鹅），产蛋量以第1个产蛋年为最高，这些鹅种，可采用“年年清”的办法全群更换种鹅，即公、母鹅只利用1年，产蛋季节末期，少数母鹅开始换羽时，就全部淘汰为肉鹅出售，这样可以充分利用设备，节约人力和饲料。

第三节　种蛋的孵化技术

一、种蛋的选择

选择质量好的种蛋，并妥善管理，能提高入孵蛋的质量，防止疫病的传播，从而提高孵化率并获得品质优良的雏鹅。鹅产蛋较少、种蛋的成本较高，所以把好种蛋关显得尤其重要。

1. 种蛋的来源

种蛋应来源于生产性能好、繁殖力高和健康的鹅群。种鹅在开产前1个月，应注射小鹅瘟疫苗，最好相隔1周再接种1次，加强免疫；同时，要求种鹅的饲养管理正常，日粮的营养物质全面，以保证胚胎发育时期的营养需求。引种前要了解当地的疫病情况，不要从有传染病疫区引进种蛋。

2. 种蛋的新鲜度

种蛋保存时间越短，蛋越新鲜，胚胎生活力越强，孵化率越高。新鲜种蛋气室小，蛋壳颜色具有一定光泽。陈旧蛋气室变大，蛋的颜色不佳，还常沾一些脏物。一般以产后1周内的蛋作种蛋较为合适，3～5天最好，若超过2周以上则孵化期延长。种蛋储存时间越长，孵化率越低，弱雏鹅越多。

3. 种蛋外观选择

（1）清洁度　种蛋应该清洁，蛋壳上不得有粪便或其他脏物污染。蛋壳表面如受到粪便和污泥等污染，则病原微生物可侵入蛋内，引起种蛋变质腐败，同时污物堵塞蛋壳上的气孔，影响孵化率。产蛋窝经常保持清洁干燥，并及时收集种蛋，这样可将种蛋受污染程度降到最低程度。轻度污染的蛋用40℃左右0.1%苯扎溴铵洗擦并抹干后可以作为种蛋入孵。

（2）蛋重　蛋重应符合品种要求，过大过小的蛋孵化效果都不好。小型鹅蛋重120～135克，中型鹅蛋重135～150克，大型鹅蛋重150 ～ 210克。

（3）蛋形　蛋形应呈椭圆形，大小头明显，不能过长过圆。凡畸形蛋（如细长、短圆、尖头、腰箍等蛋）一律不用于孵化，这些蛋孵化率低。评价蛋形用蛋形指数，即蛋的纵径与横径之比。鹅蛋的蛋形指数为1.4 ～ 1.5时，孵化率最高（88.2% ～ 88.7%），健雏率最高（97.8% ～ 100%）。

（4）蛋壳质量　蛋壳质地应致密均匀，表面光滑，颜色符合品种要求。蛋壳厚薄适度，厚度一般为0.4 ～ 0.5毫米。蛋壳过厚、过硬的“钢皮蛋”，蛋壳过薄、质地不均匀、表面粗糙的“沙壳蛋”均应剔除。因为蛋壳过厚，孵化时受热缓慢，蛋内水分不易蒸发，气体不易交换，出雏困难；而蛋壳过薄，蛋内水分蒸发快，也不利于胚胎发育。

二、种蛋的保存和运输

种蛋保存的好坏直接影响到孵化率的高低和雏鹅的成活率。因此，必须有专门保存种蛋的蛋库以及适宜的保存条件。

1. 温度

温度是种蛋保存最重要的条件，胚胎发育的临界温度（又称生理零度）为23.9℃，超过这个温度胚胎就会恢复发育。温度过低，虽然胚胎发育仍处于静止休眠状态，但胚胎的活力下降。−2℃时胚盘致死。因此孵化前种蛋的保存温度不能过高或过低。一般认为种蛋适宜的保存温度是8 ～ 18℃，如果保存期超过5天，则保存温度最好为10 ～ 11℃。

2. 湿度

较理想的保存种蛋的相对湿度是70% ～ 80%。这种湿度与鹅蛋的含水率比较接近，蛋内水分不会大量蒸发。湿度太低蛋内水分大量蒸发，会影响孵化效果，若湿度过高则会使蛋发霉变质。用水洗过的种蛋不易保存。

3. 翻蛋

蛋黄比重较轻，总是浮在蛋白的偏上部。为了防止胚盘和蛋壳粘连，影响种蛋品质，在种蛋保存期内要定期翻蛋。一般认为，保存时间在1周内可不必翻蛋，超过1周每天至少翻动1次，翻动蛋位角度90°以上。

4. 通风

保存种蛋的房间，要保持良好通风，清洁，无特别气味，无阳光直射，无冷风直吹。要将种蛋码放在蛋盘内，蛋盘置于蛋盘架上，并使蛋盘四周通气良好。堆放化肥、农药或其他有强烈刺激性气味物品的地方不能存放种蛋，以防这些异味经气体交换进入蛋内，影响胚胎发育。种蛋也要预防蝇吮蚁叮。

5. 保存时间

种蛋保存时间愈短对提高孵化率愈有利。在适当的条件下，保存时间一般不应超过7天。长时间保存时即使保存条件适宜，孵化效果也会受影响。因为长期保存后，蛋白本身的杀菌能力会急剧降低，水分蒸发多会导致系带和蛋黄膜变脆，酶的活动使胚胎衰老，蛋内营养物质变性，蛋壳表面细菌繁殖波及胚胎。保存时间在2周以内，孵化率下降幅度小；保存2周以上，孵化率显著下降；保存3周以上，孵化率急剧下降。因此，在可能的条件下，种蛋越早入孵越好，尽量不超过14天。

6. 种蛋的包装

引进种蛋时常常需要长途运输，如果保护不当，往往引起种蛋破损、系带松弛、气室破裂等，导致孵化率降低。因此，应注意种蛋的包装。包装种蛋最好使用专门制作的纸箱，纸箱要求强度好，四壁有孔可通气，箱内要用厚纸片做成方格，每格放1枚种蛋，各层之间再用厚纸片隔开。种蛋放置时要大头朝上、小头朝下。如果没有纸蛋箱，也可用木箱或竹筐装运。装蛋时，每层蛋间和蛋的空隙间用干燥、干净整洁的锯末、稻糠、稻草填充防震。无论使用什么包装，种蛋都应尽量大头向上或平放，排列整齐，以减少蛋的破损。

7. 种蛋的运输

运输种蛋要求快速、平稳、安全，要避免日晒雨淋，防止剧烈颠簸。因此，在夏季运输时，要有遮阴和防雨设备；冬季运输应注意保温，以防种蛋受冻。运输工具要求快速平稳，安全运送。装卸时轻装轻放，严防强烈震动，强烈震动可导致气室移位、蛋黄膜破裂、系带折断。经长途运输的种蛋到达目的地后应尽快消毒装盘入孵，不可储存。

三、种蛋的消毒

种蛋消毒的目的是杀灭蛋壳表面的病原微生物，提高种蛋的孵化率并防止疾病交叉传染。种蛋的消毒方法较多，常用的有以下几种。

1. 甲醛熏蒸消毒法

甲醛熏蒸消毒法是目前使用最为普遍的一种种蛋消毒法，其操作简单，效果良好。种蛋在消毒室内和孵化机内都可应用。该法是将浓度为40%甲醛溶液（福尔马林）与高锰酸钾按一定比例混合放入适当的容器中，熏蒸消毒。每立方米空间用30毫升福尔马林和15克高锰酸钾，烟熏蒸20～30分钟，要求温度20～24℃、相对湿度75%～80%。熏蒸后应充分通风。

2. 苯扎溴铵消毒法

可用苯扎溴铵进行喷雾或浸泡消毒。将5%的苯扎溴铵溶液加水5倍即成1%的溶液，用喷雾器喷洒在种蛋表面或在40～45℃该溶液中浸泡3分钟，即可达到消毒效果。也可用1∶5000溶液喷洒或抹拭孵化用具。苯扎溴铵溶液能在几分钟内杀灭葡萄球菌、伤寒沙门菌、大肠杆菌及霉菌。但忌与肥皂、碘、碱、升汞和高锰酸钾等配用，以免药物失效。

3. 高锰酸钾或碘液浸泡消毒

可用0.2%高锰酸钾溶液或0.1%碘浸泡种蛋1分钟，取出沥干。碘液配制方法：取碘片10克，溶于15克碘化钾中，再溶于1000毫升水中，再加水9000毫升水，即成0.1%的碘溶液。种蛋保存前不能用溶液浸泡法消毒，用此法会破坏胶护膜，加快蛋内水分蒸发，细菌也容易进入蛋内。故仅用于种蛋入孵前消毒。

四、种蛋的孵化条件

鹅胚胎发育大部分是在母体外完成的，因此要想获得理想的孵化效果，就必须根据胚胎发育的特点，提供适宜的孵化条件，以满足胚胎发育的要求。孵化条件主要包括温度、湿度、通风、翻蛋和凉蛋。

1. 温度

温度是家禽胚胎发育所需的最重要的条件，只有适宜的孵化温度才能保证鹅蛋中各种酶的活性，从而保证胚胎正常的物质代谢和生长发育。鹅胚胎对于温度有一个较大的适应范围。一般情况下，鹅胚胎发育的温度为36.9～38℃。温度过高、过低都会影响胚胎发育，严重时可造成胚胎死亡。温度偏高时，胚胎发育加快，孵化期缩短，但孵出的雏鹅体质弱。当温度超过42℃，经2～3小时就可造成胚胎死亡。相反，孵化温度低，胚胎发育迟缓，孵化期延长，死亡率增加。如果温度低至20℃以下，经过30小时胚胎就会死亡。温度应随着不同的发育阶段而变化。孵化初期，胚胎物质代谢处于低级阶段，自身产生的体热很少，因而需要较高的孵化温度，一般在15℃室温下，需38℃左右；孵化中期以后，随着胚龄的增长，物质代谢日益旺盛，尤其是孵化末期，脂肪代谢增强，胚胎自身产生大量体热，需更低一些的温度，为36.9～37.2℃。孵化温度受多种因素影响，随季节、气候、孵化法和入孵日龄不同而略有差异，应在所需温度范围内灵活掌握。孵化温度的控制通常采用恒温孵化制度和变温孵化制度两种方案。

（1）恒温孵化　这种方法多在分批入孵时采用，将“老蛋”（孵化中、后期的胚蛋）和“新蛋”（孵化前期的胚蛋）间隔放置，使用相对稳定的温度孵化，这是一种将“老蛋”的余热量用“新蛋”来吸收的方式，解决了“老蛋”温度偏高，“新蛋”温度偏低的矛盾，可以满足不同胚龄种蛋的需要。这种方法适用于种蛋来源少或者室温偏高的时间，既能减少自温超温，又能节省能源。表6-2列出恒温孵化时孵化器施温标准，供参考。

表6-2 恒温孵化器施温标准

品种	季节	孵化机内温度/℃	出雏机内温度/℃
中小型鹅	冬季	37.8（1～28天）	37.2
	夏季	37.3（1～25天）	36.5
大型鹅	冬季	37.5（1～28天）	36.9
	夏季	37.0（1～25天）	36.5

（2）变温孵化　变温孵化是根据不同胚龄胚胎发育的情况，采取适宜的孵化温度。由于鹅蛋较大，蛋内脂肪含量较高，在孵化14～15天以后，代谢热上升较快，如不调整孵化机内的温度，机内局部超温会引起胚胎死亡。变温孵化多用于种蛋来源充足或者室温偏低时，整箱一次装满时用，有利于胚胎发育。表6-3列出了变温孵化时孵化机施温标准。

表6-3 变温孵化机施温标准

品种	孵化室温度/℃	孵化机内温度/℃					说明
		孵化1～6天	孵化7～12天	孵化13～18天	孵化19～28天	孵化29～31天	
中小型鹅	23.9～29.5	38.1	37.8	37.8	37.5	37.2	冬、早春季
		38.1	37.8	37.5	37.2	36.9	春季
	29.5以上	37.8	37.5	37.5	36.9	36.6	夏季
大型鹅	23.9～29.5	37.8	37.5	37.5	37.2	36.9	冬季
	29.5以上	37.8	37.5	37.2	36.9	36.6	夏季

值得说明的是，施温不只是对温度这个因素的调控，而是对以温度为主的多种因素的综合调控，应根据具体情况综合平衡。

2. 湿度

在孵化过程中，蛋内水分通过蛋壳表面的气孔不断向外蒸发，蒸发量的大小与孵化器内的相对湿度有关。适当的湿度可以调节蛋内水分蒸发和物质代谢，在温度掌握适当的情况下，鹅胚胎对湿度的适应范围比较宽。尽管如此，胚胎发育仍要求有合适的相对湿度。如湿度过高，蛋内水分不易蒸发，会影响胚胎发育，雏鹅出壳后大肚脐雏鹅多，活力也较差；湿度过低，胚胎易与壳膜粘连，影响雏鹅正常出壳，出壳的雏鹅干瘦，绒毛稍短，不易育雏。

鹅胚在孵化中所需的相对湿度比鸡胚要高5% ~ 10%，整批入孵时前后期要高，中期要低。一般孵化初期湿度为65% ~ 70%，孵化中期可降到60% ~ 65%，孵化后期提高到65% ~ 75%。前期湿度高有利于胚蛋吸收热量以及胚胎中羊水和尿囊液的形成；孵化中期，胚胎要排出羊水和尿囊液，可适当降低湿度，后期湿度高有利于胚胎散热和雏鹅出壳。分批入孵，因孵化器内同时有不同的胚龄的胚蛋，相对湿度应维持在55% ~ 65%，出雏时增至65% ~ 80%。自动调节湿度的孵化机，入孵湿度可掌握在60% ~ 65%，出雏湿度在65% ~ 75%。

3. 通风

在孵化过程中，鹅胚胎不断吸入氧气，排出二氧化碳。通风的目的就是排出二氧化碳，供给新鲜空气，以保证胚胎的正常气体代谢，促进胚胎正常发育。因此，机内要求氧气含量不少于18%，最佳含量为21%，胚胎周围空气中二氧化碳含量不得超过0.2% ~ 0.5%。当通风不良时，二氧化碳急剧增加到1%，可使胚胎发育迟缓，或胎位不正，或导致畸形和引起中毒死亡。孵化后期臭蛋、死胎及出壳时污秽空气增多，更有必要加强通风换气。一般死胎大多发生在出雏前夕，通风换气不良是一个重要原因。

通风换气的程度随着胚胎发育时期不同而不同。初期物质代谢较弱，需要氧气较少，胚胎只通过蛋黄囊血液循环系统利用蛋黄内的氧气。孵化中期，胚胎代谢作用逐渐加强，对氧气的需要量增加，尿囊形成后，通过气室、气孔利用空气中的氧气。孵化后期，胚胎从尿囊呼吸转为肺呼吸，每昼夜需氧量为初期的110倍以上。因此，孵化机内的通风量应按胚龄的大小调节通气孔，孵化前期开1/4 ～ 1/3，中期开1/3 ～ 1/2，后期全开。如分批孵化，孵化机内有两批以上的蛋，而外界气温不是很低，可以全部打开通气孔。

此外，调节通风量还应考虑孵化机内温度和湿度状况。因通风、温度、湿度三者之间有着密切关系，通风好，散热快，湿度小；通风不良，空气不流通，湿度升高，温度也升高。此外，还应注意通风要均匀，判断通风均匀与否可以从孵化器内各处种蛋的孵化率来进行，如果各处孵化率一致，则表明孵化器内空气流通均匀。

4. 翻蛋

胚胎比重最轻，浮在蛋黄表面，长期不动易与壳膜粘连，影响胚胎发育。翻蛋可防止胚胎与蛋壳粘连，促进胚胎运动，保持正常胎位，同时增加了卵黄囊血管、尿囊血管与蛋黄、蛋白接触的面积，有利于养分的吸收。翻蛋经常改变蛋的位置，使胚蛋受热、通风更加均匀，有利于胚胎生长发育，提高孵化率。

入孵时种蛋要平放或大头向上，立放或斜立放，小头不可向上。入孵第1周每2小时翻1次，以后每天4 ～ 6次，一直到孵化第28天移盘后停止翻蛋。翻蛋角度较鸡蛋大，向每侧翻蛋的角度应大于45°，一般控制在45° ～ 55°。翻蛋时动作要轻、稳、慢。一般来讲，翻蛋角度大，翻蛋次数宜少；翻蛋角度小，翻蛋次数宜多些。翻蛋在孵化前期和中期对孵化效果影响较大，第1 ～ 2周翻蛋更为重要，尤其是第1周。如用立体式机械孵化机，内设有翻蛋装置，只要定时转换胚胎角度，每2小时自动翻蛋1次，可以通过调节蛋盘角度完成。

5. 凉蛋

鹅蛋因含有较多脂肪，在孵化14天后会产生大量余热，此时蛋温急剧升高，对氧气需要量增大，由于其本身蛋重较大，而蛋表面积相对较小，散热能力差，常要通过凉蛋才能降温散热，凉蛋是孵化后期保持胚胎正常温度的主要措施。凉蛋还可以促进气体交换，刺激胚胎发育。

从15天起每天应进行2次凉蛋，每天上午和下午各进行1次，凉蛋的时间随季节、室温、胚龄而异，通常20～30分钟，早期及寒冷季节凉蛋时间不宜过长。常用的凉蛋方法有以下两种。

（1）机器内凉蛋　凉蛋时将机门打开，关闭电路、鼓风，至蛋表面温度下降至30～33℃以后重新关上机门继续孵化。这种方法操作方便，一般在外界环境温度较低时采用。

（2）机器外凉蛋　将蛋从孵化机中拉出进行凉蛋，凉蛋时，用眼皮测试蛋温感觉稍凉时即可放回孵化机内。也可喷上40℃左右的温水，直到用眼皮感触蛋身温和时，再送入机内。这种方法操作烦琐，一般在外界环境温度较高时采用。

上述的孵化条件彼此之间有着密切的联系和影响，实际工作中通常互相结合进行。其中，温度起着决定作用，翻蛋和凉蛋对调节温度、湿度和通气起着辅助作用，通风良好会促进热量和水分蒸发，反之亦然；温度高会使水分蒸发量大，湿度小会促使气流加快、温度降低。

五、初生雏的雌雄鉴别

雏鹅的性别鉴定对于养鹅生产具有重要的经济意义，雌雄分开后可分群饲养或将多余的公鹅及时淘汰处理，降低种鹅的饲养成本，节省开支。商品鹅生产时可公母分群饲养，分群管理，使鹅生长发育整齐。目前，生产中雏鹅雌雄鉴别方法主要有肛门雌雄鉴别法和伴性遗传鉴别法。

1. 雏鹅的翻肛鉴别

将雏鹅握于左手掌中，用左手的中指和无名指夹住颈口，使其腹部向上，然后用右手的拇指和食指放在泄殖腔两侧，轻轻翻开泄殖腔。如果在泄殖腔口见有螺旋形的突起（阴茎的雏形）即为公鹅；如果看不到螺旋形的突起，只有三角瓣形皱褶，即为母鹅。

2. 雏鹅的伴性遗传鉴别

包括羽色鉴定和豁眼鉴定。

（1）羽色鉴定　羽色性状基因（Sd）属于显性基因，位于性染色体上。该基因与隐性斑纹基因（Sp）相互作用，能将斑点状花纹减淡至白色，目前已在爱姆登鹅、意大利鹅和莱茵鹅等品种发现Sd基因。该基因与显性全身斑纹基因（Sp+）相互作用，能够产生自别雌雄的品种，如比尔格里姆鹅，雄性为白色，雌性为灰色。用基因型为$Z^{SdSp+}Z^{SdSp+}$的公鹅和基因型为$Z^{SdSp+}W$的母鹅，所产生的子代公雏绒羽呈微黄色，母雏绒羽呈橄榄灰色。

（2）豁眼鉴定　豁眼性状主效基因座H上等位基因h呈隐性遗传，位于性染色体上。该基因与常染色体M基因座互作，能影响豁眼表型的外显率，目前仅在豁眼鹅品种中发现h基因。该基因与正常眼睑基因（H）相互作用，能够产生自别雌雄的品种。用基因型为$Z^{hM}Z^{hM}$的豁眼公鹅和基因型为$Z^{HM}W$的母鹅，所产生的子代公雏全部为正常眼睑，母雏全部为豁眼。

六、孵化效果的检查与分析

1. 鹅胚胎发育

鹅的精子和卵子在输卵管的喇叭部受精后，就开始了胚胎发育。受精卵在母鹅输卵管内向后移行过程中，就开始了早期的胚胎发育。受精卵在峡部开始第1次细胞分裂，并由卵裂经囊胚期，直到原肠期形成外胚层和内胚层。这个过程需要24 ～ 28小时。当受精蛋产到体外时，遇冷胚胎发育暂时停止。基本停止发育的受精蛋，在一定的时间内，只要提供适宜的孵化条件，胚胎就会恢复发育，经过31天左右，胚胎发育成雏出壳。

（1）胚胎发育的早期

① 内部器官发育阶段在鹅蛋孵化的第1 ～ 6天，先在内胚

层与外胚层之间很快形成中胚层，此后由这3个胚层形成各种组织和器官。外胚层形成皮肤、羽毛、喙、趾、眼、耳、神经以及口腔和泄殖腔的上皮等。内胚层形成消化道和呼吸器官的上皮以及内分泌腺体等。中胚层形成肌肉、生殖器官、排泄器官、循环系统和结缔组织等。

② 早期胚胎发育及照蛋特征

第1～2天，胚盘重新开始发育，器官原基出现，雏形隐约可见，但肉眼很难辨清。照蛋时蛋黄表面有一颗颜色稍深、四周稍亮的圆点，俗称“鱼眼珠”或“白光珠”。

第3～3.5天，血液循环开始，卵黄囊血管区出现心脏，开始跳动，卵黄囊、羊膜和浆膜开始生出。照蛋时，可见卵黄囊的血管区形状很像樱桃，俗称“樱桃珠”。

第4.5～5天，胚胎头尾分明，内脏器官开始形成，尿囊增大到肉眼可见。卵黄由于蛋白水分的继续渗入而明显增大。照蛋时可见胚胎及伸展的卵黄囊血管，形状似一只蚊子，俗称“蚊虫珠”。卵黄颜色稍深的下部似月牙状，又称“月牙”。

第5.5～6天，胚胎头部明显增大，并与卵黄分离，各器官和组织都已具备，脚、翼、喙的雏形可见。尿囊迅速生长，从脐部向外凸出，形成一个有柄的囊状。卵黄囊血管所包围的卵黄达1/3。羊水增加，胚胎已能自由地在羊膜腔内运动。照蛋时，卵黄不易跟随着转动，俗称“钉壳”。胚胎和卵黄囊血管形状像一只小的蜘蛛，故又称“小蜘蛛”。

（2）胚胎发育的中期

① 外部器官形成阶段，在鹅蛋孵化的第7～18天，胚胎的脖颈伸长，翼、喙明显，四肢形成，腹部愈合，全身覆有绒毛，胫后腿趾上出现鳞片。

② 中期胚胎发育及照蛋特征

第7天，胚胎头弯向胸部，四肢开始发育，已具有鸟类外形特征，生殖器官生成，公母已定。尿囊与浆膜、壳膜接近，血管网向四下发射，如蜘蛛足样。照蛋时可明显看到胚胎黑色的眼点，俗称“起珠”“单珠”“起眼”。

第8天，胚胎的躯干部增大，口部形成，翅与腿可按构造区分，胚胎开始活动，引起羊膜有规律的收缩。卵黄囊包围的卵黄在一半以上，尿囊增大迅速。照蛋时可见头部及增大的躯干部形似“电话筒”，一端是头部，另一端为弯曲增大的躯干部，俗称“双珠”。可以看到羊水。

第9天，胚胎已出现明显的鸟类特征，颈伸长，翼、喙明显，脚上生出趾，呈水禽结构样。卵黄增大至最大，蛋白重量相应下降。照蛋时，由于羊水增多，胚胎活动尚不强，似沉在羊水中，俗称“沉”。正面已布满扩大的卵黄和血管。

第10天，胚胎的肋骨、肺、肝和胃明显，四肢成形，趾间有蹼。用放大镜可以看到羽毛原基分布于整个体躯部分。照蛋时，正面可见胚胎在羊水中浮动，俗称“浮”；卵黄转到背面，蛋转动时两边卵黄不易晃动，俗称“边口发硬”。

第11～12天，胚胎眼裂呈椭圆形，脚趾上现爪，绒毛原基扩展到头、颈部，羽毛突起明显，腹腔愈合，软骨开始骨化。尿囊迅速向小头伸展，几乎包围了整个胚胎。气室下边血管颜色特别鲜明，各处血管增加。照蛋时转动蛋，两边卵黄容易晃动，俗称“晃得动”。接着背面尿囊血管迅速伸展，越出卵黄，俗称“发边”。

第14～15天，胚胎的头部偏向气室，眼裂缩小，喙具一定形状，爪角质化，全部躯干覆以绒羽。尿囊在蛋的小头完全合拢。照蛋时，尿囊血管继续伸展，在蛋的小头合拢，整个蛋除气室外都布满了血管，俗称“合拢”“长足”。

第16天，胚胎各器官进一步发育，头部和翅上生出羽毛，腺胃可区分出来，下眼睑更为缩小，足部鳞片明显可见。照蛋时，血管开始加粗，血管颜色开始加深。

第17天，胚胎嘴上可分出鼻孔，全身覆有长的绒毛，肾开始工作。小头蛋白由一管状道（浆羊膜道）输入羊膜囊中，发育快的胚胎开始吞食蛋白。照蛋时，血管继续加粗，颜色逐渐加深。左右两边卵黄在大头端连接。

（3）胚胎发育的后期

① 胚胎逐渐生长阶段在鹅蛋孵化的第19～29天，由于蛋白全部被吸收利用，胚胎逐渐长大，肺血管形成，尿囊及羊膜消失，卵黄囊收缩进入体内，开始用肺呼吸，并在壳内鸣叫、啄壳。

② 后期胚胎发育及照蛋特征

第18天，胚胎头部位于翼下，生长迅速，骨化作用加剧。小头蛋白不进入羊膜囊中，胚胎大量吞食稀释的蛋白，尿囊中有白色絮状排泄物出现。由于蛋白水分蒸发，气室逐渐增大。照蛋时，小头发亮的部分随着胚胎日龄的增加而逐渐缩小。

第19～21天，胚胎的头部全在翼下，眼睛已被眼睑覆盖，横着的位置开始改变，逐渐与长轴平行。卵黄与蛋白显著减少，羊膜及尿囊中液体减少。照蛋时，小头发亮的部分逐渐缩小，蛋内黑影部分相应增大，说明胚胎身体在逐日增长。

第22～23天，胚胎嘴上的鼻孔已形成，小头蛋白已全部输入到羊膜囊中，蛋壳与尿囊极易剥离。照蛋时，以小头对准光源，看不到发亮的部分，俗称“关门”、“封门”。

第24～26天，喙开始朝向气室端，眼睛睁开。吞食蛋白结束，观察胚胎全身已无蛋白粘连，绒毛清爽，卵黄已有少量进入腹中，尿囊液浓缩。照蛋时可以看到气室朝一方倾斜，这是胚胎转身的缘故，俗称“斜口”、“转身”。

第27～28天，胚胎两腿弯曲朝向头部，颈部肌肉发达，同时大转身，颈部及翅突入气室内，准备啄壳。卵黄绝大部分已进入腹中，尿囊血管逐渐萎缩，胎膜完全退化。照蛋时，可见气室中有黑影闪动，俗称“闪毛”。

第29～30天，胚胎的喙进入气室，开始啄壳见漂，卵黄收净，可听到雏的叫声，肺呼吸开始。尿囊血管枯萎。少量雏鹅出壳。起初是胚胎部穿破壳膜，伸入气室内，称为“起嘴”，接着开始啄壳，称“见漂”、“啄壳”。

第30.5～31天，出壳（图6-1）。

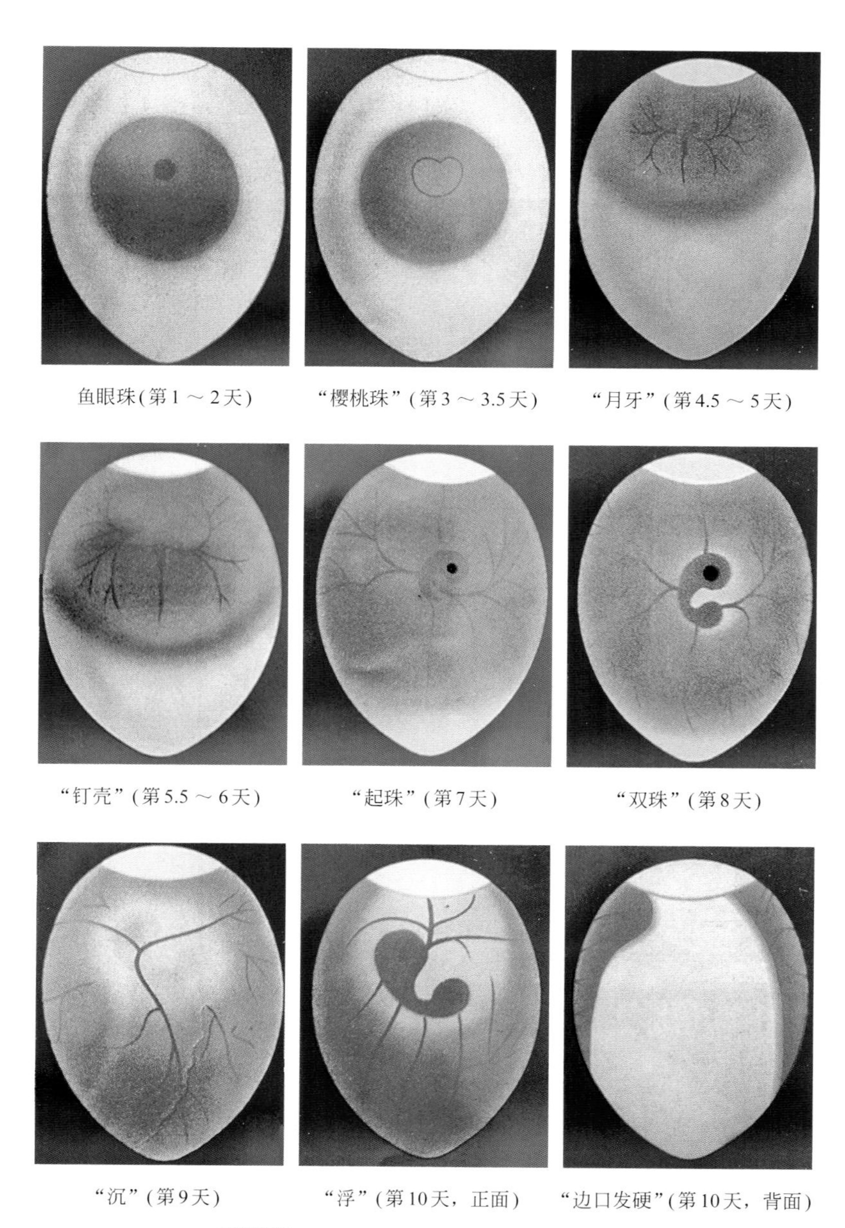

鱼眼珠(第1～2天)　“樱桃珠”(第3～3.5天)　“月牙”(第4.5～5天)

“钉壳”(第5.5～6天)　“起珠”(第7天)　“双珠”(第8天)

“沉”(第9天)　“浮”(第10天，正面)　“边口发硬”(第10天，背面)

图6-1　鹅胚胎各个时期发育图（一）

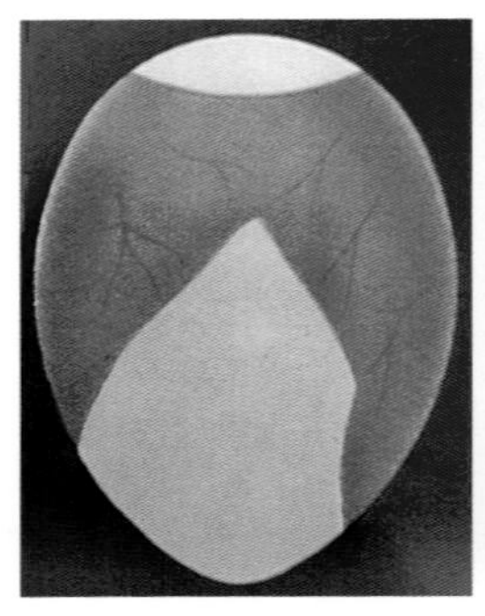

“晃得动”
(第11～12天，背面)

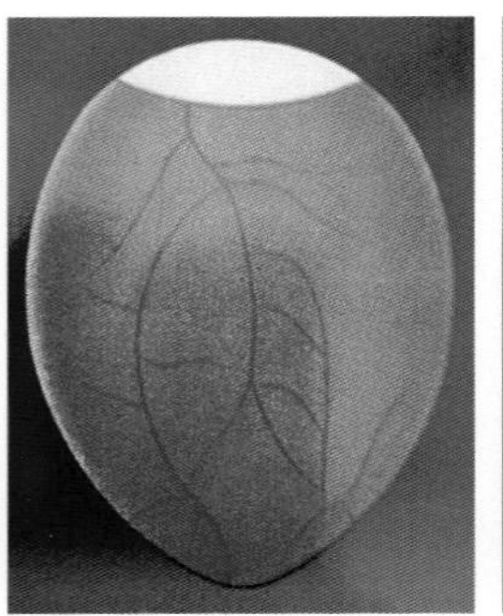

“合拢”
(第14～15天，背面)

血管加粗
(第16～17天，背面)

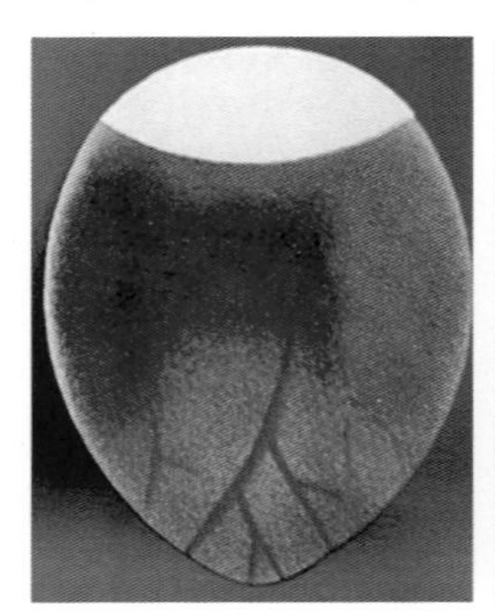

蛋内小头发亮部分变小，黑影部分加大(第18～21天，背面)

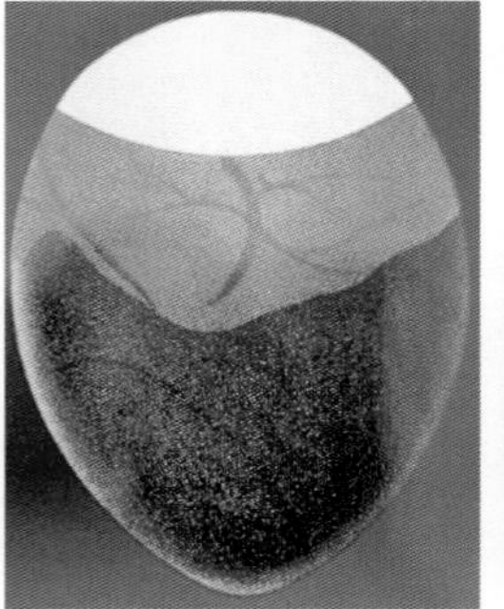

“关门”(第22～23天，背面)

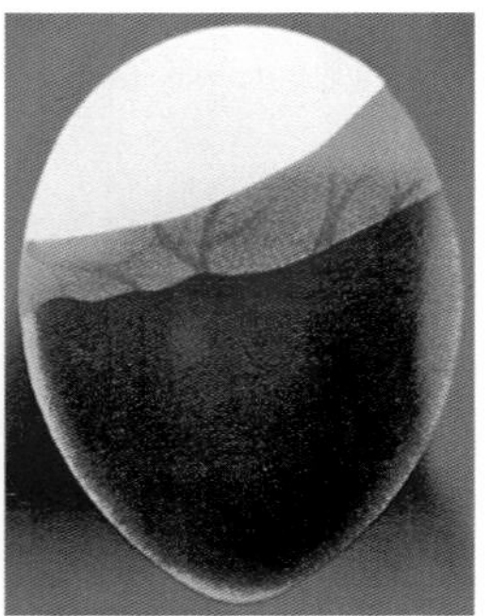

“斜口”(第24～26天)

“闪毛”(第27～28天)

“起嘴”(第29～30天)

“出壳”(第30.5～31天)

图6-1 鹅胚胎各个时期发育图（二）

2. 孵化效果的检查

在整个孵化过程中，要经常检查胚胎发育情况，以便及时发现问题，不断改善种鹅营养和管理条件及种蛋孵化条件，从而提高孵化率和雏鹅的品质。孵化效果检查的方法主要有照蛋检查，死胚蛋解剖和诊断，胚蛋失重检查，出壳情况检查等。

（1）照蛋检查

① 照蛋次数　每批蛋在整个孵化过程中共照蛋3次。第1次称头照，约在鹅胚胎7日龄时进行，头照的主要目的是了解蛋的受精率、早期的胚胎发育和死亡情况，及时查出无精蛋、死胚蛋、破裂蛋。第2次称二照，在鹅胚胎15～16日龄时进行，二照的目的是了解中期的胚胎发育情况，查出死胎蛋。第3次称三照，约在鹅胚胎24日龄时进行，三照的目的是了解孵化后期的发育情况，查出死胎蛋。在对入孵品种特征不了解，或对某一孵化机性能不熟悉，或者孵化条件因特殊原因发生变化时，或者上一批孵化出壳不正常时，可以增加照蛋看胎的次数，甚至天天照蛋。

② 发育正常的胚蛋与各种异常胚蛋的辨别

a. 发育正常的活胚蛋　头照时正常胚蛋应达到“起珠”，气室边缘界限清楚，蛋身泛红，下部色泽尤深，可见明显的放射状血管网及其中心的活动黑点，胚胎此刻在活动。二照时正常胚蛋应已“合拢”，即尿囊血管在锐端合拢，包围整个胚蛋（除气室外），在强光刺激下可见胎动，气室大小适中，边缘平齐清楚。三照时活胚蛋的气室显著增大，边缘的界线更加明显，除可见到粗大的血管外，全部发暗，蛋的小头部分无发亮透光部分，称为“封门”。

b. 弱胚蛋　头照时弱精蛋发育迟缓，血管网分布面小，血管也较细，色淡。二照时胚蛋小头淡白（尿囊未合拢），三照时弱胎蛋小头有部分发亮，气室边缘弯曲度小。

c. 无精蛋　除蛋黄呈淡黄色朦胧浮影外，气室和其余蛋身透亮，旋转孵蛋时，可见扁圆形的蛋黄浮动飘转，速度较快。

d. 死胚蛋　头照气室边缘界限模糊，看不到正常的血管，有血环、血点或灰白色凝块，胚胎不动，有时散黄。气室界限模糊，胚蛋颜色较亮，胚胎呈黑团状。死胎蛋的气室界线不明显，发黄，血管也模糊不清。二照气室显著增大，边界不明显，蛋内半透明，无血管分布，中央有死胚团块，随转蛋而浮动，无蛋温感觉。三照死胚蛋气室更增大，边界不明显，蛋内发暗，混浊不清，气室边界有黑色血管。小头色浅，蛋不温暖。

③ 照蛋应注意的问题　鹅胚胎在1～10日龄时，照蛋主要观察正面，即有胚盘的这一面，以后重点观察背面。照蛋的动作应迅速，以免胚蛋温度下降太多，影响胚胎的生长发育。如果大批照蛋，则要注意室内加温。照蛋时应注意重点观察和一般检查相结合。

（2）胚蛋失重检查　孵化过程中，由于蛋内水分蒸发，胚蛋逐渐减轻，其失重多少与孵化器中的相对湿度大小有关，同时也受其他因素影响。蛋的失重一般在孵化开始时较慢，以后迅速增加。

（3）出壳情况检查　雏是发育完全的胚胎，对雏鹅出壳情况进行检查，也是一种看胎。出壳时间在30.5天左右，出壳持续时间（从开始出壳到全部出壳为止约40小时，死胎蛋的比例在10%左右，说明温度掌握得当或基本正确。死胎蛋超过15%，二照胚胎发育正常，出壳时间提前，弱雏中有明显胶毛现象，说明二照后温度太高。如果死胎蛋集中在某一胚龄，则说明某天温度太高。出壳时间推迟，雏鹅体软肚大，死胎比例明显增加，二照时发育正常，说明二照后温度偏低。出雏后蛋壳内胚胎残留物（主要是废弃的尿囊、胎粪、内壳膜）如有红色血样物，则说明温度不够。

（4）死胎蛋的解剖和诊断　如果在孵化过程中没有照蛋，当出雏时发现孵化率下降，或者在照蛋中发现死胎蛋，但原因不清，可以通过解剖进行诊断。随意取出一些死胎蛋，煮熟后剥壳观察。检查死胚外部形态特征，判断死亡日龄。注意观察其病理变化，如充血、出血、肥大、水肿、萎缩、畸形等，从而分析胚蛋致死的原因，判断其死亡日龄，绘制出死亡曲线，找出死亡高峰期，以便在此时期加强管理，降低死亡率。

3. 孵化效果的分析

（1）胚胎死亡原因分析　孵化正常时，鹅胚胎发育过程中有两个死亡高峰时期。第1个高峰是在孵化的7天左右，第2个高峰是在孵化的25～28天。鹅蛋孵化率通常按入孵蛋计算，一般为85%左右，其中无精蛋数量不超过5%，头照的死胚蛋占2%，8～17日龄的死胚蛋占2%～3%，18日龄以后的死胚蛋占6%～7%，后期死胚率约为前期、中期的总和，这是正常死胚的分布情况。第1个死亡高峰正是胚胎生长迅速、形态变化显著的时期，各种胎膜相继形成而作用尚未完善。胚胎对外界环境的变化很敏感，稍有不适，胚胎发育便受阻，以至夭折。第2个死亡高峰正处于胚胎从尿囊绒毛膜呼吸过渡到肺呼吸时期。胚胎生理变化剧烈，需氧量剧增，其自温猛增，传染性胚胎病的威胁更突出。对孵化环境（尤其是氧）要求高，若通风换气、散热不好，势必有一部分本来较弱的胚胎不能顺利破壳出雏。

孵化率的高低受内部因素（种蛋的品质）和外部因素（种蛋管理和孵化条件）两个方面的影响。自然孵化的情况下，胚胎死亡率低，而且第1、第2高峰死亡率大体相同，主要是内部因素的影响。而人工孵化，胚胎死亡率高，特别是第2高峰更显著。胚胎死亡是内、外因素共同影响的结果。从某种意义上讲，外部因素是主要的。内部因素对第1高峰影响大，外部因素对第2死亡高峰影响大。一般胚胎的死亡原因是复杂的，较难确认，归于某一因素是困难的，往往是多种原因共同作用的结果。

（2）影响孵化率的因素　一般情况下，孵化场孵化效果不理想时，常从孵化技术、操作管理上找原因，很少或根本不去追究孵化技术以外的因素，事实上孵化成绩的好坏受多种因素影响。影响孵化成绩的3大因素是：种鹅的质量、种蛋管理和孵化条件。第1、第2因素共同决定入孵前种蛋质量，是提高孵化率的前提。只有入孵来自优良种鹅，喂给营养全面的饲料，精心管理的健康种鹅的种蛋，并且种蛋管理适当，孵化技术才有用武之地。

① 遗传因素　鹅的品种（系）的遗传结构不同，种蛋的孵化效果也有差异。一般体形小的品种（系）较体形大的品种（系）的孵化率高，如果是近亲繁殖的母禽所生的蛋，孵化率会降低，通过不同品种或品系间杂交，可以提高种蛋的孵化率。

② 年龄　初产期间种蛋的孵化率低，产蛋高峰期间所产种蛋孵化率最高，此后孵化率随母鹅产蛋日龄的增加而降低。产蛋率与孵化率呈正相关。

③ 营养水平　鹅蛋的养分是由母鹅将日粮中养分分解转化而成的，胚胎的生长发育必须靠蛋中的养分。若日粮中维生素、微量元素等营养成分缺乏，则会导致受精率降低，胚胎出现畸形、死亡等，孵化后期雏鹅无力破壳，体弱、先天营养不足的死胚明显增加。

④ 管理水平　鹅舍的环境状况（如温度、湿度、通风、垫草等）均与孵化率有关。若通风不良，垫料潮湿、脏污又不及时更换，种蛋不及时收集等，导致种蛋较脏，从而影响孵化率。种鹅因圈养而运动不足，母鹅过肥，饲养密度过大以及放水面积不足等均会影响公、母鹅性行为。因此，必须科学管理，为种鹅提供良好的环境条件。

⑤ 种鹅的健康状况　种鹅的健康状况直接影响种蛋质量，倘若种鹅患有或患过疾病，则蛋的质量均会下降，孵化率降低。另外，孵化用具和种蛋消毒不严，在产蛋期疫苗接种和用药不当，均会使种蛋品质下降，孵化率降低。

（3）种鹅营养缺乏与孵化效果的关系

① 维生素A缺乏　蛋黄颜色淡，受精率不高，有较多死胎，生长较迟缓，肾及其他器官有盐沉积，眼肿胀，很多雏鹅有眼病，许多雏鹅无力破壳，或破壳出不来。

② 维生素D缺乏　壳薄而脆，蛋白稀薄，破蛋多，胚胎生

长迟缓，死亡率提高，胚胎有营养不良现象，出雏不齐，幼雏衰弱。

③ 维生素E缺乏　胚胎死亡高峰为1～3天。胚胎出现渗出性素质（水肿），单眼或两眼突出。

④ 维生素K缺乏　胚胎出血，胚外血管中有血凝块。

⑤ 维生素B_2缺乏　蛋白稀薄，生长较迟缓，死亡率提高，营养不良，羽毛“萎缩”，脑膜浮肿，很多雏鹅软弱，颈、脚麻痹。

⑥ 生物素缺乏　胚胎长骨缩短，腿骨、翅骨和颅骨短缩并扭曲，第3、4趾间有蹼。

⑦ 泛酸缺乏　死胚皮下出血，长羽不正常。

⑧ 叶酸缺乏　胚胎死亡高峰在孵化后期，其他症状与缺乏生物素相似。

⑨ 维生素B_{12}缺乏　胚胎死亡高峰在孵化中期，大多数胚胎头部处于两腿之间，水肿，短喙，弯趾，肌肉发育不良。

⑩ 钙缺乏　蛋壳薄而脆，蛋白稀薄。腿短粗，翼与下喙变短，翼与腿弯曲，额部突出，颈部水肿，腹部突出。

⑪ 磷缺乏　喙、腿软弱。

⑫ 锰缺乏　胚胎死亡高峰在孵化后期。翼与腿变短，水肿，“鹦鹉嘴”。

⑬ 锌缺乏　缺趾，缺腿，绒毛卷曲成团。

⑭ 硒缺乏　胚胎渗出性素质（水肿）。

⑮ 硒过量　骨骼易折断，水肿，死亡率高。

（4）孵化过程中异常现象及其产生的原因

① 无精蛋　公鹅无授精能力；公鹅年龄过大；种鹅营养不良；公母比例不当；种鹅饲养密度过大；种蛋保存期过长或储存条件不好。

② 散黄蛋（蛋黄破裂）　种蛋入孵前散黄，陈蛋，运输震荡和翻蛋、凉蛋不良。

③ 蛋黄粘住蛋壳内层　种蛋保存过久而又未定期翻蛋。

④ 蛋内有暗斑　蛋壳污秽或细菌感染。

⑤ 孵化期种蛋腐败、渗漏或爆裂　种蛋被污染；种鹅的饲养环境太脏；产蛋巢脏；母鹅生殖道感染。

⑥ 气室小　温度低；湿度高；发育慢；壳厚；喷水不足。

⑦ 气室大　温度高；湿度低；陈蛋；壳薄。

⑧ 胚胎早期死亡（入孵后前10天）　种蛋经长途运输震荡；种鹅缺乏营养；种蛋储存时间长或储存期温度过高；种蛋消毒（熏蒸）不当；孵化初期温度过高；孵化期翻蛋不当；蛋壳表面不清洁，被微生物污染。

⑨ 胚胎中期死亡（入孵后11～16天）　种鹅缺乏营养；孵化温度不当；孵化期换气不良；孵化期翻蛋不当。

⑩ 胚胎后期死亡（入孵后17天至出雏）　多是由孵化条件不当造成的。如气室很小，说明相对湿度过高；如胚胎有明显充血现象，说明有一段时间高温；如发育极其衰弱、缓慢，是因温度过低造成的；如小头打嘴，则是通风不良引起的。

（5）出雏的检查与分析

① 壳被啄破，但幼雏无力将壳孔扩大，是因为温度太低或通风不良造成的。

② 啄壳中途停止，部分幼雏死亡，部分幼雏存活，是孵化过程中种蛋大头向下、转蛋不当、湿度偏低、通风不良、短时间超温、温度太低造成的。

③ 幼雏黏蛋白，是由于温度偏低、湿度太高、通风不良造成的。

④ 幼雏与壳膜粘连，是因为温度高、种蛋水分蒸发过多或湿度太低、转蛋不正常所致。

⑤ 提早出壳，幼雏脐部带血，是孵化机和出雏器温度高或湿度过低造成的。

⑥ 脐部收缩不良、充血，是由于温度过高或温度变化剧烈、湿度高，胚胎受感染所致。

⑦ 幼雏腹大而柔软，脐部收缩不良，是因为温度偏低、通

风不良、湿度太高所致。

⑧ 出壳太迟，是因为温度太低、种蛋储存太久、温度变化不定、湿度过高、出壳时温度过低所致。

⑨ 出壳时间拖延很长，是种蛋储存不当，大蛋和小蛋、新蛋和陈蛋混在一起孵化；孵化机、出雏器温度不当；孵化机内温度不均匀；通风不良造成的。

⑩ 胎位不正，畸形雏多，是种蛋储存过久或储存条件不良、转蛋不当、通风不良、温度过高或过低、湿度不正常、种蛋大头向下、畸形蛋孵化、种蛋运输受损等造成的。

⑪ 啄壳后死亡，是孵化温度过低、高温、高湿、空气不足造成的。

第七章

鹅的饲养管理

第一节 雏鹅的饲养管理

一、雏鹅的生理特点

一般来讲，雏鹅要经过4周龄左右的育雏期，此期间其生理及代谢特点如下。

1. 调节体温能力较差

家禽的羽毛在体表构成保暖空气层，起着保暖作用。刚出壳的雏鹅，全身羽毛稀薄，对环境温度的变化调节能力弱，特别是对冷的适应性较差。随着雏鹅羽毛的生长和脱换以及体温调节功能的增强，可逐渐适应外界环境温度的变化。生产中小于20日龄的雏鹅，当温度稍低时就易发生挤堆现象，常导致压伤、窒息，甚至大批死亡。因此，在饲养过程中，应为雏鹅创造适宜的温度环境。

2. 生长发育迅速

一般小型品种鹅出壳重73克左右，中型鹅品种90克左右，大型鹅品种130克左右。饲养20日龄时，小型品种鹅体重比出壳时增长6～7倍，中型品种鹅增长9～10倍，大型品种鹅可增长11～12倍。为保证雏鹅快速生长发育的营养需要，要及时饮水、采食和适度补给青饲料，日粮营养水平要符合品种发育需求。不同性别的鹅生长速度不同，同样的饲养管理条件下，公雏比母雏增重快5%～25%，饲料转化率也高，所以在饲养条件允许的条件下，尽量做到公母雏分开饲喂。雏鹅体温高、呼吸快、体内新陈代谢旺盛、需水量较多，所以育雏时水槽不应断水，以利于雏鹅生长发育。

3. 消化吸收能力差

与哺乳动物相比，鹅的消化道短，雏鹅的消化道更短，而且容积小。早期雏鹅生长速度快，新陈代谢旺盛，因此在保证日粮营养全面的前提下，经过熟化处理的饲料更利于提高雏鹅消化吸收率，采用“少喂勤添”的方式将有利于提高饲料利用率。

4. 机体抗病力差

雏鹅体质的抗逆性和抗病力均较弱，容易感染各种疾病。如果饲养密度过大，卫生条件差，则易发生各种疾病，损失严重。因此，应做好雏鹅防疫工作。

根据雏鹅的以上生理特点，应采取相应的饲养管理措施，创造良好的饲养管理环境，可提高雏鹅的成活率。

二、育雏的适宜环境条件

1. 温度

适宜温度是育雏成功的首要条件，室温与雏鹅的体温调节、运动、采食、饮水以及饲料的消化吸收有密切的关系。刚出壳的雏鹅体温较低，约39. 6℃，直到10日龄左右才逐渐接近成年鹅41～42℃的体温。雏鹅体温调节功能较差，因此提供适宜的育雏温度，对提高雏鹅的成活率具有重要作用。雏鹅对温度的变化非常敏感，不同的温度育雏效果差别较大。在育雏过程中，判断育雏温度是否适宜，可根据雏鹅的行为及表现来判断。温度过低时，雏鹅靠近热源、互相拥挤成团，绒毛直立，躯体蜷缩，发出“叽叽”的尖锐叫声，严重时会造成大量的雏鹅被压死；当温度过高时，雏鹅远离热源，张口呼吸，精神不安，饮水频繁，食欲减退；温度适宜时，雏鹅在育雏栏内分布均匀，表现出活泼好动，呼吸平和，睡眠安静，食欲旺盛。在整个育雏期间，温度应逐渐下降，切忌忽高忽低急剧变化。温度过高时，易感染呼吸道疾病；温度过低时，雏鹅易感冒，导致消化不良。育雏保温应遵循以下原则：群小时温度稍高，群大时温度稍低；夜间温度稍高，白天温度稍低；阴天温度稍高，晴天温度稍低；弱雏温度稍高，壮雏温度稍低；冬季温度稍高，夏季温度稍低。

2. 湿度

湿度和温度对雏鹅的健康和生长发育产生重要影响。育雏室要保持干燥清洁，相对湿度控制在60%～70%。在低温高湿环境下，雏鹅体内热量大量散发而感到寒冷引起感冒和打堆，这是导致育雏成活率下降的重要原因。在高温、高湿的条件下，雏鹅体内热量的散发困难，体热的积累造成物质代谢和食欲下降，抵抗力减弱，同时高温高湿也是发病率增加的主要原因。因此，育雏室的门窗或换气扇要经常通风换气，室内喂水时切勿外溢，保持舍内干燥。

3. 通风与光照

随着日龄的增加，雏鹅呼出的二氧化碳、排泄的粪便以及垫草中散发的氨气增多，应及时通风换气，以利于雏鹅的健康和生长。过量的氨气易于引起呼吸系统疾病，并影响饲料消化吸收。育雏室应安装有通风设备，经常通风换气，保证室内空气新鲜。通风换气时，不能让室外的冷风直接吹到雏鹅身上，防止受凉而引起感冒。

照射阳光能提高鹅的生活力、增进食欲，还能保证内分泌系统的发育，促进性激素和甲状腺素的分泌。动物体内的7-脱氢胆固醇经紫外线照射变为维生素D_3，有助于钙、磷的正常代谢，维持骨骼的正常发育。如果天气比较暖和，雏鹅从7日龄左右可逐渐延长舍外活动时间，直接接触阳光，以利增强雏鹅的体质。如果阳光直接照射育雏舍内，则有利于室内的干燥及防止病原体的滋生。

4. 密度

雏鹅的饲养密度与雏鹅的运动、室内空气质量以及室内温度、湿度的关系非常密切。如果饲养密度过大，雏鹅运动受到限制，舍内温度偏高，空气质量不好，雏鹅就会出现生长发育受阻，甚至出现啄羽、啄肛等恶癖；饲养密度过小，则有利于雏鹅发育，但浪费了育雏室的有效利用率。随着雏鹅体尺和体重的增长，应及时合理地分群，使雏鹅生长均匀，提高雏鹅的成活率。雏鹅分群饲养应遵循如下原则：第一，根据出雏的时间、体重及大小来分群。第二，根据雏鹅采食能力来分群，凡采食快及食管膨大部明显者为强者；凡采食慢及食管膨大部不明显者为弱者，按强弱分群。第三，根据雏鹅性别分群，在出雏后几小时内可用翻肛法来鉴别公母，按公母分群进行饲喂。第四，结合品种和日龄分群。

鹅的适宜育雏温度、相对湿度、密度见表7-1。

表7-1　鹅的适宜育雏温度、相对湿度、密度

日龄	温度/℃	相对湿度/%	密度/（只/米^2）
1～5日龄	27～28	65～70	25
6～10日龄	25～26	65～70	20
11～15日龄	22～24	60～65	15～12
16～21日龄	20～22	60～65	10～8

三、育雏前的准备

1. 育雏舍的维修和消毒

育雏舍要求保暖、干燥、保温、空气流通性好。

（1）全面检查和维修　进雏鹅前，对育雏室有破损的排风扇、门窗、墙壁、地面及时维修，保证舍内无贼风入侵，鼠洞要堵好。照明用线路和灯泡必须完好，灯泡个数适量并分布均匀，每平方米3瓦。寒冷季节需安排好取暖设备。

（2）清扫和消毒　进雏鹅前2～3天，彻底清扫育雏室并消毒，墙壁用20%石灰乳涂刷；地面用5%漂白粉混悬液消毒；密封条件好的育雏室可采用熏蒸消毒（每立方米空间用高锰酸钾15克、福尔马林30毫升，密闭门窗熏蒸48小时）；食槽、饮水器等器具先用2%氢氧化钠溶液喷洒或洗涤，然后用清水冲洗干净；垫料（草）等使用前在阳光下暴晒1～2天。育雏室出入处应设有消毒池，进入育雏室的人员严格进行消毒。

（3）准备好育雏用的必要设备　育雏设备包括育雏伞、红外线灯泡、食盘、水槽等。如果采用垫料育雏，应先将一层10厘米厚的清洁干燥的垫料铺好，然后开始供暖，雏鹅舍的温度应达到28～30℃才能进雏鹅。将温度表悬挂在高于雏鹅背部5厘米处，并观测昼夜温度变化，以便于准确调控室温。

2. 选择雏鹅

选择雏鹅是非常重要的环节，雏鹅质量的好坏直接影响雏鹅的生长发育和成活率。为保证饲养效果，进雏鹅时必须进行严格的选择。

（1）看脐肛　选择腹部柔软、卵黄吸收充分、脐部吸收好、肛门清洁的雏鹅。大肚皮、血脐、肛门不清洁的雏鹅，均表明健康状况不佳。

（2）看绒毛　绒毛要粗、干燥、有光泽。凡是绒毛太细、太稀、潮湿乃至相互黏着无光泽的，表明发育不佳、体质差，不宜选用。

（3）看体态　用手由颈部至尾部摸雏鹅的背，要选健壮、活泼的雏鹅。好的雏鹅应站立平稳，两眼有神。要坚决剔除瞎眼、歪头、跛腿等外形不正常的雏鹅。初生体重应正常，一般大型品种130克左右，中型品种90克左右，小型品种70～80克。

（4）看活力　健壮的雏鹅行动活泼，叫声有力。当用手握住颈部将其提起时，它的双脚能迅速有力地挣扎。将雏鹅仰翻放倒其能迅速翻身站起。另外，一群雏鹅中，头能抬得较高的也是活力较好的（图7-1）。

图7-1　健康的雏鹅
（刁有祥　摄）

四、育雏方法

根据地区气候条件、育雏季节选用不同的育雏方法。育雏方法主要决定于采用的保温方式和热源来源。目前，国内较大的种鹅场普遍采用供温育雏方法。供温育雏，一般采用地面饲养或网上饲养，这是饲养数量较多时普遍采用的方法。其育雏形式随热源的来源差异而不同，主要有以下几种育雏方式。

1. 网上育雏

将雏鹅饲养在离地50～60厘米高的铁丝网或竹板网上。热源通过室内的烟道提供，由火炉和烟道构成，炉口设在室外走廊里，紧连火炉，烟道位于室内铁网板下，下部距地面25厘米。此法育雏，管理方便、劳动强度小、不需要垫料、雏鹅与粪便不接触、疾病发生率低、成活率较高（图7-2、图7-3）。

图7-2　雏鹅网上育雏（一）
（刁有祥　摄）

图7-3　雏鹅网上育雏（二）
（刁有祥　摄）

2. 立体笼育雏

网上育雏可以采取立体饲养，结合育雏规模和条件，可设置2～3层网，将雏鹅放入分层育雏笼中育雏。与平面育雏这种方法相比，能更有效、更经济地利用鹅舍和热能，节省垫料、干净卫生、生产效率高。缺点是设备价格较高、一次性投资大、对管理的要求较高。工厂化育雏主要采取这种方式（图7-4）。

图7-4 立体笼育雏
（刁有祥 摄）

3. 电热育雏

用铁皮或木板制成直径1.5米的伞形育雏器。伞内安装电热丝、电热板或红外线灯泡作为热源，伞边离地面约30厘米高，每个保温伞可饲养雏鹅80只左右。此种方法简便、容易调温、节省人力，但耗电多、成本也较高（图7-5）。

图7-5 电热育雏
（刁有祥 摄）

4. 垫料育雏

在干燥的地面上，铺垫洁净而柔软的垫料（如锯屑、刨花、稻壳、稻草、粉碎的麦秸和玉米秸秆等），一般铺5～10厘米（图7-6）。垫料上面采用红外线灯（单个或联合组式）或热风炉、火炉、火墙等保温。

图7-6 垫料育雏（刁有祥 摄）

5. 火炕育雏

国内北方农村一般采用

火炕育雏。炕面与地面平行或稍高，另设烧火间。雏鹅可以接触温暖的炕面，温度平稳，室内无煤气。用烧火的大小和时间的长短来控制炕面温度，成本低，育雏效果较好。

五、雏鹅的饲养管理

1. 雏鹅的饲养

（1）日粮配合　根据雏鹅的生理特点，选用雏鹅专用饲料，这样不仅可以满足雏鹅的生长需要，而且可以提高育雏成活率。雏鹅的营养需要包括维持其正常生命活动的营养需要，以及供给生长发育的营养需要。应采用全价配合日粮饲喂雏鹅，最好使用颗粒饲料（直径为2.5毫米），这不仅可以获得很好的增重效果，而且比饲喂粉料更节约饲料。随着雏鹅日龄的增长，逐渐增加优质青饲料的补给量，并逐渐延长放牧时间。优质青饲料可选用鲜嫩黑麦草、苦荬菜、莴笋叶等多汁青绿饲料，切碎后供雏鹅自由采食，育雏期精料和牧草的比例为1 ∶ 2左右。

（2）饮水　一定要保证水质清洁卫生，育雏前3天，可用凉开水。在水盘中加入含有5%的葡萄糖、0.03%高锰酸钾和1%复合维生素水溶液。为缓解运输过程中带来的应激，可在水中加入抗生素、恩诺沙星等。雏鹅进舍后，1 ～ 2小时应先饮水，身体弱不会饮水的，应人工驯饮。最好使用小型饮水器，水深度不超过1厘米，以雏鹅绒毛不湿为原则。

（3）开食　雏鹅出壳后12 ～ 24小时应尽早让其采食，这样有利于提高雏鹅的成活率。前1 ～ 2天饲喂时可将饲料撒在浅食盘或塑料布上，让其啄食。如用颗粒料开食，应将颗粒料磨破，以便于雏鹅采食。早期由于雏鹅消化道容积小，喂料时应做到“少喂勤添”，随着日龄的增长，可逐渐增加青绿饲料的喂量。

（4）饲喂方法和次数　育雏早期，雏鹅的消化系统发育尚未完善，消化道容积较小，从食入到排出需经过2小时左右。因此，饲喂雏鹅要按多餐制。1周龄前，每天可喂8 ～ 10次，其中晚上喂2 ～ 3次，这是提高育雏成活率的关键；2周龄时每天可喂6～8次，晚上喂1～2次；3周龄时，每天饲喂5～6次。另外，育雏栏内放入沙盘，保健沙砾以绿豆大小为宜。喂料时可以把精料和青料分开，先喂精料后喂青料，防止雏鹅专挑青料，而少吃精料，满足雏鹅营养需要。

2. 雏鹅的管理

（1）分群饲养　刚出壳的雏鹅，应按其体质强弱分群饲养。如发现食欲减退、行动迟缓、瘦弱的雏鹅，应及时剔出，单独饲喂。分群饲养加上精心的管理，可显著提高育雏期的成活率。随着鹅体增大，应逐渐降低饲养密度，1周龄后每平方米养雏鹅20只，2周龄后每平方米饲养15只，如天气温暖，2周龄后可放到舍外大圈饲养，但每群最好不超过200只。

（2）温度适宜　育雏温度1～3日龄为27～30℃，以后随日龄增长每周可降2～3℃，3周龄后降至18℃。在育雏期间应注意检查温度，如育雏温度过低，雏鹅打堆时，应及时驱散，并尽快将温度升到适宜的范围；温度过高时也应及时降温。随着雏鹅日龄的增长，应逐渐降低育雏温度。在早春或冬季气温较低时，14日龄后逐渐降低育雏温度，到21～28日龄达到完全脱温；而在夏秋季节则到7～10日龄可完全脱温，其具体的脱温时间视气温的变化灵活掌握。

（3）通风换气　保温的同时应注意防潮湿，雏鹅饮水时往往会弄湿饮水器或周围的垫料，加上粪便的蒸发，必然会导致舍内湿度、氨气和硫化氢等有害气体浓度的升高，应该及时排出，否则会引发多种疾病。因此，应注意舍内通风换气、保持垫料干燥、空气流通、地面干燥清洁。有效措施是定时打开排风换气扇通风，也可在晴天中午，先提高室温1～2℃，再慢慢开启门窗通风换气。

（4）加强免疫与环境消毒　严格按照雏鹅的免疫程序进行防疫接种，可有效防止各种传染性疾病的发生。应经常打扫场地，更换垫料，保持育雏室清洁干燥，每天清洗饲槽和饮水器，消毒育雏环境，适时驱除体内外寄生虫。注意观察鹅群健康情况，若发现个别雏鹅在采食、饮水、精神和行动上表现异常，则要单独挑出仔细观察。病鹅要立即隔离治疗，不能治愈的病鹅、死鹅等要采用焚烧、深埋等措施处理，以防止病源扩散，危及全群安全。

（5）放牧与游泳　春季育雏，选择晴朗无风的天气，喂料后的雏鹅可放在育雏室外平坦的嫩草地上活动，让其自由采食青草。开始时放牧时间要短，随着雏鹅日龄增加，逐渐延长室外活动的时间。放牧的同时可结合游泳，把雏鹅赶到游泳池或浅水处让其自由下水、戏水游玩以促进新陈代谢，增强体质。放牧的时间和距离随日龄的增长而增加，以锻炼雏鹅的体质和觅食能力，逐渐过渡到以放牧为主，减少精料的补饲，以降低饲养成本。

第二节　中鹅的饲养管理

雏鹅饲养至4周龄左右，即进入育成期的中鹅阶段。再饲养1.5 ～ 2.0个月，即80日龄左右，即进行后备种鹅的初选。然后再养到产蛋前准备期，称为种鹅育成期。

一、育成期种鹅的生理特点

了解育成期种鹅的生理特点，便于制订适宜的饲养方案，对于保障育成体质健壮、高产的种鹅群具有重要作用。

1. 合群性

鹅的合群性强，可塑性大，但对周围环境的变化十分敏感。鹅喜欢群居，有利于采取放牧饲养。放牧初期应根据鹅的行为习性，调教鹅的出牧、归牧、游泳、休息等行为，通过信号建立鹅群的条件反射，养成良好的生活习惯。

2. 喜水性

鹅属水禽，喜欢在水中觅食、嬉戏和求偶交配。因此，宽阔的水域、良好的水源是养鹅的优越环境条件。鹅每天有近1/3的时间在水中活动。育成期鹅通过不断地潜水觅食，可充分利用水中食物及矿物质，满足其生长需要。正常健康的鹅羽毛总是油亮干净，经常用嘴梳理羽毛，不断以嘴和下颌从尾脂腺蘸取油脂，涂于全身羽毛，游泳时可防水，上岸抖身可干，这样有利于保持鹅体清洁。

3. 耐粗饲，代谢旺盛

鹅属食草水禽，育成期鹅的消化道可塑性大，且食道膨大部宽大富有弹性，一次可采食大量的青粗饲料。特别是肌胃肌肉发达，其收缩压力为每平方厘米达5千克，比鸡大1倍多，消化道是体斜长的7～8倍，而且有发达的盲肠，消化饲料中粗纤维的能力比其他家禽高40%以上，是理想的节粮型家禽。由于鹅肌胃收缩压力大，对青粗饲料的消化能力强，因此在种鹅的育成期应以放牧为主，增强种鹅耐粗饲能力，降低饲料成本。

4. 骨骼发育迅速

40～80日龄，鹅的生长发育仍是快速期，且是骨骼生长发育的重要阶段。此时期鹅的肌肉和羽毛的生长也非常迅速，需要的蛋白质、钙、磷、维生素等营养物质也逐渐增加。要注意合理的营养搭配才能保证育成种鹅的正常生长发育。如果补饲日粮中的蛋白质含量过高，会加速鹅的过早发育，导致体重过肥，并促其早熟。此阶段鹅的骨骼尚未得到充分发育，鹅骨骼纤细，体形较小，会提早产蛋。这种现象说明鹅体各部分的生理功能尚不协调，生殖器官虽发育成熟，但不完善，开产不久由于机体各功能失调，会出现停产换羽的现象。因此，育成种鹅应适当减少补饲量，日粮中蛋白质保持较低水平，采用以放牧食草为主的粗放饲养，这样有利于骨骼、羽毛和生殖器官的协调发育。

根据育成种鹅上述生理特点，此阶段应培育出耐粗饲、适应性强、体格健壮的后备种鹅，为选育留种打下良好的基础。

二、育成鹅的饲养管理

1. 育成鹅的饲养

育成期饲养主要有3种形式，即完全放牧饲养、放牧与补饲结合、完全舍饲。有条件的种鹅场多数采用放牧加补饲方式饲养，这种方式所用饲料与工时最少，经济效益好。如果放牧场地面积较大或牧草质量较好，应采取完全放牧形式，完全舍饲主要适宜集约化饲养时采用，东北地区在寒冷季节饲养种鹅也多采用完全舍饲；如果放牧场地面积较小，可采取放牧加补饲方式。

育成鹅饲养的关键是抓好放牧，放牧场地要有足够数量的青绿饲料，对草质要求比雏鹅放牧的标准低些。一般来说，300只左右育成鹅群需自然草地100亩左右或人工草地50亩左右。有条件的种鹅场可实行分区轮牧制，第1天开始在一块草地，间隔15天移至另一块草地，把草地的利用和保护结合起来。放牧的时间应尽量延长，可早出晚归或早放晚宿。一般每天放牧9小时左右，以适应鹅"多吃快拉"的特点。放牧鹅常呈狭长方形队阵，出牧和收牧时赶鹅速度宜慢。放牧面积较小、草料多时，鹅群要靠紧些，反之则要放散些，让其充分自由采食。育成种鹅的游泳时间也要充足，除每次吃饱后游泳以外，在天气较热时，应及时增加游泳次数。如果放牧能吃饱，可以不补饲；如吃不饱，或者正在换羽，应该给予适当补饲。补饲时间通常安排在傍晚。

如果采取全舍饲，则采用全价配合饲料。另外，补饲一定量的粗饲料，如青贮玉米秸，应补饲250克左右，黄贮玉米秸，补饲100～150克，优质牧草，补饲200克左右。

2. 育成鹅的管理

（1）做好防疫工作　采用放牧方式的育成鹅，应及时注射禽流感、禽霍乱疫苗。在放牧中，如发现邻区或上游放牧的鹅群或分散养鹅户发生传染病时，应立即转移鹅群到安全地点放牧，以防传染疫病。不要到工业排放污水的沟渠游泳，对喷洒过农药、施过化肥的草地、果园、农田，应经10～15天后再放牧，以防中毒。每天均要清洗食槽和水槽，定期更换垫草。定期搞好舍内外和场区的清洁卫生。

（2）公母分群　限制饲养从90日龄开始到180日龄左右，公鹅和母鹅应分开饲养，这样既可适应各自的不同饲养要求，还可防止早熟的种鹅滥交乱配。这一阶段应实行限制饲养，只给维持饲料，这样既可控制后备种鹅产蛋过早，开产期比较一致，又可锻炼其耐粗饲能力，降低饲料成本。限制饲养要在母鹅换羽结束至开始产蛋前12个月进行。

（3）后期防疫接种　恢复饲养后期是从180日龄左右起到开产，历时约1.5个月。这一阶段重要工作之一是进行防疫接种，注射禽流感和小鹅瘟疫苗。这种疫苗适用于种鹅，一般均在产蛋前注射。注射后，整个产蛋季节都有效。在饲养上要逐步由粗变精，让鹅恢复体力，促进生殖器官的发育。这时的恢复饲养，只定时不定量，做到饲料多样化，青饲料充足，增喂矿物质饲料。临产母鹅全身羽毛紧贴，光泽鲜明，尤其颈羽显得光滑紧凑，尾羽与背羽平伸，后腹下垂，耻骨开张达3指以上，肛门平整呈菊花状，行动迟缓，食欲大增，喜食矿物质饲料，有求偶表现，想窝念巢。后备种公鹅的精料补饲应提早进行，促进其提早换羽，以便在母鹅开产前已有充沛的体力、旺盛的食欲。

（4）后备种鹅的选择与淘汰　为了培育出健壮高产的种鹅，保证种鹅的质量，留作种用的鹅应经过3次选择，将生长发育良好，符合品种特征的鹅留作种用。

第1次选择，在育雏期结束时进行。这次选择的重点是选择体重大的公鹅，母鹅则要求体重中等，淘汰那些体重较小的、有伤残的、有杂色羽毛的个体。经选择后，公母鹅的配种比例为大型品种为1 ∶ 2、中型品种为1 ∶（2.5～3）、小型品种为1 ∶（3～4）。

第2次选择，在70～80日龄进行。可根据体尺体重、羽毛生长以及体形外貌等特征进行选择。淘汰生长速度较慢、体形较小、腿部有伤残的个体。

第3次选择，在170～180日龄实施。应选择具有品种特征、生长发育好、体重符合品种要求、体形结构和健康状况良好的鹅留作种用。公鹅要求体形大、体质健壮，躯体各部分发育匀称，头大小适中，雄性特征明显，两眼灵活有神，胸部宽而深，腿粗壮有力。母鹅要求体重中等，颈细长而清秀，体形长而圆，臀部宽广而丰满，两腿结实，间距宽。选留后的公、母鹅的配种比例为大型品种1∶3、中型品种1∶（3.5～4）、小型品种1∶4。

3. 控制饲养阶段

（1）控制饲养的目的　此阶段一般从120日龄开始至开产前50～60天结束。后备种鹅经第2次换羽后，如供给足够的饲料，经50～60天便可开始产蛋。但此时由于种鹅的生长发育尚不完全，个体间生长发育不整齐，开产时间参差不齐，导致饲养管理十分不方便。加上过早开产的蛋较小，母鹅产小蛋的时间较长，种蛋的受精率低，达不到蛋的种用标准，降低经济效益。因此，这一阶段应对种鹅采取控制饲养，达到适时开产日龄，比较整齐一致地进入产蛋期。

（2）控制饲养的方法　目前，种鹅的控制饲养方法主要有两种。一种是减少补饲日粮的喂料量，实行定量饲喂。另一种是控制饲料的质量，降低日粮的营养水平。大多数采用后者，但一定要根据条件灵活掌握饲料配比和喂料量，既能维持鹅的正常体质，又能降低种鹅的饲养费用。

在控料期应逐步降低饲料的营养水平，每天的喂料次数由3次改为2次，尽量延长放牧时间，逐步减少每次给料的喂料量。控制饲养阶段，母鹅的日平均饲料用量一般比生长阶段减少50%～60%。饲料中可添加较多的填充粗料（如米糠、曲酒糟、啤酒糟等），目的是锻炼鹅的消化能力，增加食道容量。后备种鹅经控料阶段前期的饲养锻炼，利用青粗饲料的能力增强，在草质良好的牧地，可不喂或少喂精料。在放牧条件较差的情况下每天喂料2次。

4. 恢复饲养阶段

经控制饲养的种鹅，应在开产前60天左右进入恢复饲养阶段。此时，种鹅的体质较弱，应逐步提高补饲日粮的营养水平，并增加喂料量。日粮蛋白质水平控制在15%～17%为宜，经20天左右的饲养，种鹅的体重可恢复到控制饲养前期的水平。种鹅开始陆续换羽，为了使种鹅换羽整齐和缩短换羽的时间，节约饲料，可在种鹅体重恢复后进行人工强制换羽，即人为地拔除主翼羽和副主翼羽。拔羽后应加强饲养管理，适当增加喂料量。公鹅的拔羽期可比母鹅早2周左右进行，使后备种鹅能整齐一致地进入产蛋期。

第三节　育肥仔鹅的饲养管理

一、商品肉鹅的生产特点

1. 耐粗饲、草食性

鹅具有强健的肌胃，肌胃内压力比鸡、鸭高1.5～2倍，可以更容易地磨碎食物，发达的消化道和盲肠是鹅的另一大特征。雏鹅到3周龄时，盲肠开始发育，并且重量迅速增加，5周龄时盲肠的重量是出生时的36倍以上，并且盲肠内含有大量微生物，尤其是分解纤维素的厌氧菌特别多，易使纤维素发酵分解，产生大量低级脂肪酸供鹅体吸收利用，这使得育成期的肉鹅对纤维素具有很强的消化能力，所以在育成阶段，可以全程放牧饲养，添加少量的精饲料即可。

2. 生长发育快

肉鹅生长速度快，产肉能力强。以豁眼鹅为例，出生体重平均为80克左右，而1周龄时体重可以达到240克，是初生重的3倍，3周龄时体重可达900克左右，是初生重的11.25倍，5周龄时体重为1645.5克，为初生重的20.6倍。地方鹅的小型品种70日龄的体重为2.5～3.0千克，中型鹅品种70日龄体重可达3～4千克，而狮头鹅等大型鹅品种70日龄体重6千克以上。同时，鹅的屠宰率很高，四川白鹅、武冈铜鹅、籽鹅以及狮头鹅等常用肉鹅屠宰率都在80%以上，全净膛率都在65%以上。

由于鹅的生产周期短，缩短了从投入到产出的时间，加快了资金的周转，从而提高了劳动生产效率和经济效益。

3. 季节性生产

鹅的繁殖具有明显的周期性，这就导致肉鹅商品生产具有季节性的特点。我国大部分鹅的品种都属于短日照动物，一般每年9月至翌年4月为母鹅的产蛋期。种鹅在繁殖期内，外观表现为羽毛光洁、身体发育良好。母鹅接受交配、产蛋，公鹅性欲旺盛、交配频繁。在繁殖季节内，受精率也呈现周期性的变化，一般繁殖季节初期和末期受精率较低，产蛋中期产蛋率高时，受精率也高。以狮头鹅、马岗鹅等广东省鹅为例，其繁殖季节从每年的7～8月开始，至翌年的3～4月终止；产蛋最高峰发生于12月至翌年1月，而4～6月为休产期或非繁殖期。鹅在为期约9个月的繁殖季节内，表现出4～5个产蛋就巢周期。一般从6～10月，市场上就缺乏商品肉仔鹅的供应。而豁眼鹅等少数北方鹅品种属于长日照动物，无明显季节性繁殖特征。但是，由于消费特点，短日照的南方品种鹅占据养殖市场的多数，它们都具有明显的季节性繁殖特点，这使得雏鹅和肉鹅的养殖都具有季节性特点，在一些月份里会产生肉鹅供应短缺的现象，影响了肉鹅的市场稳定以及养殖业的发展。

4. 其他特点

肉鹅养殖投入少，产出多。鹅可以放牧食草，因此，养殖场的基本建设与设备所需很少，特别适合农家利用当地的水草资源分散放牧养殖。对于农村散养以及小规模养殖户，鹅育雏期需要一些房舍和供暖设备及一些简单的育雏用具，例如竹筐、食槽、水槽。放牧时的育成鹅以及育肥鹅一般都露宿在外面，可以随着放牧场地的变换而迁移；集约化养殖场的设备和基础建设要投入多一些。鹅的生活力强，适应性广，耐寒力和抗病力都比鸡、鸭强，雏鹅的成活率在90%以上，东北地区的豁眼鹅，冬季还可以扒开积雪寻找埋在雪下的牧草。据调查，养1只鹅至3.5千克出售，鹅苗、药物及饲料费用加起来不足20～30元，按每千克鹅12元计算，每只鹅可以获利12～22元。

农家养鹅都是以放牧为主，仅在早晚补充少量的精饲料。由于鹅对草质的选择性很广，放牧时，既可以选择栽种的牧草地、已收割的麦地和稻田地，又可以利用田边、河边、路边的荒草，甚至一些无法利用的草地、荒坡、滩涂都可以用来放牧鹅群。

二、肉用仔鹅的饲养管理

良种肉鹅具有生长速度快、生产周期短的特点，通过满足各阶段生长所需的各种营养元素，充分发挥良种肉鹅的遗传潜力；此外，鹅的饲养管理是肉鹅养殖的重要环节，也是获得高产、低耗、高效益的重要技术手段。随着集约化肉鹅养殖业的发展，必须掌握科学的肉鹅阶段饲养管理技术，以降低养殖风险，提高养鹅业经济效益和社会效益。

1. 肉用仔鹅育雏期的饲养管理

肉用仔鹅育雏期的饲养管理，这里不做过多赘述。

2. 肉用仔鹅育成期的饲养管理

肉鹅育成期是指从育雏结束时起到转入育肥阶段为止的鹅，又称为生长鹅、青年鹅、中鹅等。不同品种肉鹅的育成期的时间长短不同，对于中小型品种鹅，育成期一般是指28～30日龄到60～70日龄的鹅；而如狮头鹅等大型鹅品种，肉用育成期可早至56日龄左右。从肉鹅生长发育的规律来看，骨骼在2～6周龄中生长最快，肌肉组织则在4～9周龄生长最快，所以说，育成期是肉鹅一生中生长最快的时期。肉鹅在育成期生长发育的好坏，与上市时肉鹅的体重、未来种鹅的质量有着密切的关系。由于雏鹅纤细的胎毛在这一阶段逐渐被换掉，进入长羽毛的时期，则育成期肉鹅的环境适应性和抵抗不良因素的能力明显提高，这个时期的饲养可以采用放牧为主、补饲为辅的饲养方式，充分利用育成鹅耐粗饲、增重快的特点，为育肥期打下基础。

（1）肉用仔鹅育成期的特点　雏鹅经过舍饲或半舍饲育雏和适度放牧锻炼后进入育成期阶段。这个阶段的特点主要表现为鹅的消化道体积增大，消化能力和对外界环境的适应力及抵抗力大大增强。这个阶段也是鹅骨骼、肌肉和羽毛生长最快的阶段，能够大量利用青绿饲料。这时应多饲喂青绿饲料或进行放牧饲养，放牧饲养能够使鹅得到充分的运动，增强体质，提高抗病力。放牧在草地和水面上的鹅群，由于经常处在新鲜空气的环境中，不仅能够采食到富含维生素的青绿饲料，还能够得到足够的阳光和适量的运动，促进了鹅的新陈代谢。从育成期肉鹅的特点出发，其饲养管理的重点就是采取放牧或半舍饲圈养为主、精料补饲为辅的饲养方式，充分利用放牧和青料等条件，加强锻炼，培育出适应性强、耐粗饲、增重快的鹅群，为育肥打下良好的基础。

（2）肉用仔鹅育成期的饲养管理

① 育成期饲养方式的选择　育成鹅的饲养方式与雏鹅有些不同，经过育雏期的生长发育，雏鹅一般能达到1～2千克，体温调节机制也趋于完善，不再需要另外的保温措施，饲养密度也要小很多，所以育成期肉鹅的饲养方式大体上可以分为放牧饲养、放牧与舍饲相结合和半舍饲圈养等形式。目前，我国大多数农村散养和养殖专业户都是采用放牧饲养，因为这种方式可以充分利用自然资源，节省饲料成本，具有较高的经济效益。而如果牧草数量和质量不能满足育成肉鹅需求的话就要补充精饲料，采用放牧与舍饲结合的方式。但是，随着肉鹅养殖业的

不断发展，这种传统的饲养方式已经不能适应大规模的工厂化、集约化生产的需要，全程半舍饲圈养方式能够大幅度地提高生产效率和经济利用，适应肉鹅养殖业的集约化生产，也是养鹅业现代化的重要标志。

② 育成期的放牧场地选择　因各地区放牧资源的不一致，将直接影响鹅的生长发育效果。场地选择时应注意：第一，放牧场地尽量选择草量丰富的草场，可有效提高单位面积载鹅量；放牧要合理利用牧场，应对牧场实行轮牧，将选择好的牧地分成若干小区，每隔15～20天轮换1次，每小区2～4天。第二，要选择牧草种类丰富，特别是豆科、禾本科及菊科牧草丰富的草地，这样有利于各类营养成分的互补，减少精料的补喂量，可有效降低成本。黑麦草、生菜、葛芭叶、小鹅草等都是雏鹅开食的好饲料，其中黑麦草又是最佳选择。对于青饲料的利用方式，可以直接放牧采食，也可以青贮舍饲、青贮以及调制成干草和干草粉。第三，放牧地附近最好有水塘、河流等给鹅提供清洁饮水和清洗羽毛的水源。第四，附近最好有大树或人工建造的简易棚架舍作为鹅的遮阴伞，便于鹅及时休息和减少鹅因燥热或风雨引起的应激反应。第五，放牧地要选择远离工业区、主要疫病区、重金属污染区及生活垃圾场等地，以利于鹅的健康生长。

对于传统的牧草放牧之外，畜牧工作者也在挖掘新的肉鹅放牧场地，使农业资源得到更加充分的利用，并且增加养殖经济效益。东北地区以玉米地杂草、野菜和玉米底叶为放牧养鹅的主要饲料来源，进行了玉米地放牧养鹅试验。试验开始前，给玉米施肥，长出青草后，再在玉米地放牧鹅群，试验组每天补饲精饲料和切碎青草，对照组采用舍饲，全部饲喂精饲料和切碎青草的试验鹅为30日龄，试验期为70天。结果表明，虽然玉米地放牧的鹅体重比舍饲低10克，但是饲料转化率为2.36∶1，与舍饲饲料转化率4.61∶1相比，大大减少了饲料消耗，降低了生产成本；玉米地放牧散养鹅成活率为99%，比舍饲94%的成活率提高了5%；另外，玉米地放牧散养鹅单只利润为18.75元，比舍饲的单只利润9.81元提高了189%。这说明玉米地放牧养鹅具有较好的经济效益和生态效益。对果园草地进行放牧养鹅的试验研究发现，果园内放牧散养鹅，利用果园树下杂草、野菜和果树底层叶作为鹅的主要饲料来源，减少了精饲料的投入，大幅度降低了养鹅成本，提高了养鹅经济效益；果园内放牧散养鹅，采食面广，营养全面，特别是食入蒲公英、马齿苋、紫花地丁等中草药具有防病作用。

③ 育成期的放牧饲养管理　育成期是肉鹅饲养的关键时期，对于后期鹅的育肥至关重要。因此，在此时期要从细节入手，有效提升每羽肉鹅的体质，增强其放牧采食能力，为育肥期奠定坚实的基础。

a. 适时放牧　育成期肉鹅的放牧管理与雏鹅相似，但是没有雏鹅那么精细。育成期的关键就是抓好放牧。放牧不仅让雏鹅获得了充足的营养，也增强了其抵抗力和适应性，增加肉质的口感，而且改善了鹅呼吸的空气质量。对于牧草地的选择，要有足够的青草，此时的草质可以比育雏鹅的粗一些，要保证草场有足够的时间再生，尽量保证草场里的草能大量生长。育成期肉鹅放牧时间应随日龄的增加而延长，直至全天放牧。一般在天气适宜时，30日龄左右每天放牧4～6小时，40日龄增加到6～8小时，50日龄以上应全天放牧，根据气温条件可以早出晚归或晚出早归。放牧时间的掌握原则是：初期每次放牧时间不应过长，每天可以上午、下午共放牧2次，气温较高时实行早放晚回，中午适度避暑休息，注意应避免被大雨淋湿鹅身体；气温低时要减少放牧时间。随着日龄增大可以增加放牧时间，在中午时最好回棚休息；鹅的采食高峰在早晨和傍晚，早晨露水较多时，要注意避免鹅采食带露水的牧草和鹅腹部被露水打湿后受凉，在鹅腹部羽毛长成后可以每天早些放牧；待多数鹅食饱之后可将鹅群赶入清洁池塘或者清水河中，让其自由活动和洗浴游戏。

b．适时放水　放牧与放水相结合非常重要，饲养人员要细心观察鹅只体姿和神态的变化。当放牧一段时间，鹅群食草速度减慢，绝大多数鹅抬头张望时，可以将鹅赶入水中，刚入水中鹅群嬉戏活跃，当经过一段时间玩耍、饮水，鹅自由游走时便可将鹅群赶上岸。一方面，要让鹅群在放水地旁边找一处干燥空旷场地供鹅整理梳干自己的羽毛，减少能量的消耗；另一方面，为了有效获取更多的营养，及时将鹅群再次赶入草场，继续进行采食。当鹅不再进行采食、张望时，说明鹅已吃饱，此时可让鹅休息，待鹅群骚动，说明鹅已休息好，可进行下次采食。经过有规律的放牧、放水饲养1周以后，鹅便可有效地建立条件反射，为后续放牧采食习惯的确立奠定基础。

c．放牧群的大小　放牧群的大小要根据放牧场地情况及放牧人员的经验丰富程度而定。一般农村放牧以200～300只鹅为一个放牧群为宜。如果放牧草地地势平坦开阔，对整个育成鹅群可以一目了然，则放牧群可以增加到500～1000只。但是如果放牧群过大，则管理比较困难，特别是在林下放牧或者牧草特别茂盛的时候，一些小群体容易走散，同时放牧群过大，个体小、体质弱的鹅会由于吃不饱质量好的牧草，而导致生长发育缓慢，放牧鹅群因此也会产生大小不均和强弱不均的现象。

d．合理补饲　如果放牧条件好，鹅能在放牧时吃饱喝足可以不用补饲。当草场草质差，鹅吃了一整天还是没有饱，或者当鹅体发生生理变化时，如肩、腿、腹部正在脱旧毛长新毛时，那就要进行补饲。补饲时为了节省成本，可以人工种植一些优质的青草（如紫花苜蓿、黑麦草等优良牧草）来替代精料，补饲量要根据草情、鹅情来定。补喂精料时，尽量用水搅拌均匀饲喂，同时饲槽数量备足，以防弱肉强食，造成采食不均。在饲喂方式上，可白天补饲时喂精料，夜间可以精料和青料同时饲喂。

e．放牧注意事项

第一，防中暑。北方养鹅的育成期正值夏季，暑天放牧鹅易受到强光的照射和高温的笼罩，极易造成中暑。因此中午应多休息，保证通风顺畅，鹅体感舒适。宜采用早放早休息，晚放晚休息。而且应及时放水，补足水分。

第二，防应激。育成期肉鹅胆小且神经敏感，在放牧时受到外界变化的易产生应激，如鞭炮声、汽车鸣笛、机械声、吆喝声等。因此，饲养管理人员要有职业道德，和蔼对待鹅。如果鹅产生应激反应，一方面会提高维持营养需要，降低养分利用率，放牧效果也会打折扣，更为严重的导致鹅发育受阻；另一方面，强烈的应激极易导致鹅只身体抵抗力下降，并诱发疾病。所以，防止育成期肉鹅应激应从管理入手，如饲养员的工作服、工具不要经常变换，如需变换要提前做好预防。

第三，防跑伤。鹅走方步，天生运动奔跑能力偏弱，因此放牧时不要对鹅群赶得过快，防止相互碰撞、踩踏或撞到石头、硬土等坚硬物体。放牧的距离要由近及远，按照对放牧地草量和鹅采食能力的认识，慢慢向远处放，让鹅逐渐熟悉和适应草地，距离过远，中途要有间歇，以免累伤鹅群。下水的岸边要修成缓坡，防止鹅飞跃时撞击受伤。对于受伤的鹅要及时赶回舍，进行调养。

第四，防中毒。要事先了解放牧地的农药喷洒情况，打过农药的放牧地至少要经过一次大雨，并经过一定时间后才可以安全放牧。

第五，其他注意事项。开始放牧时要点清鹅数，赶回鹅舍时也要点清，查数时可每3只记1次。如遇到草场放牧人家较多时，要对自己的鹅群进行标记，如在鹅体涂抹标记、捆绑布条，或挂翅号和脚环，以利于区分。平时应关注天气预报，禁止高温、雨天放牧。最后一次入水后要等到鹅羽毛干后才能回舍，防止将鹅舍弄湿。

f. 卫生防疫　卫生防疫是该时期的一个关键环节。鹅从育雏到育成，也是从鹅舍内逐步向舍外转移的过程，在此期间鹅面临的环境也发生了变化，为了防止应激以及引起疾病可在饮水中或补饲时添加电解多维和抗生素。放牧鹅的外界环境开放，不可避免不明情况鹅群的相互交叉接触，极易造成疾病的传播。因此，为防止病原菌感染，做好免疫预防，不可麻痹大意。放牧附近如有农业耕作、喷洒农药，应在10～15天后安全期再放牧，如邻近鹅群发生疫情则放牧地点要远离疫区。每天清洗水槽、料槽，定期消毒，舍内外卫生要搞好，定期更换垫料。对于废弃的垫料、鹅粪进行发酵处理。在放牧时鹅经常会将虫卵吃到体内，虫卵在鹅体内寄生，影响鹅的身体健康，也会传染其他鹅，因此要进行驱虫。

经过育成阶段的放牧和饲养，充分利用放牧草地和其他青绿饲料，在较少的补饲精饲料的条件下，育成鹅也可较好地生长发育，在60～70日龄时，大型品种鹅可以达到5～6千克，中型品种为3～4千克，小型品种达到2.5～3千克。这时候就要把育成鹅转入育肥舍进行短期育肥后上市销售。

④ 半舍饲圈养饲养管理　舍饲在设备、饲料、人工等方面的费用相对较高，对饲养管理水平要求较高，但是由于放牧草地受到限制，规模化集约养殖商品肉鹅宜多采用半舍饲圈养方式，一般鹅舍内采用地面平养或者网上平养。饲养育成期，肉鹅的饲料应以人工栽培的优质牧草和天然牧草等青绿饲料为主、精饲料为辅，精、粗饲料合理搭配，由于需要提供较多的精饲料，因此饲养成本比放牧饲养提高很多。半舍饲圈养过程中要保持饮水池的清洁卫生，勤换育成期鹅舍垫草，保持地面运动场干净卫生。舍外需提供足够的陆地运动场和水面运动场，使鹅能够较充分走动，增强体质，通常育成期舍外运动场的面积应达到舍内面积的2～3倍及以上。另外，运动场内需堆放沙砾供鹅群采食，以增加育成鹅的消化能力。半舍饲圈养条件下，狮头鹅的平均日增重明显高于放牧加补饲的鹅，通过配制科学、合理的全价饲料，满足狮头鹅的营养需求，舍饲就能使狮头鹅发挥最大的生长潜力。

在舍饲圈养的条件下，由于育成鹅群的运动量减少，加上精饲料的增加，容易造成育成期肉鹅过肥，这会影响育成鹅的骨骼体形发育，不利于以后的育肥，所以在育成鹅舍饲的生产中常采用限饲的技术，使育成期肉鹅有所“吊架子”，为后期的育肥做准备。

限饲喂养技术可以通过控制采食量或日粮中某些养分的摄入量，调控动物营养摄入，以获得最大的饲料利用率和最低的饲料成本，并且使动物达到最好的生产效率。限饲对肉鹅体内养分代谢没有不良影响，可能提高肉鹅饲料转化效率，降低饲养成本，提高经济效益。

（3）适时转群　经过育成阶段的放牧和饲养，充分利用放牧草地和其他青绿饲料，在较少的补饲精饲料的条件下，育成鹅也有比较好的生长发育，在60～70日龄时，大型品种鹅可以达到5～6千克、中型品种为3～4千克、小型品种为2.5～3千克。这时就要把育成鹅转入育肥舍进行短期育肥后上市销售。

3. 肉鹅育肥期的饲养管理

育成期肉鹅饲养到60～70日龄时，虽然体重因品种不同而有差异，但是都已开始形成少量体脂，小型品种体重可达2～2.5千克，中型品种体重在3.5～4千克，基本上都可以上市。但是从经济角度考虑，此时的育成鹅体重仍偏小，肥度还不够，肉质还有一定的草腥味。由于此时仍按一般的饲养方式饲养，在经济上是不划算的，为了进一步提高肉鹅质量和屠宰性能，采用快速短期育肥法，提供丰富的能量饲料，使育成鹅在短期内育肥后，膘肥肉嫩，胸肌丰厚，屠宰率高，可食部分比重增大。因此，育成鹅在上市前需要经过一个短期的育肥期，一般育肥期为10～15天。

（1）育肥原理　肉鹅的育肥多采用限制活动来减少体内养分消耗，饲喂富含碳水化合物的饲料，饲养在安静且光线暗淡的环境中，使其长肉并促进脂肪沉积。这些物质进入肉鹅体内消化吸收后，产生大量的能量，这些能量除了少量用于基本的活动外，大部分都转化为脂肪，在肉鹅体内储存起来，使肉鹅育肥。当然，在大量供应碳水化合物的同时，也要供应适量的蛋白质。肉鹅蛋白质饲料供应充足，可以使肉鹅肌细胞大量分裂增殖，使肉鹅体内各部位的肌肉，特别是胸肌充盈丰满，整个肉鹅变得肥大而结实。

（2）育肥前的准备　育肥的肉鹅要精神活泼，羽毛发亮，两眼有神，叫声洪亮，机警敏捷，善于觅食，健壮无病，并且是60 ～ 70日龄及以上的育成鹅。为了使育肥鹅群生长整齐、同步增膘，必须将大群鹅分成若干个小群饲养。分群的原则是：将体形大小相近和采食能力相似的公母鹅混群，分成强群、中群和弱群等，在饲养管理中根据各群的实际情况，采取相应的技术措施，缩小群体之间的差异，使全群达到最高的生产性能，一次性出栏。另外，鹅体内的寄生虫较多（如蛔虫、绦虫、泄殖吸虫等），育肥前要进行一次彻底的驱虫，对提高饲料转化率和育肥效果有很大好处。驱虫药应选择广谱、高效、低毒的药物。

（3）育肥方法　育肥前应该有一段育肥过渡期，或称预备期，使育肥鹅群逐渐适应育肥期的饲养管理。育肥的方法按采食方式可以分为两大类：自由采食育肥法和填饲育肥法。自由采食育肥法包括放牧补饲育肥法、舍饲育肥法。放牧加补饲育肥法是最经济的育肥方法，在我国农村地区养殖户多采用这种方法育肥；放牧条件不充足或集约化养殖时，则采用舍饲育肥法，舍饲育肥法管理方便、使用单一能量饲料或以能量饲料为主的配合饲料喂养鹅群，育肥效果好。填饲育肥法包括手工填饲育肥法和机器填饲育肥法。

（4）育肥期的饲养管理　对于舍饲育肥和填饲育肥，要适当地降低鹅舍的饲养密度，并保持环境安静。育肥中期特别要减少鹅群的活动，提高饲料营养水平，保持清洁的饮水，每天清洗饲料槽和饮水槽。每周要对鹅舍进行带鹅喷雾消毒1次，可用百毒杀消毒液和水按1 ∶ 600比例配制。

（5）育肥标准　经育肥的肉鹅，体躯呈方形，羽毛丰满，整齐光亮，后腹下垂，胸肌丰满，颈粗形圆，细而结实。根据翼下体躯两侧的皮下脂肪，可以将育肥膘情分为3个等级：上等肥度鹅，皮下摸到较大、结实、富有弹性的脂肪块，遍体皮下脂肪增厚，尾椎部丰满，胸肌饱满突出胸骨突，羽根呈现透明状；中等肥度鹅，皮下摸到板栗大小的稀松脂肪块；下等肥度鹅皮下脂肪增厚，皮肤可以滑动。当育肥鹅达到中上等肥度即可上市出售或用于烹饪加工。

4. 不同季节肉用仔鹅的饲养管理

（1）冬季肉用仔鹅的饲养管理　冬季饲养肉用仔鹅主要是指11月至翌年2月，这个时期饲养的肉鹅在我国北方也称为反季节鹅，商品肉鹅在重大节日前的销售价格比较高，但是由于饲养期处于寒冷的冬季，缺乏青绿饲料，饲养成本也较高。鉴于冬季肉鹅的养殖存在外界气温低、缺乏青绿饲料的特点，在管理过程中需要给予特殊的照料。

第一，要搞好鹅舍的加热和保温工作，虽然鹅具有耐寒的习性，但是温度太低还是会影响雏鹅的生长发育、饲料转化率等。

第二，雏鹅的室外活动要慎重，对于20日龄以上的雏鹅，外界气温高于6℃以上，天气晴朗无风，就可以到室外运动场晒太阳活动，外界温度超过10℃，还可以让35日龄以上的鹅下水洗浴。

第三，饲料要合理搭配，在秋季我国南方可以种植冬季牧草，在北方可以储存一些黑麦草等越冬牧草，也可以收集玉米秸秆、花生秧、红薯藤等晒干后粉碎，冬季发酵处理后饲喂。

第四，要做好小鹅瘟、流感等冬季肉鹅多发病的防控。

（2）春季肉用仔鹅的饲养管理　春季肉鹅的养殖主要是指3～5月，这段时间自然环境的特点是气温逐渐升高，但是不稳定，青绿饲料逐渐增多。做好春季肉鹅的饲养管理，最重要的是关注好天气变化，当气温出现大幅度波动时，要做好夜间防寒保暖的工作，减少鹅群舍外活动的时间。春季青绿饲料增多，如果有合适的放牧场地，对于育成鹅可以在天气好的时候进行放牧饲养，以降低饲养成本。

（3）夏季肉用仔鹅的饲养管理　夏季肉用仔鹅的饲养管理主要是指6 ～ 8月这段时间。这期间的自然气候特点是外界气温高甚至炎热，降水较多，青绿饲料丰富。

做好夏季肉鹅的饲养管理，最重要的是做好防暑降温工作。鹅全身覆盖浓密的羽绒，散热较差，高温会对鹅的生长和健康产生不良的影响，防暑降温的措施主要是：保持舍内通风，舍外活动场搭建凉棚遮阴，鹅舍安装若干风机进行强制通风等。增加鹅群舍外活动时间也是一项重要的管理措施，延长鹅群在水池中洗浴的时间，炎热的中午打开鹅舍的门和窗户加强通风。另外，要保证充足的饮水和防止饲料的霉变。夏季天热，肉鹅的食欲不好，因此要注意早晚的补饲，保证鹅群每天能够采食足够的饲料。高温高湿的环境容易使鹅群感染大肠杆菌病，因此要注意鹅舍、饮水的卫生，定期消毒和进行防疫。

（4）秋季肉用仔鹅的饲养管理　由于鹅的繁殖规律的限制，秋季不是传统的肉鹅饲养时期，但是在一些地方，有饲养大鹅的习惯，即一直把鹅饲养到中秋节和国庆节出售，这时候鹅可能是饲养期超过4个月的大鹅，价格很高。因此在秋季养鹅，主要是大鹅的饲养。秋季饲养大鹅主要采用圈养和放牧两种方式。

第四节　后备种鹅的饲养管理

一、后备种鹅的选留

为了培育出健壮高产的种鹅，保证种鹅的质量，留作种用的鹅应经过3次选择，将生长发育良好、符合品种特征的鹅留作种用。

第1次选择，在育雏期结束时进行。这次选择的重点是选择体重大的公鹅，母鹅则要求体重中等，淘汰那些体重较小的、有伤残的、有杂色羽毛的个体。经选择后，公、母鹅的配种比例为大型品种为1 ∶ 2、中型品种为1 ∶（2.5 ～ 3）、小型品种为1 ∶（3 ～ 4）。

第2次选择，在70 ～ 80日龄进行。可根据体尺体重、羽毛生长以及体形外貌等特征进行选择。淘汰生长速度较慢、体形较小、腿部有伤残的个体。

第3次选择，在170 ～ 180日龄实施。应选择具有品种特征、生长发育好、体重符合品种要求、体形结构和健康状况良好的鹅留作种用。公鹅要求体形大、体质健壮，躯体各部分发育匀称，头大小适中，雄性特征明显，两眼灵活有神，胸部宽而深，腿粗壮有力。母鹅要求体重中等，颈细长而清秀，体形长而圆，臀部宽广而丰满，两腿结实，间距宽。选留后的公、母鹅的配种比例为大型品种1 ∶ 3、中型品种1 ∶（3.5 ～ 4）、小型品种1 ∶ 4。

二、后备种鹅的饲养方式

后备种鹅主要的饲养方式是控制饲养。

1. 控制饲养的目的

此阶段一般从120日龄开始至开产前50 ～ 60天结束。后备种鹅经第2次换羽后，如供给足够的饲料，经50 ～ 60天便可开始产蛋。但此时由于种鹅的生长发育尚不完全，个体间生长发育不整齐，开产时间参差不齐，导致饲养管理十分不便。加上过早开产的蛋较小，母鹅产小蛋的时间较长，种蛋的受精率低，达不到蛋的种用际准，降低经济收入。因此，这一阶段应对种鹅采取控制饲养，达到适时开产日龄，比较整齐一致地进入产蛋期。

2. 控制饲养的方法

目前，种鹅的控制饲养方法主要有两种：一种是减少补饲日粮的喂料量，实行定量饲喂；另一种是控制饲料的质量，降低日粮的营养水平。大多数采用后者，但一定要根据条件灵活掌握饲料配比和喂料量，既能维持鹅的正常体质，又能降低种鹅的饲养费用。

在控料期应逐步降低饲料的营养水平，每天的喂料次数由3次改为2次，尽量延长放牧时间，逐步减少每次给料的喂料量。控制饲养阶段，母鹅的日平均饲料用量一般比生长阶段减少50%～60%。饲料中可添加较多的填充粗料（如米糠、曲酒糟、啤酒糟等），目的是锻炼鹅的消化能力，增加食道容量。后备种鹅经控料阶段前期的饲养锻炼，利用青粗饲料的能力增强，在草质良好的牧地，可不喂或少喂精料。在放牧条件较差的情况下每天喂料2次。

3. 恢复饲养阶段

经控制饲养的种鹅，应在开产前60天左右进入恢复饲养阶段。此时，种鹅的体质较弱，应逐步提高补饲日粮的营养水平，并增加喂料量。日粮蛋白质水平控制在15%～17%为宜，经20天左右的饲养，种鹅的体重可恢复到控制饲养前期的水平。种鹅开始陆续换羽，为了使种鹅换羽整齐和缩短换羽的时间，节约饲料，可在种鹅体重恢复后进行人工强制换羽，即人为地拔除主翼羽和副主翼羽。拔羽后应加强饲养管理，适当增加喂料量。公鹅的拔羽期可比母鹅早2周左右进行，使后备种鹅能整齐一致地进入产蛋期。

第五节　种鹅的饲养管理

饲养种鹅主要目的是提高产蛋量和种蛋的受精率，使每只种母鹅生产出更多健壮的雏鹅。根据母鹅繁殖周期内的不同生理阶段，一般分为产蛋前期、产蛋期和休产期3个阶段。

一、产蛋前期的饲养管理

后备种鹅进入产蛋前期时，公鹅体质健壮，生殖器官发育良好；母鹅羽毛紧贴体躯，性情温驯，腹部饱满，松软有弹性，耻骨间距增宽，食欲旺盛，采食量增大，行动迟缓，常常表现出用头点水，寻求配偶，出现这些现象时，则表明临近产蛋期。此期的饲养管理要点如下。

1. 饲喂全价配合日粮

原先以放牧为主的饲养方式逐渐改为舍饲为主的方式，逐渐增加日粮补饲量。注意日粮中营养物质的平衡，使种鹅的体质得以迅速恢复，为产蛋积累丰富的营养物质基础。

2. 补充人工光照

（1）光照的作用　光通过视觉刺激脑垂体前叶分泌促性腺激素，促使母鹅卵巢卵泡发育增大，卵巢分泌雌性激素促使输卵管发育，同时使耻骨开张；光照引起公鹅促性腺激素的分泌，刺激睾丸精细管发育，使公鹅达到性成熟。因此，光照时间的长短及强弱，以不同的生理途径影响家禽的生长和繁殖，对种鹅的繁殖力影响较大。光照分自然光照和人工光照两种，人工光照可克服日照的季节性，能够创造适合家禽繁殖功能所需要的昼长。光照适当，能提高鹅的产蛋量，提高种蛋的受精率，取得较好的经济效益。

（2）光照的原则　光照对鹅的繁殖力影响十分复杂，在临近产蛋时，延长光照时间，可刺激母鹅适时开产，而缩短光照则推迟母鹅的开产时间。在生长期采用自然光照，然后逐渐延长1～2小时光照时间，可促使母鹅开产，调控光照可以获得非季节性连续产蛋。在休产换羽时突然缩短光照，可加速羽毛脱换。

（3）光照制度　开放式鹅舍的光照受自然光照的影响较大，而自然光照在每年夏至前由短光照逐渐延长，夏至过后光照时间由长变短。光照方案必须根据鹅群生长发育的不同阶段分别制订。

① 育雏期　为使雏鹅均匀一致地生长，0～7日龄提供23～24小时的光照时间。8日龄以后则应从24小时光照逐渐过

渡到只利用自然光照。

② 育成期　只利用自然光照。

③ 产蛋前期　种鹅临近开产期，用6周的时间逐渐增加每天的人工光照时间，自然光照+人工光照达到16小时左右。

④ 产蛋期　自然光照+人工光照16小时左右，一直持续到产蛋结束。

3. 公母配比适当

为提高种蛋的受精率，除考虑种鹅的营养需要外，还必须注意鹅群的健康状况，提供适宜的公母配比。由于鹅的品种不同，公鹅的配种能力也不同。一般来说，体形偏小品种的公鹅配种能力较强，体形偏大品种的公鹅配种能力较差。种鹅配种时间一般早晨和傍晚较多，而且多在水中进行。因此，提供理想的水源是提高种蛋受精率的重要技术措施。产蛋前期，母鹅在水中往往围在公鹅附近游泳，并对公鹅频频点头亲和，均为求偶的行为。因此，要及时调整公、母鹅的配种比例，小型鹅公、母配比1 ∶（6 ～ 7），中型鹅配比1 ∶（4 ～ 5），大型鹅配比1 ∶ 3。

4. 饲养管理

应逐渐增加日粮的补饲量，补饲量不能增加过快，一般用4周左右过渡到自由采食，否则导致较早产蛋，而影响以后的产蛋能力和受精能力。此期间若采用舍饲，应补充一些粗饲料。若仍采用放牧方式，放牧时间应缩短，要有较多的时间让种鹅下水洗浴、戏水。产蛋前1个月左右应进行1次驱虫，母鹅要注射小鹅瘟疫苗。

二、产蛋期的饲养管理

1. 日粮配合

由于种鹅连续产蛋的需要，消耗的营养物质特别多，特别是蛋白质、钙、磷等营养物质。如果饲料中营养不全面或某些营养元素缺乏，则会造成产蛋量下降，停产换羽。产蛋期种鹅日粮中粗蛋白质水平应增加到18%～19%，有利于提高母鹅的产蛋量。

产蛋期种鹅一般每天饲喂3次，早、中、晚各1次。精饲料给量，小型鹅平均每只每天150克左右、中型鹅200克左右、大型鹅250～300克。粗料应让其自由采食。补饲量是否恰当，可根据鹅粪情况来判断。如果粪便粗大、松软呈条状，轻轻一拨就分成几段，说明鹅采食青草多，消化正常，用料适合；如果粪便细小结实，断面呈粒状，则说明采食粗饲料较少，容易导致鹅体过肥，产蛋量反而不高，可适当减少精料量；如果粪便颜色发白且不成形，排出即散开，说明精料过少，营养物质跟不上，应增加精料量。

2. 以舍饲为主，适当补饲青粗饲料

产蛋期的种鹅采用舍饲为主的饲养方式比较合适，每次饲喂后，任其到舍外运动场运动、游泳等。种鹅喜欢在早、晚交配，在早、晚各游泳1次，这样有利于提高种蛋受精率。

3. 防止窝外蛋

母鹅的产蛋时间大多数集中在下半夜至上午10:00左右，个别的鹅在下午产蛋。因此，产蛋鹅上午10:00以前，在鹅舍内补饲，产蛋结束后再放出舍外运动。母鹅有择窝产蛋的习惯，因此，在产蛋鹅舍内应设置产蛋箱或产蛋窝，以便让母鹅在固定的地方产蛋。开产时可有意训练母鹅在产蛋箱（窝）内产蛋。对于采用放牧方法饲养的种鹅群，如发现个别母鹅鸣叫不安，腹部饱满，尾羽平伸，泄殖腔膨大，行动迟缓，有觅窝的表现，可用手指伸入母鹅泄殖腔内，触摸其腹中有没有蛋，如有蛋，应将母鹅送到产蛋窝内，而不要随大群放牧。

4. 就巢性的控制

国内有许多品种的鹅有不同程度的就巢性（抱性），对产蛋性能影响很大。一旦发现母鹅有恋巢表现时应及时隔离，关在光线充足、通风凉爽的地方，只给饮水不喂料，2～3天后喂一些干草粉、糠麸等粗饲料和少量精料，使其体重不过于下降，待醒抱后能迅速恢复产蛋。

5. 影响种蛋受精率的因素

种蛋受精率的高低直接影响到饲养种鹅的经济效益。鹅的产蛋数本来就低，如果受精率也低，经济效益会更差。为了提高种蛋受精率，除了加强饲养管理，注意环境卫生，适时配种，配种比例恰当外，还应掌握影响公鹅受精率的原因，以采取有效措施。

（1）严格选择种公鹅　对种公鹅总体要求是体格高大匀称，体质健壮结实，中等膘情，羽毛紧密，性欲旺盛，精液品质良好。某些品种的公鹅性功能有缺陷，如生殖器萎缩、阴茎短小，甚至出现阳痿、精液品质差、交配困难。解决的唯一方法是在产蛋前，公、母鹅组群时，对选留公鹅进行精心严格选择，并对精液品质进行鉴定，检查公鹅的阴茎，淘汰生殖器有缺陷的公鹅，保证留种公鹅的质量，才能提高种蛋的受精率。

（2）公鹅具有择偶性　选择性配种将减少与其他母鹅配种的机会，某些鹅的择偶性还比较强，从而影响种蛋的受精率。在这种情况下，应提前2个月左右让公、母鹅尽早合群，如果发现某只公鹅只与某只母鹅或几只母鹅固定配种时，应及时将这只公鹅隔离，经1个月左右，才能使公鹅忘记与之固定配种的母鹅，而与其他母鹅交配，有利于提高受精率。

（3）公鹅相互啄斗　确定群体位次而影响配种。在繁殖季节，公鹅有格斗争雄的行为，往往为争先配种而啄斗致伤，严重影响种蛋的受精率。对于这种情况，应将争斗的公鹅分别饲养，并配备相应的母鹅。

（4）公鹅换羽时，阴茎缩小，配种困难，也会影响种蛋的受精率。

6. 种鹅的选择淘汰

鹅繁殖的季节性很强。南方鹅一般到每年的4 ～ 5月开始陆续停产换羽，北方鹅6月末至7月初开始停产。如果种鹅只利用一个产蛋年，当产蛋接近尾声时，可首先淘汰那些换羽的公鹅和母鹅。另外，根据母鹅耻骨间隙，淘汰那些没有产蛋，但未换羽，耻骨间隙在3指以下的个体。当然同时也可将产蛋末期的种鹅全群淘汰。这种只利用一个产蛋年的制度，种蛋的受精率、孵化率较高，而且可充分利用鹅舍和劳力，节约饲料，经济效益较高。但作为较大规模的种鹅场，因种鹅产蛋1～4年逐年提高，至第5年才下降，种鹅应利用3～4年后再淘汰。

三、休产期种鹅的饲养管理

南方种鹅的产蛋期一般只有5～6个月，北方种鹅产蛋期8～9个月。母鹅的产蛋期除品种外，各地区气候不同，产蛋期也不一样，我国南方集中在1～4月产蛋，北方则集中在2～6月初、10～12月产蛋。产蛋末期产蛋量明显减少，畸形蛋增多，公鹅的配种能力下降，种蛋受精率降低，大部分母鹅的羽毛干枯，在这种情况下，种鹅进入休产期。因此，加强休产期种鹅的饲养管理，也是提高养鹅经济效益的关键措施之一。

1. 调整鹅群

（1）淘汰不理想种鹅　母鹅停产后可首先淘汰换羽的公鹅和母鹅以及伤残个体，其次淘汰产蛋性能低、体形小及耻骨间隙在3指以下的母鹅，同时淘汰多余的公鹅。

（2）组配新群　在淘汰部分种鹅的同时按比例补充后备种鹅，使鹅群保持旺盛的生产能力。一般母鹅群的年龄结构为1岁种鹅占30%、2岁鹅25%、3岁鹅20%、4岁鹅15%、5岁以上的鹅10%。新组配的鹅群公、母比例大型品种1∶（2.5～3.0）、中型品种1∶（3～3.5）、小型品种1∶（4～4.5）。新组配的鹅群必须按公母比例同时换公鹅。

2. 人工强制换羽

在自然条件下，母鹅从开始脱羽到新羽长齐需较长的时间，为了缩短换羽的时间，保证换羽后产蛋比较整齐，可采用人工强制换羽。

人工强制换羽是通过改变种鹅的饲养管理条件，促使其换羽。首先停止人工光照，停料2～3天，只提供少量的青饲料，并保证充足的饮水；第4天开始喂给由青料加糠麸糟渣等组成的青粗饲料，第10天左右试拔主翼羽和副主翼羽，如果试拔不费劲，羽根干枯，可逐根拔除。否则应隔3～5天后再拔1次，最后拔掉主尾羽。拔羽当天鹅不能下水，同时防止雨淋和烈日暴晒，应当圈养在运动场内喂料喂水以防细菌感染引起发炎。

3. 限制饲养

休产期种鹅应以粗饲料为主，将产蛋期日粮改为育成期日粮。提高鹅群耐粗饲能力，从而降低饲养成本，提高养鹅经济效益。

① 母鹅的日平均饲料用量一般比生长阶段减少50%～60%，饲料中可添加较多粗饲料，如麦麸、青草、黄贮玉米秸、糠等。

② 有放牧条件且牧草质量好的，可不喂或少喂精料；若放牧条件差，则应每天补料2次。

③ 无论补饲次数多少，补料时间必须在放牧前2小时左右，以防止鹅因放牧前已饱食而不愿采食粗饲料。

第六节　种公鹅的饲养管理

由后备种鹅选留下来的种公鹅，其营养水平、体质状况以及一些生活习性，决定了精子的品质，直接影响产蛋期的种蛋受精率。因此，加强对种公鹅的饲养管理，保证种公鹅的日粮营养水平、体质与健康情况，对提高种鹅的繁殖力有至关重要的作用。

一、营养需要

后备阶段种公鹅的营养供给基本与种母鹅相同。生长阶段要给予充足的营养物质，在控制饲养阶段要减少精料的补充。

处于繁殖期的种公鹅，由于多次与母鹅交配，排出大量的精液，体力消耗很大，体重有时下降明显。为了保证种公鹅有良好的配种体力，种公鹅的饲养，除了和母鹅群一起采食外，从组群开始后，对种公鹅应进行补饲配合饲料。配合饲料粗蛋白质为16%～18%。代谢能为11.3千焦/千克，配合饲料中应含有动物性蛋白质饲料，有利于提高公鹅的精液品质，维生素A、维生素D、维生素E对公鹅的性功能特别重要，要注意添加。补喂的方法一般是在一个固定时间，将母鹅赶到运动场，把公鹅留在舍内，补喂饲料任其自由采食，这样经过一定时间，公鹅就习惯自行留在舍内，等候补喂饲料。公鹅的补饲可持续到母鹅配种结束。但也要注意公鹅不能养的过肥，要加强运动。种公鹅的放牧、放水、补饲和防暑等日常管理工作要合理安排，有序进行。在休产阶段的种公鹅，在人工强制换羽时要限制饲喂，以促进羽毛干枯、脱落。换羽后应逐步恢复饲料营养水平，促使其尽快进入种用状态。

二、饲喂方式

种公鹅一般也是采用放牧饲养、全舍饲饲养和半舍饲饲养等几种方式。在放牧饲养时，注意选择较近、平坦、有水源等的牧场，以免鹅过劳或损伤。全舍饲饲养时要注意光照与通风，以及合理安排放水。

三、饲养管理

1. 分群饲养

后备阶段和休产期时，公、母鹅要分群饲养，避免滥交行为减弱公鹅的精力和骚扰母鹅。

2. 公母配比

繁殖时期合理的公母配比，有利于发挥公鹅种用最大潜能。

3. 温度与光照

温度的高低严重影响种公鹅精子的活力，夏季高温时，公鹅精子无活力，不适合配种，鹅一般停产。公鹅产精最佳温度为10～25℃。合理的光照条件能促使公鹅促性腺激素的分泌，刺激睾丸精细管的发育，使公鹅达到性成熟，正常情况下，要求自然光照加人工光照时间保持每天14小时。

4. 充分放水

公鹅喜欢在水里完成配种行为，在陆地上成功率不高，要合理安排好种鹅放水的时间，或采取多次放水的方法尽量使母鹅获得复配机会。水温不宜过高，水温过高会影响公鹅性欲，降低种蛋受精率。考虑到种公鹅的生理特点和温度的影响，一般在一天中气温平和的早晨和傍晚进行放水。

5. 生殖器官和精液质量的检查

从选留种公鹅开始，就要注意观察并且淘汰一些生理功能有缺陷的个体，常见生理缺陷有阴茎短小、生殖器萎缩、阳痿、交配困难等。在繁殖期，要定期对种公鹅的精液质量进行检查，检验精子活力，以保证种公鹅品质，保证种蛋的受精率和孵化率。

6. 针对公鹅择偶性的管理

有些种公鹅有较强的择偶性，这样一方面降低了公鹅的利用率；另一方面使其他母鹅受精机会减少，从而影响种蛋的受精率。克服公鹅择偶性的办法：一是在没有出现此现象时，公、母鹅提早组群，让公鹅及早亲近并熟悉母鹅；二是一旦发现某只公鹅仅与一只或少数几只母鹅固定交配时，要马上将其隔离饲养，一般要经过5周左右，才能使其忘掉之前的母鹅。

第七节　肥肝鹅的饲养管理

一、肥肝鹅的品种选择

鹅的品种对肥肝生产的效果起决定性作用，品种因素占鹅肥肝生产因素的25%。在法国，传统的肝用鹅为图卢兹鹅，是一种中型灰鹅。体高达85厘米，标准体重公鹅9千克、母鹅8千克。

1. 图卢兹鹅

产于法国西南部重镇图卢兹附近的世界最大的鹅种，也是以往生产鹅肥肝的传统鹅种。成年公鹅活重达10～12千克、母鹅8～10千克，仔鹅填饲结束时活重达12～14千克，肥肝重达1000～1300克（最重可达1800克）。这种鹅生长快、易育肥，但肥肝常大而软，脂肪充满在肝细胞的间隙中，一经烧煮脂肪就容易渗出，肥肝也因之缩小。加上身体过于笨重，耗料多而产蛋少，受精率又低，母鹅一年只能繁殖10多只雏鹅，饲养成本很高，所以这种巨型的鹅种在产地已很少见，逐渐被朗德鹅所取代。

2. 朗德鹅

原产于法国西南部的朗德省，体形比图卢兹鹅小。毛色灰褐，颈部、背部接近黑色，胸部毛色较浅，呈银灰色，腹下部则呈白色，也有部分白羽个体或灰白色个体。通常情况下，灰羽毛较松，白羽毛较紧贴，蹼橘黄色，胫、蹼肉色，灰羽在喙尖部有一深色部分。成年公鹅活重7～8千克，母鹅6～7千克；本品种生长快，8周龄活重约4.5千克，肉用仔鹅经填肥后重达10～11千克。一般在11月至翌年5月为产蛋期，年产蛋比图卢兹鹅高（35～40枚），蛋重160～200克。性成熟期180天，一般210天开产，种蛋受精率在80%左右，就巢性较弱。雏鹅成活率在90%以上。肥肝重700～800克，肥肝质量要比图卢兹鹅好，但还太软，不够结实。朗德鹅羽色灰褐，而腹部毛色较浅，呈灰白色。本品种对人工活拔羽绒的耐受性好，在每年拔毛2次的情况下，可产羽绒350～450克。

朗德鹅属于肥肝生产专用鹅，以提取鹅肥肝和制取肥肝酱为主。其用途大体可概括为：肝用、肉用、加工用、药用。其经济价值、食用价值、营养价值远远高于普通的肉鹅。鹅肉鲜嫩味美，营养丰富，且具有低脂肪、低胆固醇的特点，因此，鹅肉制品均优于其他白鹅。在欧洲，鹅肉价格高于鸡肉2～3倍，其中法国、德国则高于3倍。鹅血、鹅胆、鹅掌黄皮、鹅肝经深加工，可制成多种抗癌、保健药物和抗生素及医用化工原料。鹅羽绒可制成风靡全球的防寒保暖绒衣、绒被。朗德鹅肥肝质地鲜嫩，味美独特，营养丰富，肥肝中含有大量对人体有益的不饱和脂肪酸和多种维生素，最适于儿童和老年人食用，在国际上是珍贵的畅销营养食品（图7-7）。朗德鹅肝含脂量高达60%～70%，其脂肪酸组成为软脂酸21%～22%，硬脂酸11%～12%，亚油酸1%～2%，16稀酸3%～4%，肉豆蔻酸1%，不饱和脂肪酸65%～68%，每100克肥肝中卵磷脂含量高达4.5～7.0克，脱氧核糖核酸和核糖核酸9～13.5克。

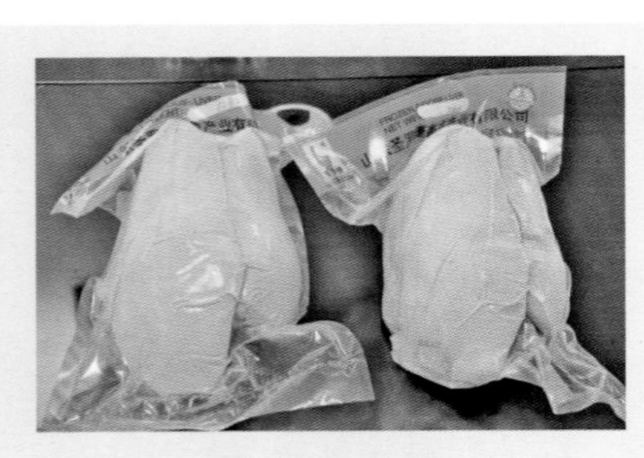

图7-7 成品鹅肥肝
（刁有祥 摄）

3. 热尔鹅

原产于热尔省首府奥希附近的玛瑟勃，故又名玛瑟勃鹅。这种鹅的活重和肥肝重比朗德鹅轻，填饲结束时活重9～10千克，平均肥肝重684克左右。但产蛋量比朗德鹅高，年产蛋量可达40～50枚，所以可以利用这一优点，用作杂交母本。因此，以往在法国一直用图卢兹鹅或朗德鹅作父本和本种进行杂交，用杂种小鹅来生产肥肝。

上述3种产于法国西南部的灰鹅，在不断互相杂交的影响下，特别在朗德省周围地区，由于和朗德鹅的连续杂交，图卢兹鹅和热尔鹅的本身特性渐渐消失，逐渐形成了所谓朗德鹅系统，以后统称西南灰鹅或朗德鹅。

二、肥肝鹅填饲饲料的调制

成功的鹅肥肝生产是若干因素相互作用的结果，主要是遗传、品种、年龄、填饲技术和饲料等因素。其中，饲料因素占15%，包括填饲饲料的质量、数量、加工方法及填饲前或填饲过程中饲料的配合等。因此，肥肝鹅的饲料配方与调制将直接影响鹅肥肝的生产效果和经济效益。

鹅肥肝生产一般要进行两个阶段的饲养管理，预饲期和填饲期。一般鹅养到10周龄左右生长缓慢，就可以进行强制填饲。在填饲之前，要有一个5 ～ 30天的预饲期，肥肝生产的效果与预饲期有极其重要的联系，其目的在于培育素质良好、体质健壮经得起填饲的成鹅。等鹅增重10%之后，就可转入填饲期，使鹅每天摄取大量的高能饲料，促使其在短期内快速育肥，形成肥肝。

1. 肥肝生产常用的能量饲料

玉米、糙米和小麦是世界上使用最为广泛的能量饲料原料，这3种能量饲料各有优缺点。

（1）玉米　玉米是高能饲料，是我国的主要能量饲料，玉米含无氮浸出物高达72%，粗脂肪含量高达3.5% ～ 4.5%，可利用的能量高达14. 06兆焦/千克。含亚油酸较高，如果玉米在配合饲料中达到50%以上，就可满足动物对亚油酸的需要。缺点是蛋白质含量低，氨基酸组成不平衡。玉米含蛋白质8.7%左右，比小麦、大麦等谷物低，赖氨酸、蛋氨酸和色氨酸含量不足。

（2）糙米　糙米是我国重要的谷物，约占我国粮食产量的1/2。我国南方一些玉米供应不足的地区常用稻谷、糙米、碎米和陈大米作为饲料。糙米的代谢能约为14兆焦/千克，与玉米相当，含脂肪约20%，B族维生素含量较高，但含胡萝卜素极少，矿物质含量少，所含磷约70%为植酸磷，利用率稍低于玉米。多项试验表明，糙米作为一种优良的能量饲料，可以代替玉米作为鹅的饲料。

（3）小麦　小麦的代谢能水平约为12. 97兆焦/千克，粗脂肪含量少，仅为1.7%，小麦的粗蛋白质含量较高，但赖氨酸和苏氨酸明显不足。小麦种皮钙、镁含量高，磷多属植酸磷，利用率低。小麦与玉米相比的差距是代谢能低，主要原因是小麦中的抗营养因子，主要是水溶性非淀粉多糖（阿拉伯木聚糖、R-甘露聚糖、纤维素及果胶）成为抗营养因子，引起胃肠道内容物黏稠度增加，阻碍动物对营养物质的消化吸收。因此，小麦作为能量饲料有其局限性，应用小麦作为能量饲料要解决的问题就是非淀粉多糖的问题，如添加外源酶制剂等以降低非淀粉多糖抗营养因子的作用。

上述3种能量饲料中，糙米蛋白质含量居中，粗纤维含量最低，代谢能值最高，营养物质含量和能量利用率高于玉米，是较优良的能量饲料。

目前，国外多选用高能量的玉米粒作为肥肝鹅的理想饲料。因为玉米胆碱含量较低，仅含440毫克/千克，而麦类饲料的胆碱和磷的含量比玉米高1～1.5倍，胆碱有保护肝的功能，常用以作为防治脂肪肝的药物，因此，玉米是生产肥肝的优质饲料。在国外，一般以上一年收获的玉米为好，因为陈玉米不仅含水量低，而且价格便宜，成本较低，淀粉也能更好地被吸收；新玉米含水量高，常影响育肥效果。玉米的颜色对填饲效果无影响，但对肥肝的颜色影响很大，用黄（红）色玉米产出的肥肝色泽较深，质量等级较高；用白玉米生产出的肥肝呈粉红色，色泽较淡，品质相对较低。

2. 玉米粒与玉米粉的填饲效果

玉米粒与玉米粉的填饲效果不同，使用蒸煮玉米的填饲效果可能会更好一些。据试验测定，填肥14天时，炒玉米粒组肥肝重240.3克，比玉米粉组肥肝重178.4克高出61. 9克。填肥21天，炒玉米粒组肥肝重366.7克，比玉米粉组肥肝重307. 7克高出59克，说明饲喂玉米粒比玉米粉填肥效果高16%～25%。可能是由于玉米颗粒在消化道中停留时间较长，更有利于玉米中淀粉的消化与吸收。因此，基于以上几点，生产中可考虑使用国产的小粒种优质无霉的黄玉米作为肥肝鹅的主要能量饲料。同时，以玉米颗粒为主的肥肝鹅饲料，其营养不均衡，能量高、胆碱少、氨基酸含量不平衡，故可考虑适当掺喂一些其他饲料（如蛋白质饲料、豆饼、甘薯及小麦等）。在国外，肥肝鹅饲料中还加入了苜蓿粉和青饲料，比例分别达到8%和4%。据报道，在填饲期的基础日粮中，每只鹅补加150克蛋白质饲料，比只喂玉米饲料能提高肝重18%～28%。还有试验表明，添加蛋白质饲料豆饼，可增加肝重约13%。

3. 添加物

以玉米为主的肥肝鹅饲料中，一般需要拌入某些添加物后填饲，以提高适口性和产肝性能。

（1）油脂　添加油脂主要起润滑作用，便于填饲，并且能够提高能量水平，一般添加2%～5%。可以用植物油或动物油，也可以用矿物油，但效果较差。动物油饱和脂肪酸含量较高，植物油不饱和脂肪酸含量较高，夏季气温高时可以用动物油，气温低时改用植物油。以色列Volcani家禽中心研究表明：添加2%～5%的鹅脂肪或其他家禽脂肪、家畜脂肪、植物油等几种脂肪均可使鹅肥肝增重10%。鹅和其他家禽的脂肪可以缩短填肥期，提高饲料转化率，家畜脂肪（牛脂肪）和植物油则对填饲期的长短没有影响；但不管补充哪一种脂肪，均对鹅肥肝脂肪的结构没有影响。

（2）食盐　添加食盐不仅可以提高适口性，增加鹅的食欲，促进饲料的消化，而且对肝重有显著的作用，使肝的色泽和质量都比较好。一般添加0.5%～1.5%，试验表明，添加1.6%的食盐肝重明显高于添加0.8%的食盐的肝重。食盐含量不可过高，如果食盐过量，容易引起不良反应甚至中毒，必须慎重添加。

（3）维生素　添加维生素可以提高肝重，减少应激，促进代谢和帮助消化吸收。生产上一般可以添加复合维生素，按照0.01% ～ 0.02%的添加量拌匀使用。胆碱对维持肝正常的组织形态有重要作用，目前的肥肝鹅饲料中一般不另添加胆碱。但国外研究表明，在玉米为主的饲料中添加胆碱将改变肥肝大小。因此，此方面还有待于进一步研究。

（4）微量元素　一般可以参照营养需要，适量添加。有试验表明，添加钙、磷可以增加肥肝重量，而添加微量元素作用不显著。国内关于钙、磷及其他微量元素的添加对产肝性能影响的研究已在起步。

（5）其他　由于填饲是一个较强的应激过程，因此，在填肥期间，可以加入复合抗应激剂，在填饲几天后，应添加一些消化酶制剂，可收到较好的效果。例如，在饲料中添加某些乳糖酵母，能限制肠道球菌的繁殖，这样可以降低因肠炎而导致消化率降低的危险，如果有必要，在填饲的过程中还可以在饲料中添加一些助消化药物。

三、填肥饲料的加工方法

肥肝鹅在不同的生长时期，饲料配方不同，但是不管在什么时期，玉米是肥肝鹅饲料中不可或缺的原料，因此，肥肝鹅饲料的调制主要是针对玉米，目前，一般认为用整粒玉米填饲效果较好，调制肥肝鹅饲料的方法大致有以下几种。

1. 蒸煮玉米粒调制法

此法是源自法国西南部民间传统调制法。选用优质玉米粒，清除杂物后倒入开水锅内，要求水面浸过玉米粒10 ～ 15厘米。水再次沸腾后煮5 ～ 10分钟即可。趁热捞出玉米粒，加入1% ～ 5%动物油、植物油和0.3% ～ 1%食盐等，拌匀后倒入装料桶填肥用（图7-8）。

2. 炒玉米粒调制法

该法是我国四川西昌地区民间多用的传统调制法。具体方法如下：将玉米过筛，消除杂物，倒入铁锅中用文火不停地翻炒，切忌炒焦，一般要求八成熟，炒至玉米粒呈深黄色为宜，炒完后将玉米粒装袋备用。

填喂前用温热水浸泡炒好的玉米粒，需1～1.5小时。原则上以玉米粒表皮泡展为宜。应用时将浸泡水废弃，玉米沥干后拌入0.5%～1.0%食盐、多维等，即可倒入装料箱填肥用。

图7-8 填饲用蒸煮的玉米（刁有祥 摄）

3. 掺动物、植物油脂法

法国和西方一些其他肥肝生产国，常在填饲前在蒸煮好的玉米粒中，还掺入2%左右的动物、植物性油脂，拌匀后倒入填饲机内填喂。试验证明，掺入油脂可增加育肥饲料的热能，又可以润滑管道，便于填料操作，可减少对鹅食管的损伤，对肥肝生产确实有利。当然生产成本要稍高些。在缺少动物、植物油脂地区可以少加或不加油脂，同样可以生产肥肝。

四、鹅肥肝生产

1. 预备期饲养方法

从初生到85日龄左右为预备饲养期，该期在很大程度上影响着以后肥肝鹅的填肥效果。在这一时期内主要应做好保温育雏和运动锻炼。保温育雏阶段要创造适宜的外界环境，喂给全价饲料，促使幼鹅生长发育良好。运动锻炼从50～60日龄开始，这时应使其充分采食青绿多汁饲料，尽量增大食管和食管膨大部，为今后填饲时每次能多填饲料做好准备。当鹅长到4千克左右就可以开始填饲了。如果体重过轻的话，就会使肥肝合格率低；体重过重则耗料多，成本也增加。

2. 预饲期饲养管理

预饲期的鹅以舍饲为主，可适当放牧，每天上午、下午各放牧1次，预饲期结束前3天停止放牧。预饲期每天饲喂3次，每天每只鹅补饲精料200克。除放牧采食青料外，还要补饲青饲料，使鹅的消化道逐渐膨大。预饲前圈舍应清洁和消毒，地面要平坦干燥，环境安静，保持圈舍清洁卫生，供给清洁饮水。

3. 填饲方式

可以选择平养，也可以选择笼养或网养。平养是国内目前普遍采用的一种方式，比较经济。鹅舍地面为水泥地，天冷时铺设垫料。每平方米可养鹅4～5只，每栏以饲养20～30只为宜；地面平养的优点是肥肝鹅能够适当运动，应激少，血肝比例相对较少，填饲日龄可以适当延长，从而获得较大肝重。笼养的优点是节省垫料，可充分利用空间，每笼饲养1只笼的尺寸为500毫米×280毫米×350毫米；也可以适当增加面积，每笼饲养3～4只。笼养鹅优点是活动少、易于育肥、捕捉方便。但缺点是设备费用较高、应激大、血肝比例高。网养较卫生，也不需要垫料，但是容易受到应激，填饲时不方便（图7-9）。

图7-9　笼养肥肝鹅
（刁有祥 摄）

4. 填饲期饲养方式

肥肝鹅的填饲方法主要有人工填饲和填饲机填饲两种。

（1）人工填饲　填饲时2人1组，1人固定鹅体，另1人掰开鹅嘴，小心将漏斗由鹅口腔插入食管，再向漏斗中一点一点地投料，投入一点料后用细木棍推入食管。此方法由于费时费工，目前采用得较少。

（2）填饲机填饲　填饲机填饲可提高劳动效率，减轻劳动强度，适应大批生产鹅肥肝的需要。填饲机填饲效率比手工填饲速度提高许多倍，且填饲效果良好（图7-10）。常采用单人填饲和双人填饲。

① 单人填饲　只需1人操作，填饲时，填饲员面向填饲机，站在填饲机左侧，右手朝向填饲机装料斗方向。填饲员用右手掀开鹅体保定架上的网盖，右手抓握鹅的双翅基部，从填饲机右前方把鹅放在鹅体固定架上，鹅头朝着填饲机饲管。与此同时，填饲员用左手从鹅背向前握住鹅头后部，拇指和食指（或中指）捏压在鹅嘴角上。助手用双手从鹅的双翅基部后移到双翅尖部和双脚肘部，填饲员右手盖上网盖，扣好后即可松手，准备抓下一只鹅。鹅体保定后，填饲员可进行填饲操作。向鹅口腔、食管插喂饲管。当饲管进入鹅的食管后，继续向鹅的深部插入时，填饲员用左胳膊肘部抵压住鹅体固定架前缘，保持鹅颈伸直。右手的拇指和食指在鹅颈外边，跟随喂饲管前进，遇到鹅颈呈“S”状弯曲时进行推拉，保证食管伸直，让饲管顺利插入到食管深部、锁骨前缘。填饲方法与双人填饲相同。填完放鹅时用左肘部适当用力向后推开鹅体固定架前缘。在退出饲管后，填饲员用左手打开鹅体固定架网盖，随即双手握住鹅的双翅基部，把鹅拿起轻轻放在地面上，任鹅自行离去。使用填饲机填饲鹅，每台机器每小时可填饲鹅100只左右。

图7-10　填饲机（刁有祥 摄）

② 双人填饲　填喂操作程序为：由助手将鹅固定，操作者先取数滴食油润滑填喂管外侧，然后，左手抓住鹅头，食指和拇指扣压并与助手配合将鹅口移向填喂管，颈部拉直，小心将填喂管插入食管，直至膨大部。操作者右手轻轻握住鹅嘴，左手隔着鹅的皮肉握住位于膨大部的填喂管出口处，然后踏动搅龙式填鹅机的开关，饲料由管道进入食管，当左手感觉到有饲料进入时，很快地将饲料往下抨，同时使鹅头慢慢沿填喂管退出，直到饲料喂到比喉头低1 ～ 2厘米时即可关机。随后，右手

握住鹅颈部饲料的上方和喉头，很快将填喂管从鹅嘴取出。为了不使鹅吸气（否则会使玉米进入喉头，导致窒息），操作者应迅速用手闭住鹅嘴，并将颈部垂直向上提，再以左手食指和拇指将饲料往下推3～4次。填喂时流量要掌握好，饲料不能过分结实地堵塞食管某处，否则易使食管破裂。

5. 填饲期日常管理

填饲时鹅必须轻提、细填、轻放。填食量日渐增大，脂肪大量沉积，肝也迅速肥大，容易发生消化不良，这时每只鹅可喂乳酶生1～2片。鹅圈要保持干燥，以防湿气过大引起鹅胸部烂毛；同时要保证日夜供给足够的清洁水，以促进鹅消化食物。

第八章

鹅舍建筑及养鹅设备

第一节　养鹅场址的选择

一、地形与地势

1. 地形

鹅场要求地形整齐、开阔。地形整齐，便于合理布置牧场建筑物和各种设施，并可充分利用场地。场地面积应根据当地条件、饲养数量、饲养管理方式、规模化程度和饲料供应等因素考虑确定，占地面积必须充足，同时还要留有一定的发展余地。初步设计时，一定根据拟建牧场的性质和规模，加以估算。

2. 地势

鹅场场地要求地势高燥、平坦、向阳，有坡度不大于25%的缓坡。地势低洼的场地容易积水而潮湿泥泞，夏季通风不良，空气闷热，故而蚊蝇和微生物滋生，而冬季则阴冷。因此，地势应高燥，以利于排水等。

二、土质、水源与饲料

1. 土质

一般来说沙土透水性好，不潮湿泥泞，自净作用好。但导热性强，热容量小，热状况差。黏土的优缺点与沙土相反。一般选择沙土比较好。

2. 水源

鹅场的用水要保证水质良好，水源应无色、无味、无臭，对机体有害的化学成分含量应符合饮用水标准。选择水源还要考虑取水方便，节省投资，水源周边环境条件较好，水源要易于保护，不受污染。地下水资源丰富的地区优先选择，可作为鹅场用水，地表水如河流、池塘、湖泊等水源，可供鹅锻炼、放牧用等。

3. 饲料

饲料是养鹅生产的物质基础，一般饲料费占产品成本的80%左右，因此，选择场址时应考虑饲料的就近供应。鹅是草食水禽，需要大量的青饲料，所需的青、粗饲料尽量由当地供应，或自行种植，要留有饲料地，可种植牧草（如苦荬菜、紫花苜蓿、青割玉米、籽粒苋、鲁梅克斯K-1、细绿萍等），附近还应有天然牧场。

三、交通与能源

1. 交通

鹅场的饲料、产品、粪便等废弃物的运输量很大，所以要求交通便利，因此选择场址时要考虑到交通方便，又要使鹅场与交通干线保持适当的距离，一般距主要公路和铁路应不少于500米，同时要修建专用道路与其相连。

2. 能源

规模化养鹅场，必须保障电、煤等能源供应，选择鹅场场址时应考虑供电线路的设施投资、停电因素和应急措施，因为电是工厂化养殖场必备的条件之一，喂料、给水、清粪、通风、照明都需要消耗大量的电能，因此要求鹅场不能远离电源，且电源必须保证连续、稳定。有条件的话应自备应急电源，一般可采用柴油发动机组。

四、其他条件

与村镇居民点、工厂及其他牧场，应保持适当的卫生间距，以防居民点的生活污水、废弃物、工厂三废以及其他牧场产生的有害物质、灰尘、微生物及废弃物对鹅场的威胁，也防止鹅场对居民点、工厂和其他牧场的污染。场址选择还应考虑产品的就近销售，以缩短距离，降低成本和减少产品损耗。同时，也应注意鹅场粪尿污水和废弃物的就近处理及利用，防止污染周围环境。

第二节　鹅舍建筑

一、鹅舍设计的原则

鹅舍建筑要求冬暖夏凉，空气流通、光线充足、便于饲养、容易消毒和经济耐用。建筑材料应就地取材，可用土木结构或砖瓦结构，地面以水泥为佳。也可利用旧房舍改造，如果短期使用可搭建简易草棚。

1. 卫生防疫

鹅舍设计要充分考虑卫生要求，能够有效地与外界隔离，减少外来动物和微生物的进入，同时便于舍内清洗消毒和卫生防疫措施的实施。

2. 环境调节

鹅舍应该具有挡风遮雨、遮阳防晒、保暖干燥的作用，有效缓解外界不良天气对鹅的影响。尽量做到防寒保暖，窗户与地面比例比较小，一般为1 ∶（10 ～ 12）。

3. 实用耐用

鹅舍的建造相对简单，但是在建造时必须充分考虑其耐用性，一方面能够保证正常生产过程中鹅群的安全，另一方面通过延长使用年限以降低每年的房舍折旧费。

4. 节约投资

规模较小的鹅场或养殖户建造简易棚舍，充分利用旧圈舍、旧房屋或当地简易建筑材料等资源。

5. 方便管理

鹅舍的设计应充分考虑便于人员在舍内的生产操作，便于供水供料，便于垫料的铺设和清理，便于蛋的收集和蛋的品质保持。

二、鹅舍的选址

鹅舍要建在高燥的地方，鹅舍场地应略高并稍向南或东南倾斜，这样光照好并利于排水，同时利于防热、防寒与防潮。

离水源要近，鹅舍附近要靠近自然水源（如池塘或沟渠、水井等），如无自然水源也可建造人工水池，以供鹅在水中活动和配种。以每3只鹅不小于1米为宜，池水要定期进行消毒、换水。以流动水源为好，水深0.6 ～ 1.5米为宜。

附近有牧场，鹅场附近有草场或林地供鹅群放牧，鹅可就近放牧，鹅是草食水禽，食草量可占饲料的90%以上（图8-1）。管理方便，又可降低饲养成本。

图8-1　种鹅场外观
（刁有祥 摄）

环境安静，环境清静、空气新鲜，有树木遮阴，以防夏季高温，影响正常生产。

三、鹅舍的设计

完整的鹅舍应包括鹅舍、运动场和水池3个部分，特别是饲养种鹅，更应如此。建造鹅舍要求防寒隔热性能优良，光线充足。舍高1.8～2米，南北两侧设有窗户，窗户面积与舍内地面面积的比为1：（10～12）。每平方米养鹅2～2.5只。生产用鹅场，在鹅舍的墙边应设产蛋箱，产蛋箱高宽50～60厘米，用砖砌成，箱顶用废旧木板或油毡片封盖。设供鹅出入的小门，地面垫柔软垫料。鹅舍外须设运动场和水池。运动场最好用细沙铺设，周围建围栏或围墙，一般高80厘米。同时种植树木，既可绿化环境，又可夏天作凉棚。在运动场与水池连接处，须用石头或水泥做好斜坡，坡度为25°～35°。斜坡要深入水中，与最低水位持平。鹅舍的建筑因鹅群的用途不同而分为育雏舍、育肥舍、种鹅舍及孵化室等。

1. 育雏舍

雏鹅出壳后，要求在一定温度、湿度条件下饲养的圈舍称之为雏鹅舍。雏鹅舍必须具备以下条件：能保温、通风、干燥；水电齐全；搭建鹅床，鹅床多少根据鹅苗数量而定，每个鹅床3米左右，离地面1米左右，以便饲养管理。雏鹅舍规模养殖数量1000只为宜。3周龄前的雏鹅由于绒毛稀少，体质娇弱，体温调节能力差，所以育雏舍应以保温、干燥、通风、无贼风为原则。鹅舍内还应考虑有放置供温设备的地方或设置地火道。鹅舍内育雏用的有效面积（即净面积）以每座鹅舍可容纳500～600只鹅为宜。舍内分隔成几个圈栏，每一圈栏面积为10～12米^2，可容纳3周龄以内的雏鹅100只，故每个鹅舍的有效面积为50～60米^2。育雏鹅舍地面用沙土或干净的黏土铺平，并打实，舍内地面应比舍外地面高20～30厘米，以保持舍内干燥。育雏舍应有一定的采光面积，窗户面积与舍内面积之比为1：（10～15），窗户下檐与地面的距离为1～1.2米，鹅舍檐高1.8～2米，育雏舍前是雏鹅的运动场，亦是晴天无风时的喂料场，场地应平坦且向外倾斜。由于雏鹅长到

图8-2　育雏舍（一）
（刁有祥　摄）

图8-3　育雏舍（二）
（刁有祥　摄）

图8-4　育雏舍内部结构
（刁有祥　摄）

一定程度后，舍外活动时间逐渐增加，要求场地必须平整，略有坡度。一有坑洼，即应填平，夯实，雨过即干。否则雨天积水，鹅群践踏后泥泞不堪，易引起雏鹅的跌伤、踩伤。运动场宽度为3.5～6米，长度与鹅舍长度等齐。运动场外紧接水池，便于鹅群嬉水。池底不宜太深，且应有一定的坡度，便于雏鹅嬉水后站立休息（图8-2～图8-4）。

2. 育肥舍

夏、秋季以放牧为主的育肥鹅可不必专设育肥舍，可利用普通旧房舍、旧棚圈或用废旧木料搭成能遮风挡雨的简易棚舍即可。也可建开放式鹅舍，也叫大棚舍。这种鹅舍投资少、见效快、搭建容易、可就地取材，棚舍应朝向东南，前高后低。棚舍为单列式，前檐高约1.8米，后檐高0.3～0.4米，进深4～5米，长度根据所养鹅群大小而定。前檐应有0.5～0.6米高的砖墙，4～5米留一个宽为1.2米的缺口，便于鹅群进出。这种简易育肥舍也应有舍外场地，且与水面相连，便于鹅群入舍休息前的活动及嬉水。鹅舍应干燥、平整，便于打扫。以70日龄的中鹅进行计算，栖息7～8只/米^2。

这种鹅舍也可用来饲养后备种鹅（图8-5）。

3. 种鹅舍

应建封闭式鹅舍，这样的鹅舍投资较大，但饲养效果好，特别适合冬季饲养。鹅舍应坐北朝南，长度不应超过50米，宽度不应大于7米。种鹅舍可容纳中小型鹅2.5～3.5只/米^2，大型鹅2只/米^2，以每舍饲养400只左右为宜。舍内地面为砖地、水泥地或三合土地，以保证无鼠害或其他小型野生动物偷蛋或惊扰鹅群。夏季为了通风散热，窗户面积与地面面积的比为1：（10～20）。一般舍内地面比舍外高出10～15厘米，以利排水，防止舍内积水。在鹅舍的墙边应设产蛋箱，产蛋箱宽高各50～60厘米，用砖砌成，箱顶用废旧木板或油毡片封盖，设供鹅出入的小门，地面垫柔软垫料。种鹅舍外设运动场和水浴池。运动场面积为舍内面积的1.5～2倍。外设围栏或围墙，一般高度在1～1.3米即可。鹅舍周围应种树。高大的树荫可使鹅群免受酷暑侵扰，保证鹅群正常生活和生产。如无树荫或虽有树荫但不大，可在运动场开阔处搭建遮阳棚（图8-6～图8-10）。

图8-5　育肥舍（刁有祥 摄）

图8-6　种鹅舍外观（刁有祥 摄）

图8-7　种鹅舍（一）
（刁有祥 摄）

图8-8 种鹅舍（二）
（刁有祥 摄）

图8-9 种鹅舍（三）
（刁有祥 摄）

图8-10 朗德鹅种鹅舍
（刁有祥 摄）

图8-11 孵化室
（刁有祥 摄）

4. 孵化室

采用母鹅进行自然孵化时，孵化室应选在较安静的地方，孵化室要冬暖夏凉，空气流通，窗户离地面高约1.5米，使舍内光线较暗，以利母鹅安静孵化。孵化室面积每100只母鹅占12～20米^2。如用木材搭架作双层或三层孵化巢，面积可相应减少。舍内地面用水泥地面或砖铺地面，比舍外高15～20厘米。人工孵化室要求，根据孵化用具大小、数量而定，具体规格质量要求同孵鸡用孵化室。既要通风，又要保温、冬暖夏凉，地面铺有水泥，且有排水出口通室外，以利冲洗消毒（图8-11）。与孵化室相邻并相通的，是有与规模相适应的存蛋库。蛋库中应备有蛋架车，蛋架车上的蛋盘应与孵化机中的蛋盘规格一致，以便于操作。

总之，规模化养鹅舍的选址要地势高燥、交通方便，要离村镇居民点较远的地方，附近没有屠宰场、牧场，供水、供电都方便，水质要符合人饮用水标准，附近有饲料地。要建好育雏舍、育肥鹅舍、母鹅舍、种鹅舍及孵化室。这样才能保证鹅健康生长，养鹅才能获得最大经济效益。

第三节　养鹅设备及用具

一、保温设备

常用的保温设备有育雏伞、暖气、电加热器、火炉等，应根据鹅的不同生长阶段和当地的实际条件选用。

二、饮水设备

常用的是饮水器和饮水槽。根据不同日龄的雏鹅配以大小、高矮合适的饮水器（图8-12）。中雏以后逐渐改用饮水槽，高度与鹅背齐平，水槽用铁丝网罩上，鹅头、颈能伸入水槽饮水即可。

图8-12　普拉松饮水器
（刁有祥 摄）

三、喂料设备

常用的有开食盘、料桶和料槽或料盆（图8-13）。

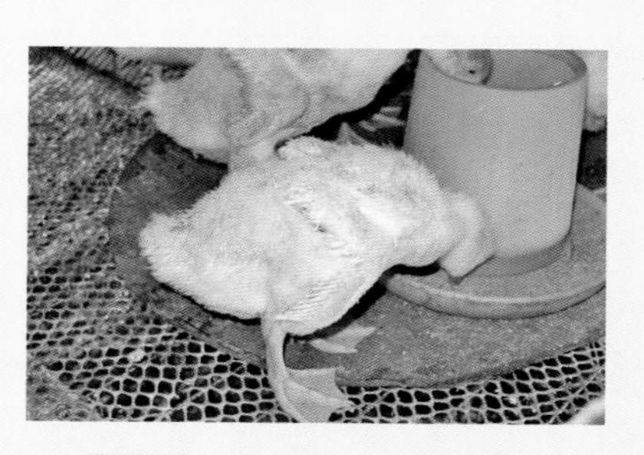

图8-13　料槽（刁有祥 摄）

四、产蛋设备

产蛋窝或产蛋棚。

第四节　雏鹅舍的环境控制

养鹅生产中最重要的环境控制是在育雏阶段。育雏技术在南方和北方都大致相同，一般都采用离地的漏缝地板式或网床养殖（图8-14），以使雏鹅与粪便隔离，防止受粪便中有害细菌的感染。育雏网床可以采用单层或多层结构。在多层网床上，上层雏鹅排泄的粪便由设在下层上方的集粪层收集后人工清理掉。网床内则除了放置料槽和饮水器外，还需要安装红外保温灯或燃煤暖炉，以对雏鹅良好供暖和保暖。有些育雏舍利用燃煤暖炉输出的金属或纤维材质暖风管进行空中供暖，或由铺设在网床下方的地下、类似下水道的砖结构通道或瓷管烟道进行地面供暖。雏鹅舍在冬春寒冷时还特别需要避免为了保温而降低通风所造成的舍内湿度和氨气浓度升高的问题。鹅场空气环境质量要求见表8-1。

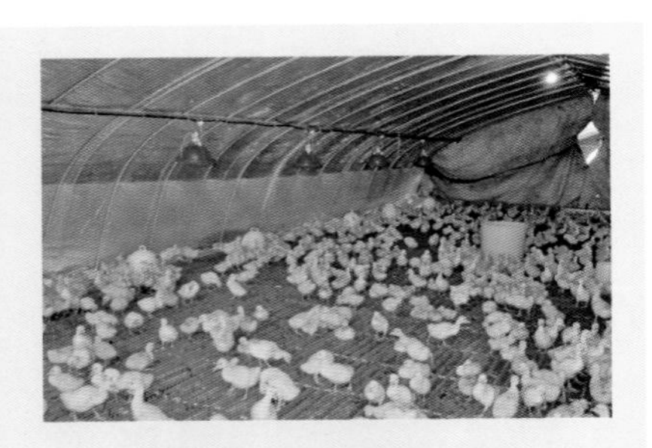

图8-14　雏鹅网床饲养
（刁有祥 摄）

表8-1　鹅场空气环境质量要求（0.001‰）

项目	缓冲区	场区	禽舍	
			雏禽	成禽
氨气	2	5	10	15
硫化氢	1	2	2	10
恶臭	40	50	70	70

第五节 不同模式生产及环境控制

一、鹅的放牧生产及环境控制

家鹅作为草食动物，具有放牧采食杂草或人工种植牧草的能力，这一能力被充分利用，形成了养鹅的放牧生产，已有几百年历史。在南方农区，由于大部分土地被用于农作物生产，因此鹅的放牧生产模式主要是“茬口放牧”。由于在长江流域的中部地区，大量的仔鹅在春季孵化，因此传统的养鹅生产即在春季农耕播种之前，在田间放牧仔鹅以采食杂草进行生产。南方的放牧生产还能够使鹅继续利用荒地和河堤的杂草进行生产，而且不仅是仔鹅生产，甚至可以开展种鹅的放牧生产。利用树木在春季返绿较迟的茬口，在林地种植冬春生长的牧草（如黑麦草和菊芋等）养鹅。比如，南方地区新兴的林—草—鹅、稻—草—鹅及虾—草—鹅放牧模式，在林地、稻田、虾塘等地种植冬春生长的牧草（如黑麦草和菊芋等）养鹅，鹅粪又能为牧草、水稻及树木提供营养所需（图8-15、图8-16）。这种农牧复合系统形成，使得原来单一的茬口放牧演变为林下养鹅和河堤养鹅等生

图8-15 收获后的牧草地放牧鹅（刁有祥 摄）

图8-16 林地养鹅（刁有祥 摄）

图8-17 池塘养鹅（刁有祥 摄）

产模式。北方的放牧生产则主要为草原牧鹅。在东北、内蒙古东部甚至新疆的草原或草甸地带，于夏、秋季节利用草原和河道水草丰美的自然条件，进行牧鹅生产（图8-17）。新疆塔城地区养殖的伊犁鹅，由于驯化时间仅300年左右，目前仍然保持着野生大雁的飞翔能力，因此在冬季往往能够飞出几公里的距离到广阔的草原或已经采收作物的田地中觅食残余谷物饲料，而夜间则为了避免野外的寒冷而能够自行飞回御寒的鹅棚。

无论是农区的茬口放牧、林下养鹅、河堤牧鹅还是草原牧鹅，放牧生产中一般在农田或草地上设一围网或简易鹅棚，夜间将鹅赶入其内并加以一定补饲，白天则放出鹅只牧食青草。放牧往往需要频繁更换地点以使鹅能够获得良好的青草资源，如此既节省饲料增加养鹅收入，还能保护草原免受蝗虫之害，同时由于鹅只大量的运动，所生产的草原生态鹅肉质鲜美，是地道的纯天然绿色食品。

虽然鹅的野外放牧有可能使不同的鹅群因在同一牧地活动而发生病原的交叉感染，然而一般的传统放牧生产能力都较低，放牧鹅群规模都较小，加上鹅只活动范围较大而不大可能频繁接触所排泄的粪便，并且粪便中的病原等因为暴晒于阳光下较容易失活，使鹅只不易受到病原或毒素的危害。同时草地上新鲜无污染的空气以及大量的运动也使鹅保持较好的体质，因此虽然放牧生产的环境控制极其简单，但鹅的生产性能（如种鹅的种蛋受精率和孵化率等）都非常高。

二、鹅的高床架养及环境控制

鹅的高床架养最早在广东省的育肥鹅中被广泛采用。仔鹅到生长后期的50～80日龄的育肥期，生长至接近成年体重并且采食量和粪便排泄量也大增，可能向周围环境排放的有害肠道细菌数量剧增，采用经典的水面养殖肯定会影响鹅的健康和生产性能。因此，在广东采用含粗纤维多的稻谷代替全价配合饲料喂鹅，而在江苏则将大量米糠与玉米豆粕等精料混合喂鹅，这种饲喂大量粗纤维的饲喂方法，可能会满足鹅作为草食动物必须采食含纤维高的饲料的天性，也可能具有调整肠道环境从而抑制有害肠道菌的繁殖和排放的作用，在此意义上与上述向饲料中应用益生菌控制环境中有害细菌和内毒素的做法具有异曲同工之妙。另外，采用高床架养的方式使鹅只与所排泄的粪便摆脱接触从而摆脱有害菌和细菌内毒素的危害，以此提高育肥鹅的健康和育肥性能。这种高床养鹅舍往往建于养鱼塘之上，使粪便经过漏缝地板进入水体作为鱼类饲料，因此这种养殖模式仍然是“鹅—鱼”共养的养殖模式，但是其所采用的环境控制理念和技术则是常规的“鹅—鱼”共养操作所无法比拟的。

这一方法还可应用于生长鹅和种鹅的生产。通过采用镀锌钢（铁）丝金属网或楠竹片制成高出地面60厘米的漏缝地板网床，并在其上设置料槽和食槽以及产蛋箱，使鹅只在网床上面采食、饮水、休息和产蛋。该网床鹅舍或鹅栏屋面可用隔热夹芯彩钢板挡雨，同时隔开夏天炎热的阳光。为避免鹅腿卡入网床地板，钢丝网床地板的孔径应以2.5厘米为宜，楠竹网床的竹片宽度和间距则分别以2.5～3.0厘米和1.5～2.0厘米为宜。在漏缝地板网床之外，还需建一戏水池，以供鹅只梳洗和交配等活动，提高鹅只福利和降低热应激，并经常更换池水。如果不采用刮粪板清除网床之下积粪，则需要每隔5～7天向积粪喷洒EM菌或益生菌菌液，以抑制源自肠道的肠杆菌的繁殖及氨气等有害气体的产生。待使用满一年或淘汰种鹅时，可以拆除网床漏缝地板然后一次性清除积粪。积粪可以再加入EM菌和适量的谷壳或粉碎秸秆用于进一步发酵制作有机肥料。

三、全年均衡生产的种鹅生产及环境控制

以产业化发展为目标的现代鹅生产，要求克服种鹅的季节性繁殖特性，实现全年均衡生产，从而促进和实现商品肉鹅生产和下游的肉鹅屠宰加工的全年均衡生产。由于所有鹅种的季节性繁殖现象主要由日照的四季变化所决定和调控，种鹅繁殖季节的调控就需要消除太阳光的影响并结合采用人工光照。并且由于鹅与鸡、鸭不同，是非常娇贵的家禽，其他如水体细菌污染、鹅舍内病原气溶胶和其他空气质量因素都会对鹅的健康与生产性能产生重要的影响。

建造能够有效隔离外界阳光影响的种鹅舍，是能动地调控鹅的繁殖季节性的重要前提，这种鹅舍一般在墙上安装能够上下开启的卷帘，当关闭或放下卷帘即可以阻断阳光进入鹅舍从而使鹅摆脱阳光的干扰。通过在舍内安装电灯，就可以额外补充光照。所安装的电灯可以是白炽灯、日光灯和节能灯，其安装数量以所需照度和不同的光照程序而定，有些在白天利用自然阳光的光照程序需要更为强烈的人工光照和安装更多的电灯；有些完全放弃白天阳光的光照程序则仅需要较弱的人工光照和安装较少的电灯。这些都与不同企业的生产操作习惯和其他环境控制措施有关。当将种鹅关闭于隔离阳光的鹅舍中，鹅舍的通风和降温就成为最重要的环境控制工作（图8-18、图8-19）。

图8-18 种鹅人工控制光照（刁有祥 摄）

简单的鹅舍可以采用自然通风，而充分满足动物福利的现代化鹅舍则采用机械通风。自然通风是通过在鹅舍墙基处开设能够阻挡阳光但允许空气进入的进风口，同时在鹅舍屋脊处建成钟楼式檐楼，舍内热空气上升通过檐楼开口排出舍外，而舍外新鲜空气从进风口进入，从而实现鹅舍的通风换气。一般要尽量加大屋脊檐楼与墙基进风口的高差，至少要达到4.5米，才能使鹅舍有效自然通风。在广东进行的种鹅全年均衡生产中，种鹅在一天的大部分时间可以在舍内、陆地和水上运动场的广阔空间自由活动，一般仅在早晨凉爽时将种鹅关闭在舍内4～5小时，因此，舍内容纳鹅的密度可以稍高，达到每平方米2.5～3只。

图8-19 鹅舍利用流水降温
（刁有祥 摄）

图8-20 鹅舍降温用湿帘
（刁有祥 摄）

机械通风鹅舍的形式很多，利用安装在墙上的风机向舍外排风，同时新鲜空气从墙基的进风口进入鹅舍。有些规模较大的生产场建造了跨度12米、长度60～70米的种鹅舍，采用大功率风机驱动的隧道式负压通风，不仅可以对鹅舍进行高效通风换气，而且结合湿帘降温，还可以在夏季炎热时很好地降低鹅舍内温度（图8-20）。

有些企业采取了将种鹅长期关闭于隧道式负压通风加湿帘降温鹅舍内的做法，而且在鹅舍内建造了钢质漏缝地板使种鹅与粪便脱离接触，并在漏缝地板下方安装刮粪板以机械自动清粪，还将供鹅只活动的水池也建造于鹅舍内，以避免夏季炎热时全年均衡生产时的种鹅热应激问题。由于完全避免了阳光的干扰，这种鹅舍持续使用较弱的人工光照以进一步提高鹅的产蛋性能。这种鹅舍一般维持较低的养鹅密度，每平方米1只种鹅左右，以保持鹅舍内的空气环境。显然这种鹅舍的建造成本是巨大的，其建造决策取决于对鹅产蛋性能的追求和投资能力。

第九章 鹅场的生产与经营

第一节 鹅产业化生产模式

一、鹅场产品类型

根据鹅场实际情况、市场情况、资源状况、技术储备、投资情况选择本鹅场产品生产类型。

（1）种鹅生产　供应种蛋和鹅苗等。

（2）商品生产　提供肉鹅。

（3）屠宰加工　产出白条和分割产品。

（4）精深加工　提供鹅类分割产品及熟食制品、羽绒等副产品的分级加工制品等。

在调研的基础上，通过企业优势分析、资源优势分析，确定生产目标和市场目标。根据企业优势评估、资源优势评估、目标市场调研、产品目标的选定与论证、市场目标的选定与论证等环节，定位企业产品目标、种鹅养殖、商品肉鹅养殖、鹅肉制品、鹅肥肝及制品、羽绒生产等。

二、鹅产业链类型

目前肉鹅产业中主要包括以肉鹅专业合作社为龙头、以种鹅生产企业为龙头和以鹅产品加工企业为龙头的三种主要产业链模式，也有将三种模式结合在一起的综合生产模式。

1. 以肉鹅专业合作社为龙头

此种模式是肉鹅生产中常见且简单的肉鹅养殖模式，主要以合作社为中心，带动养殖户开展规模化、标准化养殖。合作社统一购进雏鹅、饲料、药物等分销给养殖户，养殖户通过标准化的养殖，生产出符合要求的肉鹅，再由合作社进行统一销售。该模式的发展需要以良好的养殖技术和饲料资源为基础，还需具备良好的鹅品种资源、饲料资源。在产业运作中主要依赖标准化养殖技术和规模化优势带动鹅产业健康有序发展。

2. 以种鹅生产企业为龙头

该模式主要以市场占有率较高的优良肉鹅品种为基础，通过种鹅扩繁和商品鹅标准化生产，向市场提供商品雏鹅及商品肉鹅。该产业链主要以“企业+家庭农场（户）+商品鹅基地”的模式运行。

3. 以鹅产品加工企业为龙头

该产业模式主要以“加工企业+种鹅基地+合作社（家庭农场）+商品鹅基地”形式运行，产品形式主要以屠宰加工、深加工产品为主，可以利用加工鹅产品的优势带动鹅产业健康发展，这种模式企业需要具备良好的加工技术和资金做支撑。

第二节　鹅场的生产管理

一、生产计划管理

计划管理是鹅场经营管理的重要职能。计划的编制是对内外环境、物质条件进行充分评估后，按照自然规律和经济规律的要求，决策生产经营目标，并全面而有步骤地安排生产经营活动，充分合理利用人力、物力和财力，为实行产品成本核算和计算经营效果提供依据。

根据计划管理的要求，鹅场生产需要编制长期计划、年度生产计划、阶段作业计划，彼此联系，相互补充，形成一个完整的计划体系。

1. 长期计划

长期计划是鹅场长期（一般为5年）发展生产的纲领和安排年度生产计划的依据，由于长期计划涉及时间较长，影响因素多且复杂，因此，不可能规划得十分详尽具体，其内容大致包括经营方针和任务，生产建设的发展规模、速度及相互间的比例和自然资源的综合利用等。

2. 年度生产计划

年度生产计划是拟定鹅场当年生产经营活动的行动方案，是计划管理的主要内容，也是长期计划的具体实施和阶段作业计划的依据。年度生产计划应在前一个生产年度末，在总结前一年度生产经验、编制财务决算、修订各项定额（如饲料、劳动、设备利用、繁殖和增重定额等）的基础上来制订，其中应以销售计划为前提，生产计划为核心，技术、物质和资金为保证。计划的主要内容如下。

（1）总任务规定　鹅场年度内生产和推广的种苗数，或者是出售商品水禽的只数与总重量，或者是出售商品蛋数与总蛋重，以及总产量、成本和利润等的经济效益计划指标。

（2）鹅群周转计划　反映在一定时期内，各类鹅群的只数因出雏、成长、购入、出售、淘汰而引起的增减变化，以及要求年终保存合理结构的鹅群。该计划是计算产品、产量的依据之一，也是制定饲料与劳动需要的依据之一。

商品蛋用或种用鹅规模饲养场一般可分为育雏鹅群、育成鹅群和生产鹅群三个大的鹅群。制定周转计划应综合考虑鹅舍、设备、人力、成活（死淘）率、淘汰时间及后备鹅群转入生产舍的时间、数量，保证各群鹅的增减和周转能完成规定的生产任务。编制计划时应尽量做到“全进全出”，即整个鹅场或几栋鹅舍，在同一时间进鹅，在同一时间淘汰，实行一阶段饲养，一次清理消毒，既有利于防疫，又便于管理，减少鹅群周转次数，减少应激给鹅群带来的损失。因而周转计划的编制亦日趋简单。商品肉鹅多采用同一舍“全进全出”制饲养，所以鹅群进出周转只要根据鹅饲养日数以及鹅舍清洗、消毒、空置所需要的时间来安排，比较容易。

制订鹅群周转计划时，先要确定鹅群饲养期。如一般种鹅的饲养期是：雏鹅0～3周龄，育成期4～30周龄，产蛋期31周龄至淘汰。然后根据鹅群饲养期和对种鹅的使用年限来制订合理的鹅群更新计划，并制订出鹅群周转表。要考虑在各栋鹅舍前后两批周转时均应留有清扫消毒空置时间2～3周，先按每栋具体情况落实年度生产计划和鹅群周转计划，然后综合各栋鹅舍的计划，确定全场饲养批次、日期、数量，列出全场鹅群周转表。

（3）产品生产计划　是以鹅群周转计划为基础，按照鹅的单产水平来制定的。主要内容为规定全年提供产品的总量及其逐月分布的状况，包括主产品和副产品。种鹅场的主产品是提供种苗，以只数计算产量，商品鹅场的主产品是肉，产品计划中除每月的出栏数、出栏重外，还应制订出合格率及等级率。鹅的粪尿则是一切鹅场的副产品。

（4）饲料供需计划　饲料占饲养成本的60%～80%，需求量大，必须另列专项计划，保证供应。鹅场无论是使用成品全价料还是自己加工配合饲料，都应对所需的饲料品种、数量、来源做好计划，及早安排，保证供应。如采用商品配合料，应对附近的饲料厂家全面考察，确定质量优、价格低、信誉好的饲料厂家建立长期供货关系，成为合作伙伴，避免经常变更饲料给生产带来的不利影响。如自己加工，在筛选各阶段最佳饲料配方的前提下，主要原料（如玉米、豆粕等）品种来源应相对稳定，定期进货，按时结算，避免过量进货积压资金，也防止临时购料，造成供应不足或频繁变换配方，影响生产。

（5）物质供应计划 必须根据生产计划需要编制详细的供应计划，并保质保量，按期提供。其他如饲养防疫人员的劳保用品、灯泡等易耗品、工具、机械设备维修备件、燃料物质，也应列出计划，以保证生产任务的完成。

（6）产品销售计划 这是流通、搞活生产、实现货物销售通畅的一个重要环节，也是完成经营目标中的一项重要工作。水禽场的主产品和副产品均应根据生产计划和可能的销售量编制产品销售计划，做到产销对路和衔接，及时投放市场，防止积库压栏。

（7）基本建设计划 反映本年度内，进行基本建设的项目和规模，其中包括添建各类房舍的面积、固定资产的购置，以及材料、用工和投资的数量等。

（8）劳力使用计划 根据平均饲养只数及其他作业项目和劳动定额，确定计划期内所需的人力，并预算劳动工资，编制工资表。

（9）财务计划 用货币反映鹅场全年生产成果和各项消耗的计划，其内容包括各项收入计划、各项生产费用和管理费用计划、年度财务收支盈亏计划及按鹅群或生产单位核算的全年收支盈亏计划等。

3. 阶段作业计划

是年度生产任务在各个不同时期的具体安排，可以按照季度或月份来编制。计划中提出本阶段的具体任务，合理组织劳动和物质供应，保质保量地在规定时间内完成全部作业。

二、人员管理

鹅场具有特殊性、生产时效性，即在生产过程中不能根据订单生产，而是根据市场预测，提前生产。同时，鹅场的经营带有较大风险性，有一定的投机性。因此，鹅场对于生产的稳定性和成本控制有较高的要求，这些方面的优势与否则直接取决于企业的内部生产管理，它是保证鹅场正常生产和利润目标的基础，搞好鹅场内部生产管理，确保正常生产，是鹅场最重要的环节之一。

1. 建立岗位生产责任制

从场长到每个职工，都应有明确的年度岗位任务量，或实行定额承包办法，将任务落实到班组和个人，并用文字固定下来，以作检查、监督和奖罚的依据。

2. 鹅场内部生产的人员管理

（1）生产主管及员工的选择　鹅场管理人员的选择非常重要，是鹅场良好生产经营的关键点之一，有一支优秀的管理队伍和团结勤奋的员工队伍是企业发展的基石，而发现并组建这样一个团队需要较长期的选择和积累。

① 生产主管的选择　生产主管是鹅场生产的直接管理者，既需要有丰富的专业知识，又需要有一定的管理经验，因此，生产主管要求畜牧兽医或相关专业人员，至少有2年以上相关工作经验和管理经验，熟悉一线生产管理，熟练掌控生产各阶段各环节的不同要求，吃苦耐劳，工作责任心强，有一定管理能力和沟通能力。招聘后在工作中还要进一步观察，确定是否符合本企业要求。

② 员工的选择　员工选择需要考虑生产实际的需要，年龄在20～45周岁最好，初中以上学历即可，身体健康，吃苦耐劳，认可鹅场的封闭生活环境，鹅舍饲养人员尽量以夫妻工为主，共同管理一栋鹅舍，但是机动人员应当以男工人为主，承担更多的体力劳动。

（2）员工的素质　鹅场员工文化水平普遍偏低，主要是农村外出打工人员，因此进场后要进行企业文化、管理制度及专业知识等各方面的培训。

（3）员工入场定岗前的培训　经过面试合格，可对员工进行岗前培训，岗前培训指员工进场后经过培训达到鹅场员工素质要求。在一个新的工作岗位上，提前给员工讲清岗位职责、工作流程等问题，使员工进入新的岗位不会无从下手。

（4）员工的流动　因为养殖岗位的特殊性，对经验的要求较高，因此，在员工队伍稳定后应尽量避免员工流失、更换。这是保证生产稳定的重要基础。

（5）员工的日常管理　确定每日工作岗位流程，每天上班前开班前会通报工作情况和当日工作安排。每周组织一次员工会议或培训，交流学习知识。

3. 鹅场内部生产的现场管理

鹅场内部的现场管理是保证生产健康安全的关键。随着鹅场生产日益规模化，原先分散饲养、小规模饲养的经营模式和管理方法已经不能适应鹅产业的发展要求，规模化的管理要求就是标准化。

（1）生产流程标准化　对鹅舍管理的各个细节、各个步骤都有明确的岗位描述，包括工作流程、工作要求、操作步骤、目标结果，保证新人到岗只要读懂标准化流程，就能独立操作，胜任饲养工作。

（2）作息生活规范化　根据鹅的生活习性，确定员工生活规范，具体可参照每日工作流程。员工日工作流程示例如下。

6:00—6:30 起床、整理操作间，更换操作间门口的消毒盆。

6:30—7:00 换水，喂料，调整舍内温湿度、通风和消毒等。

7:00—7:30 早饭。

7:30—11:30 换水、喂料，调整温湿度、通风和消毒等。

11:30—12:00 午饭。

12:00—17:00 换水、喂料，调整温湿度、通风和消毒等。

17:00—17:30 备料、称料。

17:30—18:00 晚饭。

18:00—18:30 填写报表，计划晚间及第二天工作。

18:30—次日 4:00 值班（开食盘、饮水器、采食布清洗和消毒，换水，喂料）。

4. 鹅场内部的生物安全管理

（1）生物安全的意义　鹅场的经营管理重心在生产一线，因为养鹅的特殊性，在鹅场管理过程中会有许多不可控的外界环境因素可导致鹅生产异常，甚至出现重大流行性疫情导致全军覆没，企业倒闭破产。比如禽流感、新城疫、小鹅瘟、大肠杆菌病等，不论是病毒还是细菌侵害，控制不当都会造成严重的经济损失，有时还会造成社会危害。由此可见，以疫病防控为主的生物安全工作在鹅场十分重要。

（2）生物安全的制度和规范管理　做好程序和规范的执行管理，对鹅场意义重大，既是安全生产的重要保证，又是降低生产成本的有效措施。

① 鹅场隔离程序　鹅场分区管理，包括后勤区、孵化场和养殖场；孵化场和养殖场实行封闭式管理，大门标有“防疫重地，谢绝参观”；大门口消毒池加入15～20厘米深的消毒溶液，保持新鲜。遇有较重污染随时更换；外来车辆不允许进入任何场区；场区人员不能随意外出，如有特殊情况，必须经场长批准办理出门手续；生产生活物资经消毒中心传入；固定饲养工具及设备，“专区专用”。

② 鹅舍隔离　每栋鹅舍门前设消毒盆、刷子，配消毒剂；每天起床立即更换，保持药液深度在15厘米以上；鹅舍人员严禁串舍；进出鹅舍必须脚踏消毒盆，靴底有泥污时必须刷洗干净后再踏消毒盆；带鹅消毒、环境消毒、饮水消毒按照《消毒技术规程》执行；运入的饲料、垫料必须经过熏蒸消毒，经场长签字后方可使用；集体免疫期间，每免疫完一栋鹅舍，免疫人员需更换干净的工作服和胶靴，必要时要淋浴消毒；免疫用物品（如装鹅筐、拦网、免疫用具等）在舍外经浸泡消毒后方可再移入别的鹅舍；每天对操作间的地面用消毒液进行拖地消毒2次。

③ 药品疫苗管理办法　药品和疫苗集中存放，专人统一保

存、管理；每月定期上报本场下月采购计划和本月库存；根据免疫程序合理购置疫苗；所有药品应分类放置，标识明确，以利查找及使用；所有药品应按其要求的保存方法保存；有毒药品及有腐蚀性药品应在其上标注醒目标记，并单独存放。

④ 消毒技术规程管理　选择消毒剂，带鹅消毒一般选择安全、无刺激、广谱、杀毒迅速、耐有机物的消毒剂，可交替使用碘制剂（如威典）、季铵盐（如拜安、安灭杀）；环境消毒一般选择广谱、杀毒迅速、耐有机物的消毒剂；饮水消毒可选择卫可、安灭杀等。

⑤ 疫情应急处理　建立"饲养员、栋长—生产主任—场长"的逐级报告和负责制度，重大问题详细汇报；当周边地区或本场发生疫情时，实行封场、封栋；场区环境每天2次喷雾消毒；经过综合评估，确认疫情已过，鹅群恢复正常生产。

⑥ 生物安全的操作　执行生物安全制度之后，严格执行制订的生物安全程序操作，就会最大限度地保证养殖安全，规避养殖风险。执行过程要通过反复培训、现场演示指导，真正让全体员工了解它的意义，熟悉操作程序。

⑦ 生物安全的检查监督　生物安全工作是长期细致的工作，需要不断在员工之间宣传、督促、强化，以达到形成习惯的生物安全控制目的。

三、成本管理

1. 成本管理任务

成本管理的主要功能在于保证鹅场资金周转，提高资金周转率和缩短资金周转期。为此，管理者应经常参与产品成本分析和核算，为鹅场的总效益分析积累数据，提出分析报告，制订增产节约措施；抓紧销出产品使资金回笼；逐月汇总财务收支报表，通报效益进度，及时调整管理措施；提出年终经济效益分析总结报告，为下一年度计划提供依据。

2. 成本核算

鹅场的成本核算是财务活动的基础和核心。只有了解产品的成本，才能算出鹅场的盈亏和效益的高低。

（1）成本核算的基础工作　建立健全各项财务制度和手续；建立鹅群变动日报制度，包括各鹅群的日龄、存活数、死亡数、淘汰数、转出数及产量等；按各成本对象合理地分配各种物料及各种费用，并由主管人员审核。以上材料数字要准确、清楚，这是计算成本的主要依据。

（2）成本核算的对象和方法　成本核算的对象是每枚种蛋、每只初生雏、每只育成鹅、每千克鹅蛋、每只肉用仔鹅；每枚种蛋的成本核算方法：每只入舍母鹅（种禽）自入舍至淘汰期间的所有费用加在一起，即为每只种鹅饲养全期的生产费用，扣除种鹅残值和非种蛋收入除以入舍母鹅出售数，即为每个种蛋成本，如下式：

$$每枚种蛋成本=\frac{种蛋生产费用-（种鹅残值+非种蛋收入）}{入舍母鹅出售数}$$

种鹅生产费用包括种鹅育成费用，饲料费、人工费、房舍与设备折旧费、水费、电费、药费、管理费、低值易耗品费等。

每只母雏的成本核算：种蛋费加上孵化费用扣除出售无精蛋及公雏收入除以出售的母雏数，即为每只母雏的成本。

$$每只母雏成本=\frac{种蛋费+孵化生产费-（未受精蛋+公雏收入）}{出售的母雏数}$$

孵化生产费用包括种蛋采购、孵化房舍与设备折旧、人工、水电、燃料、消毒药物、鉴别、疫苗注射、雏鹅发运和销售费等。

每只育成鹅成本核算：每只初生母雏加上育成费用或其他生产费用，再加上死淘均摊损耗，即为每只育成鹅的成本。

育成鹅的生产费用包括蛋雏费、饲料费、人工费、房舍与设备折旧费、水费、电费、燃料费、医药费、管理费及低值易耗品费等。

每千克鹅蛋成本：每只入舍母鹅自入舍至淘汰期间的所有费用加在一起即为每只蛋用母鹅饲养全期的生产费用，扣除淘汰母鹅收入后除以入舍母鹅总产蛋量（千克），即为每千克鹅蛋成本。

$$每千克鹅蛋成本=\frac{母鹅生产成本-淘汰母鹅收入}{入舍母鹅产蛋量（千克）}$$

母鹅生产费用包括母鹅育成费、饲料费、人工费、房舍与设备折旧费、水电费、医药费、管理费和低值易耗品费等。

每只出栏肉用仔鹅成本：每只肉用仔鹅生产费用，再加上死淘均摊损耗，即为每只出栏肉用仔鹅成本。

肉用仔鹅生产费用包括雏鹅费、饲料费、人工费、房舍与设备折旧费、水费、电费、燃料费、医药费、管理费及低值易耗品费等。

（3）考核利润指标

① 产值利润及产值利润率。产值利润是产品产值减去可变成本和固定成本后的余额。产值利润率是一定时期内总利润额与产品产值之比。计算公式为：

产值利润率=利润总额/产品产值×100%

② 销售利润及销售利润率

销售利润=销售收入-生产成本-销售费用-税金

销售利润率=产品销售利润/产品销售收入×100%

③ 营业利润及营业利润率

营业利润=销售利润-推销费用-推销管理费

企业的推销费用包括接待费、推销人员工资及旅差费、广告宣传费等。

营业利润率=营业利润/产品销售收入× 100%

利润反映了生产与流通合计所得的利润。

（4）经营利润及经营利润率

经营利润=营业利润±营业外损益

营业外损益指与企业的生产活动没有直接联系的各种收入

或支出。例如，罚金、由于汇率变化影响到的收入或支出、企业内事故损失、积压物资削价损失、呆账损失等。

经营利润率=经营利润/产品销售收入×100%

（5）鹅场赢利能力的衡量　从事养鹅生产是以流动资金购入饲料、雏鹅、兽药、燃料等，在人的劳动作用下转化成鹅肉、鹅蛋等产品，通过销售又回收了资金，这个过程叫资金周转一次。利润就是资金周转一次或使用一次的结果。既然资金在周转中获得利润，周转越快、次数越多，鹅场获利就越多。资金周转的衡量指标是一定时期内流动资金周转率。

资金周转率（年）=年销售总额/年流动资金总额×100%

鹅场的销售利润和资金周转共同影响资金利润高低。

资金利润率=资金周转率×销售利润率

鹅场赢利的最终指标应以资金利润率作为主要指标。如一鹅场的销售利润率是6%，如果一年生产5批，其资金利润率是：资金利润率=6%×5=30%。

四、鹅场生产统计的指标

1. 投入统计

（1）人员统计　包括一线生产人员和管理人员，每月或每季度统计每个场区内人员的数量。

（2）固定资产统计　每月或每季度统计投入生产时，所有资产的投入，包括药品统计、饲料统计、水电统计及其他物料统计等。

2. 生产指标统计

主要是对生产过程中各种产品的指标统计。

（1）初生重　在雏鹅到达养殖场后，应立即按照箱数的15%抽取样本进行称重，记为毛重。放出雏鹅后再称量标记的箱子，记为皮重。初生重=（毛重－皮重）/箱内的雏鹅数。

（2）周末体重　第n周末的体重应固定在第$7n+1$天清晨4:00空腹时称重。抽样方法：每栏随机称取此栏鹅数10%的鹅，为方便结果计算，在各栏差异不大的情况下可以称取相同数量的鹅数。各栋（栏）的周末体重为各栋（栏）样本体重之和除以此栏样本数。

（3）周增重　本群的周增重为本周末体重减去上周末体重。

（4）均匀度　各栋（栏）周末体重为$\bar{x}$，其均匀度为样本中在（95%$\bar{x}$，105%$\bar{x}$）范围内的样本量占样本总量的百分比。

（5）平均蛋重　每日清晨每栏挑取两个同规格的蛋盘进行称量，记为皮重，拣第一遍蛋后，称取此两盘种蛋重量记为毛重。平均蛋重=（毛重－皮重）/两蛋盘种蛋数。

（6）产蛋率　本栋（栏）产蛋数占本栋（栏）母鹅数的比例。

（7）合格率　本栋（栏）合格蛋数占本栋（栏）产蛋数的比例。

（8）周只产合格蛋　本栋周产合格蛋数除以本栋24周末入舍母鹅数。

（9）受精率　受精蛋总数占入孵蛋总数的比例。

（10）合格蛋的入孵率　入孵种蛋总数占合格蛋总数的比例。

（11）入孵蛋的孵化率　孵化鹅苗总数占入孵蛋总数的比例。

（12）入孵蛋的健雏率　孵化健雏总数占入孵蛋总数的比例。

（13）受精蛋的孵化率　孵化鹅苗总数占受精蛋总数的比例。

（14）受精蛋的健雏率　孵化健雏总数占受精蛋总数的比例。

3. 生产效率统计

（1）固定资产投入比率

固定资产的利用率=正在使用固定资产/全部固定资产

单位固定资产所生产种蛋数或鹅苗数=全部产出种蛋数或鹅苗数/本期固定资产折旧

（2）场地投入比率

单位所生产种蛋数或鹅苗数=全部产出种蛋数或鹅苗数/本期占用场地面积

场地利用率=本期占用场地面积/场地所有面积

（3）成本收入比率

成本收入比率=本期销售收入/本期成本

（4）管理人员投入比率　单位饲养量所占用管理人员数目。

（5）员工劳动生产率

每位员工所生产种蛋数或鹅苗数=全部产出种蛋数或鹅苗数/本期员工数

（6）单体空间比率

单体空间比率=本期饲养种鹅数/场地面积

第三节　鹅场的经营

一、经营管理的概念及在生产中的地位

经营和管理是两个不同的概念，它们是目的和手段的关系。经营是指在国家法律法规允许的范围内，面对市场需要，根据企业的内外部环境和条件，合理地组织企业的产、供、销活动，以求用最少的投入取得最大的经济效益，即利润。管理是根据企业经营的总目标，对企业生产总过程的经济活动进行计划、组织、指挥、调节、控制、监督和协调等工作。因此，经营和管理是相互联系，不可分割的。

实践证明，如果经营决策失误和生产管理不善，就会给生产带来严重损失，不仅没有经济效益，还可能赔本，浪费人力和物力。一个良好的经营决策和科学性强的生产及管理计划，会使养殖企业由生产型转变为生产经营型，使企业的活动范围很快由生产领域扩展到流通领域，可充分利用内部的条件，提高对路产品的产量和质量，提高生产效率，并很快把产品销售出去，实现生产过程和流通过程的统一，就会获得较好的经济效益。

近十多年来，许多规模化的肉鹅养殖场在品种、饲料、防疫、环境控制、饲养管理、经营管理等方面，不同程度地采用了先进的科学技术，生产成绩有了明显提高。但就经济效益来说，却高低不一，有盈有亏，主要原因在于每家鹅场经营管理水平的高低不同。因此，肉鹅生产要取得高产、高效、优质，不仅要提高肉鹅生产的科学技术水平，同时要提高科学经营管理水平，两者缺一不可。经营管理同样可以出效益。一个好的肉鹅生产者，同时又必须是一个好的经营管理者。

二、鹅场的经营方向

经营鹅场时，确定鹅场的经营方向是鹅场经营管理的首要问题。鹅场的经营方向，一般因鹅场类型不同而异，大体上可分成以下三类。

1. 种鹅场的经营方向

种鹅场的主要经营方向是培育、繁殖优良鹅种，向社会提供鹅苗或种蛋。按目前品种用途，又可分成肉用种鹅场和肥肝种鹅场。肉用种鹅场在于培育、繁殖优良肉用鹅种，向社会提供肉用种苗或种蛋；肥肝种鹅场在于培育、繁殖优良肝用鹅种，向社会提供肝用种苗或种蛋。按繁殖代数又可分成原种鹅场、祖代种鹅场和父母代种鹅场。鹅场生产分工所负担的不同任务，就是各场不同的经营方向。

这是属于专业化一类的鹅场，这类鹅场对实现鹅业的良种化，提高鹅养殖现代化生产水平担负着重要任务。但由于其投资多，技术要求高，目前多由国有或经济实力较强的私有企业经营，仅有少量父母代种鹅场由个体经营。

2. 商品鹅场的经营方向

商品鹅场专门从事商品生产，为社会提供肉鹅的产品，如肉鹅养殖场，专门从事肉鹅生产，其经营方向就是为社会提供肉鹅产品。肥肝用鹅场则专门从事饲养商品肝用鹅，为社会提供肥肝产品。这类鹅场可大可小，集体与个人均有经营。

3. 综合性大型鹅场的经营方向

综合性大型鹅场是现代化鹅养殖场的代表，它投资大，产量多，经营种类多，集约化程度高，形成制种、孵化、商品生产、饲料加工、产品加工、销售一条龙的联合生产体系，既具规模效益、技术效益，又具群体综合效益和优势，是高质量、高效益发展的现代鹅养殖业的楷模，也是未来肉鹅养殖业进一步发展的必然趋势。

这类鹅场目前多见于经济技术发达地区的大中城市郊区。它一般都设有种鹅场（包括原种场、祖代种场、父母代种场）、孵化厂、商品场、饲料加工厂和屠宰加工厂、冷库等，为社会提供种蛋、种苗、饲料、商品蛋或商品鹅、分割鹅肉等产品，销往国内外市场。其经营方向一般是多项目的，每一项目的确定都必须在严格的市场调查和市场预测基础上作出科学决策，然后制订可行的方案，加以实施。

三、鹅场的经营方式

1. 按产品种类划分

（1）单一经营　只进行一个生产项目，或只生产一种产品。如肉用鹅场只饲养肉鹅，肝用鹅场只生产肥肝。

（2）综合经营　如育种场不仅提供祖代种雏，也出售父母代甚至商品代种蛋与初生雏；有的大型鹅场除生产商品肉鹅外，其自营的饲料厂也外售饲料等。

2. 按得到主产品的途径划分

综合经营进一步发展形成了肉鹅养殖联合企业，联合企业一般建有肉鹅场、孵化厂、饲料厂和技术服务部等，通过不同的途径取得主产品。

（1）合同制生产　在我国也称辐射经营（包括公司+农户、公司+家庭农场或公司+合作社）。继“公司+农户”的生产经营方式，后又发展出了“公司+家庭农场或公司+合作社”等方式。目前用合同制生产肉鹅的企业较多，这样的经营企业除建有种鹅场、孵化厂、饲料厂和技术服务部外，还建有屠宰厂、冷冻厂等。企业与养殖专业户或肉用鹅场签订合同后供给后者肉用鹅疫苗、饲料、饲养管理技术指导和疾病防治等，负责提供产前、产中、产后的系列化服务，养殖专业户（场）负责提供饲养场地、人员及日常饲养管理。利润按合同约定进行分配。

（2）联合企业内生产　资金与技术力量雄厚的联合企业，特别是内部搞深加工，如鹅肉食品厂、蛋品厂等进行产、供、销一条龙的单位，往往在企业内部生产主产品。

四、鹅企业的市场营销

企业生产的产品从生产领域进入流通领域，最终到达消费者手中，要进行一系列的营销工作。现代化的饲养企业不仅要重视生产工作，更要重视营销工作，因为生产只能形成产品，而营销才能形成利润，所以营销是比生产更重要的一项工作。产品营销的主要内容包括市场营销调研与预测、市场细分和目标市场的选择与确定、设计市场营销组合策略等几个方面。

1. 鹅企业市场营销调研与预测

市场是商品交换的场所，市场又是体现消费者购买力的场所。鹅企业的主要产品是肉、蛋、肝、绒毛等，由于产品的用途不同，所以针对的消费者以及购买能力、购买方式也有较大的差异。鹅肉、肝和蛋一般是作为居民生活食品直接提供给消费者，所以市场较为分散，个体购买力小而总体购买力大，差异明显。近年来兴起了蛋肉再加工企业，使得这一特点有所改变，而绒毛主要是作为羽绒企业的原料，其顾客相对固定且购买力大，要求企业在经营过程中针对不同产品的不同消费者或消费群体，认真做好市场调研工作，按照不同消费者对产品的不同要求组织产品生产。

（1）营销调研的内容　营销调研就是对市场情况进行调查，了解用户对产品的当前需要和潜在需要；其主要内容有：产品调研，包括对新产品设计、开发和试销，对现有产品进行改良，对目标顾客在产品性能、质量、包装等方面的偏好趋势进行预测；顾客调研，包括对消费心理、消费行为的特征进行调查分析，研究社会、经济、文化等因素对购买决策的影响，这些因素的影响作用到底发生在消费环节还是分配环节或是生产环节；销售调研，包括对企业销售活动进行全面调查，如对销售量、销售范围、分销渠道等方面的调研；促销调研，主要是对企业在产品或服务的促销活动中所采用的各种促销方法的有效性进行测试和评价。

虽然企业不可能同时对上述市场营销调研的主要内容进行全面的调研，而只能针对企业存在的不同问题，有选择地对一个方面或几个方面进行重点调研。但是，由于市场调研是企业的大量的经常性的工作，企业应该注重日常信息收集，随时整理情报资料。

（2）营销调研的方法　营销调研的方法主要有以下3种：观察法，由调查人员到现场对调查对象的情况，有目的有针对性地进行观察记录，以此研究被调查者的行为和心理；询问法，按预先准备好的调查提纲或调查表，向被调查者了解情况，收集资料；实验法，即从影响调查问题的许多因素中选出一个或两个因素，将它们置于一定的条件下进行小规模实验，然后对实验结果进行分析、研究，判断是否值得大规模推行。

（3）市场预测的方法　市场预测是在营销调研的基础上，运用科学的理论与方法，对未来一定时期的市场需求量及影响需求的诸多因素进行分析研究，寻找市场发展变化的规律，为营销管理人员提供关于未来市场需求的预测性信息，作为营销决策的依据。

市场预测的方法总的来说有定性预测和定量预测两类方法。定性预测是靠预测者的直观感觉和经验来预测未来的发展程度；定量预测是以各种统计数据和资料，采用一定数学方法进行定量计算，推算出以后某一时期发展的结果或程度。

2. 鹅企业的市场细分和目标市场的选择与确定

在市场经济比较发达的状态下，鹅业生产面临的是广阔多变、复杂的市场，即使是规模巨大的企业也不可能满足消费者多种多样的需求，而只能根据企业内部条件和素质能力，为自己确定一定的市场经营范围，满足一部分消费者的某些需要。这就要求通过市场细分，选择目标市场，进而占领目标市场，谋求达到企业预期的经营目标。

（1）市场细分　所谓市场细分就是根据顾客需求的差异性，以影响顾客需要和欲望的某些因素为依据，将一个整体市场划分为2个或2个以上的顾客群的过程。经过市场细分之后的每一个需要和欲望相同的顾客群就构成一个细分市场，而在不同的细分市场中顾客群之间的需要和欲望应该有明显的差别。

（2）市场细分的主要作用　有利于企业分析、发掘新的市场机会。有利于企业集中使用资源，增强企业市场竞争能力。有利于企业调整市场营销组合策略。

（3）目标市场的选择与确定　所谓目标市场就是在市场细分的基础上，根据企业的自身条件，选定一个或几个细分的市场作为本企业经营的范围和对象，也就是企业决定要进入的市场运作。企业的一切营销活动都是围绕目标市场进行的，通过市场细分，找到市场机会，选择目标市场，就要确定针对目标市场的策略。

3. 水禽企业市场营销组合策略

一个成功的企业，在很大程度上取决于它所实施的市场营销组合策略。企业市场营销的因素中，除了营销环境这一因素是企业不可控制的外部因素外，还有诸多企业可以控制的因素（如产品、价格、销售渠道和促销策略）最佳组合在一起，形成最优的组合策略。企业在目标市场上的竞争地位和经营特色则通过营销策略的组合特点充分地体现出来。

（1）鹅肉、蛋的消费需求

① 消费地域差异显著　北方爱吃鸡肉，南方喜食鸭、鹅等

水禽肉。我国鹅的主产区和主要消费区在长江流域和东南沿海各省，这一区域在历史上便有消费鹅的习惯，既是我国的经济发达地区，也是人口密集地区，经济发展速度较快，人们生活水平正逐步由温饱型向小康型转变，鹅产品的消费量将有所增加。随着全国大市场和大流通的发展，鹅的生产和消费已不再局限于传统的地区，北方各省近年来也兴起了鹅生产的热潮，对鹅加工产品的需求量逐年增加，为全国的鹅业生产提供了广阔的市场空间。但猪肉、羊肉和牛肉价格高低对水禽肉消费影响较大。

② 鹅肉的消费趋势　利用我国独特的中草药资源和完整的中医理论体系，将中草药中某些有益营养成分应用于鹅肉生产，制成具有低脂肪、低胆固醇、低热量、低钠、高蛋白质的保健鹅肉，将成为21世纪最受欢迎的绿色食品。鹅以草食和水生食物为主，抗病力强而发病较少，用药少，瘦肉率高，含脂肪少，且脂肪中含不饱和脂肪酸多，胆固醇含量低。因而鹅肉相对肉质卫生、药残少，是人们理想的优质蛋白质食品，水禽将具有广阔的消费市场。同时减少对整鹅产品的需求，对鹅肉分割加工成产品，即开即食的消费趋势增加，高温鹅肉加工制品的需求下降，低温鹅肉加工制品的需求趋势上升。

③ 鹅蛋的消费特征　在一定的消费水平下，居民收入与鹅蛋消费量呈正相关关系，收入增加鹅蛋消费量增加，反之，则减少。此外，收入越高的居民对鹅蛋及其制品消费需求和购买能力也高于低收入居民。随着人们生活水平的进一步提高，鹅蛋将向多样化和有益于人们身体健康的方向发展。

（2）鹅肉的营销组合策略　产品是市场营销组合中最重要也是最基本的因素。企业在制订营销组合策略时，首先必须决定发展什么样的产品来满足目标市场需求。同时，产品策略还直接或间接地影响到其他营销组合因素的管理。从这个意义上说，产品策略是整个营销组合策略的基石。

① 整体产品策略　包括核心产品、形式产品、期望产品、

延伸产品和潜在产品5个层次，能够更深刻而逻辑地表达产品整体概念的含义。核心产品是指向顾客提供的基本效用或利益，是为解决问题而提供的服务；形式产品是指产品的基本形式，对某一需求的特定满足形式；期望产品是指购买者在购买该产品时，期望得到的与产品密切相关的一整套属性和条件；延伸产品是指顾客购买形式产品和期望产品时，附带获得的各种利益的总和，包括产品说明书、保证、安装、维修、送货、技术培训等；潜在产品是指现有产品包括所有附加产品在内的，可能发展成为未来最终产品的潜在状态的产品，指出了现有产品的可能演变趋势和前景。国内外许多企业的成功，在一定程度上应归功于他们更好地认识到服务在产品整体概念中所占的重要地位。

② 产品开发策略　适应消费需求，开发按部位分割的鹅肉制品；开发低温鹅肉制品；开发具有保健功能的鹅肉制品。

③ 品牌策略　品牌是用以识别某个销售者或某群销售者的产品或服务，将之与竞争对手的产品或服务区别开来的商业名称及其标志，通常由文字、标记、符号、图案和颜色等要素或这些要素的组合构成。一种产品好的品牌体现的是产品的质量、优质的服务和经营管理水平，久负盛名的品牌是宝贵的无形资产。近年来，经济全球化浪潮的冲击推动着国内外市场一体化的趋势，使市场竞争日趋激烈，品牌化的趋势迅猛异常，品牌化趋势几乎统治了所有产品，许多农产品生产者已开始加入了创建品牌的行列，创建鹅肉的品牌有利于产品打开市场和销路，提高市场竞争力，维护生产者的权益并提高养鹅企业的经济效益。

④ 包装策略　包装是塑造产品和企业形象的重要手段，优化鹅肉产品的包装可以有效地提高其附加值。对于鹅肉产品来说，用醒目标志和精巧的以有效地展现产品的品质档次，有利于赢得消费者的信任，也是一种极好的促销方式。

⑤ 定价策略　鹅肉产品是否适应消费、占领市场，不仅取

决于鹅肉产品的品种和品牌，更重要的是取决于鹅肉产品的价格能否为消费者所接受。确定一个合理的价位，首先要考虑消费者对鹅肉产品价格的接受程度；其次要考虑经营者对价格的承受程度；三是要考虑市场竞争的激烈程度，根据市场竞争对手情况灵活定价，实行优质优价、特色特价，体现价格的公平竞争。

⑥ 销售渠道策略　销售渠道是指产品从生产企业转移到最终消费者所经过的途径，合理地选择产品销售渠道是企业经营管理的一个重要策略。一般的销售渠道策略有以下几种："鹅肉产品生产者+鹅肉产品销售商"的形式，即鹅肉产品生产者成为鹅肉产品销售商的鹅肉产品基地；"鹅肉产品生产者+鹅肉产品龙头加工企业"的形式，即鹅肉产品生产者与鹅肉产品龙头加工企业组成一体化经营组织；"鹅肉产品生产者+鹅肉产品消费者"的形式，即鹅肉产品生产者直接分销策略，自己设立鹅肉产品的专卖店或在大型商场设立经营专柜，直接为消费者服务；"鹅肉产品特许加盟连锁经营"的形式，即鹅肉产品的生产者允许他人使用其名称或者品牌开设专卖店，销售鹅肉生产者的产品。专卖店的名称统一按鹅肉生产者的名称或品牌取名，统一装修风格，统一配送生产者的产品，统一价格。

⑦ 促销组合策略　鹅肉产品促销组合是指将各种促销方式按照促销目标要求和经营者的条件，适当选择以一种促销方式为主，其他促销方式为辅，综合运用的系统促销活动。

（3）鹅蛋的营销组合策略

① 产品策略　鹅蛋产品提供给消费者，满足消费者的需求。

② 产品组合策略　所谓产品组合，是指营销产品在类型、品种和数量之间的组成比例关系。

③ 产品开发策略　鲜蛋必须拥有品牌意识，有品牌的鹅蛋要逐步向"绿色"和"有机"过渡，不仅在国内取得有关部门认证外，出口欧盟、日本等国家还要取得进口国的认证。

④ 价格策略　综合考虑价格总体水平和国际市场价格等，

积极利用季节差价、区域差价和消费者求新求异求廉等不同消费心理，应用定价技巧，选择季节性调价、区域定价、折扣定价、促销定价等不同定价方式进行定价，使产品具有较好的市场吸引力和价格竞争力。

⑤ 分销策略　在销售时间和销售渠道的差异上进行调整，利用鹅生产的季节性确定销售策略，多渠道地销售产品。

⑥ 促销组合策略　消费需求是农业生产与发展的基础，鹅蛋产品市场竞争实质上就是争夺消费者的竞争。由于当今传媒及消费者接受信息的模式都发生了深刻变化，及时与消费者沟通，建立并维持良好的社会关系是禽蛋产品经营者营销成败的关键。采用人员推销、公共关系促销等沟通方式，不论采用传统的还是现代的沟通方式，都要考虑预算投资的边际收益，找到获取最大利润的最佳沟通组合。同时，经营者还应有目的、有针对性地向消费者传递理念性和情感性的产品形象和个性。通过诱导、提示、强调说明等策略来刺激消费者的购买欲望，最大限度地了解和满足消费者的需求，就能赢得巨大的潜在市场。

第十章 鹅病防治

第一节 鹅传染病防治

一、禽流感

禽流感是由A型流感病毒引起的一种禽类感染综合征。本病于1878年首次发生于意大利，病原为H5N1亚型高致病性禽流感病毒。目前，该病已遍布于世界各个养禽的国家和地区。

【病原】 A型流感病毒属于正黏病毒科、正黏病毒属。病毒粒子的大小为80～120纳米，完整的病毒粒子一般呈球形，也有其他形状（如丝状等）；有囊膜，囊膜的表面有两种不同形状的纤突（糖蛋白），一种纤突是血凝素（HA），另一种是神经氨酸酶（NA）。流感病毒的基因组容易发生变异，尤其是HA基因的变异率最高，其次是NA基因。根据不同流感病毒HA与NA抗原性的不同，HA可分为18个亚型，NA分为11个亚型，HA与NA随机组合，从而构成流感病毒不同的血清亚型。

流感病毒能在鸡胚及其成纤维细胞中增殖，有些毒株也能在家兔、牛及人的细胞中生长。病毒有血凝性，能凝集鸡、火鸡、鸭、鹅、鸽子等禽类以及某些哺乳动物的红细胞。因此实验室中常利用血凝-血凝抑制试验来检测、鉴定病毒。

病毒对热敏感，56℃作用30分钟，72℃作用2分钟灭活；乙醚、氯仿、丙酮等有机溶剂能破坏病毒；对含碘消毒剂、次氯酸钠、氢氧化钠等消毒剂敏感；对低温抵抗力强，如病毒在−70℃可存活2年，粪便中的病毒在4℃的条件下1个月不失活。

【流行病学】 鸡、火鸡对流感病毒的易感性最强，其次是野鸡、珠鸡和孔雀，鸭、鹅、鸽子、鹧鸪、鹌鹑、麻雀等也能感染。

病毒能从病禽或带毒禽的呼吸道、眼结膜及粪便中排出，污染空气、饲料、饮水、器具、地面、笼具等，易感禽类通过呼吸、饮食及与病禽接触等均可感染该病毒，造成发病。哺乳动物、昆虫、运输车辆等也可以机械性传播该病。

该病一年四季均能发生，以冬春季节多发，尤其以秋冬、冬春季节交替时发病最为严重。温度过低、气候干燥、忽冷忽热、通风不良、通风量过大、寒流、大风、雾霾、拥挤、营养不良等因素均可促进该病的发生。

【症状】（1）高致病性禽流感 主要由高致病性禽流感毒株引起，如H5N1、H5N2、H5N5、H5N6、H5N8、H7N9等。病鹅不出现前驱症状，发病后迅速死亡，死亡率可达90%～100%（图10-1）。发病稍慢的出现精神沉郁（图10-2），采食量急剧下降，体温升高，呼吸困难；病鹅排黄白色、黄绿色、绿色稀粪（图10-3）；头、颈出现水肿，腿部皮肤出血，后期出现神经症状，表现为扭头、转圈、歪头、斜头、瘫痪等（图10-4、图10-5）。产蛋鹅出现产蛋率急剧下降。

（2）低致病性禽流感 主要由低致病性禽流感毒（如H9N2、H7N9）引起。病鹅突然发病，体温升高，达42℃以上。精神

图10-1 因禽流感死亡的鹅
（刁有祥 摄）

图10-2 病鹅精神沉郁
（刁有祥 摄）

图10-3 病鹅排白色稀粪
（刁有祥 摄）

图10-4 病鹅头颈歪斜
（刁有祥 摄）

图10-5 病鹅瘫痪
（刁有祥 摄）

委顿，嗜睡，眼睛半闭，采食量急剧下降。随着病情的发展，病鹅出现呼吸道症状，主要表现为呼吸困难、伸颈张口气喘（图10-6），甩头，眼肿胀、流泪（图10-7、图10-8），初期流浆液性带泡沫的眼泪、后期流黄白色脓性液体。有的出现神经症状，表现为运动失调、头颈后仰、抽搐、瘫痪等。产蛋鹅感染后出现产蛋率下降，1～2周内产蛋率降至5%～10%，严重的甚至停产。蛋的质量下降，软壳蛋、沙壳蛋、小蛋等增多（图10-9），持续1～2个月后产蛋率逐渐回升，但恢复不到原来的水平。种鹅感染后，种蛋的受精率、孵化率下降，

图10-6 病鹅呼吸困难
（刁有祥 摄）

图10-7 病鹅眼流泪
（刁有祥 摄）

图10-8 病鹅眼肿胀
（刁有祥 摄）

图10-9 病鹅产畸形蛋
（刁有祥 摄）

孵化后期死胚增多（图10-10、图10-11），出壳后的雏鹅弱雏较多，1～10日龄内的雏鹅死亡率较高（图10-12），剖检卵黄吸收不良（图10-13），且易继发大肠杆菌和鸭疫里氏杆菌。

【病理变化】

（1）高致病性禽流感　主要以全身的浆膜、黏膜出血为主。表现为喉头、气管、肺脏出血（图10-14、图10-15）；心冠脂肪、心外膜、心内膜有出血点（图10-16、图10-17），心肌纤维有黄白色条纹状坏死；腺胃乳头出血，腺胃与肌胃交界处、肌胃角质膜下出血（图10-18）；胸部、腹部脂肪有出血点（图10-19、图10-20）；胰腺有黄白色坏死斑点、出血或液化

图10-10　孵化后期的死胚（刁有祥　摄）

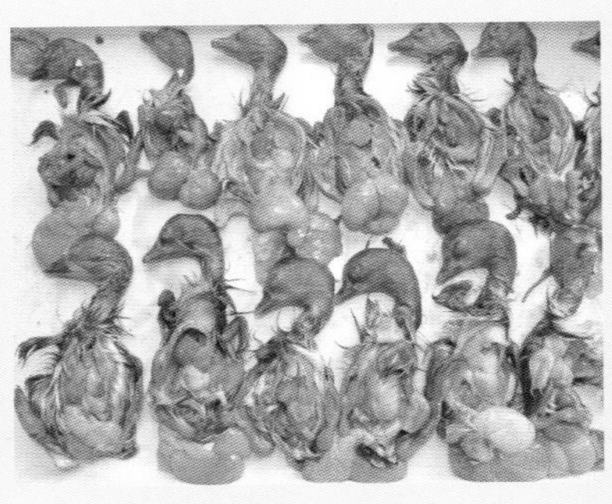

图10-11　死亡胚胎卵黄吸收不良（刁有祥　摄）

图10-12　种鹅感染流感后，致孵出的雏鹅前期死亡率高（刁有祥　摄）

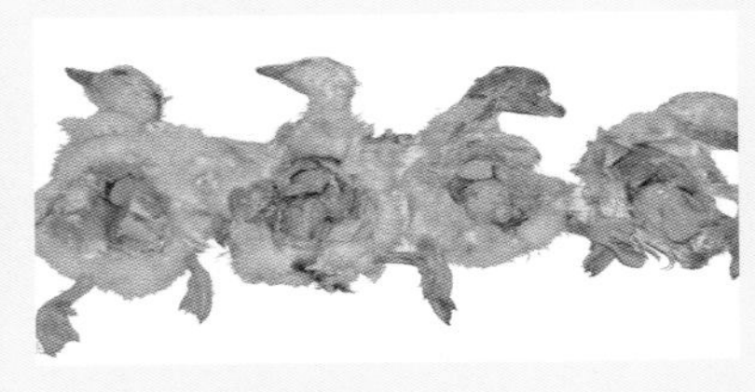

图10-13　死亡雏鹅卵黄吸收不良（刁有祥　摄）

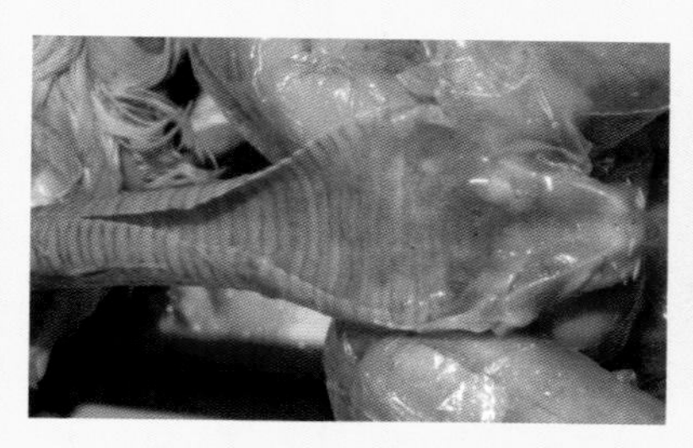

图10-14 气管、喉头出血
（刁有祥 摄）

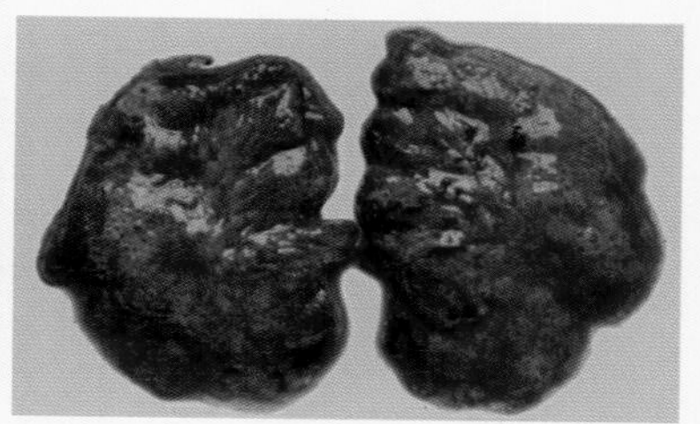

图10-15 肺脏出血、水肿
（刁有祥 摄）

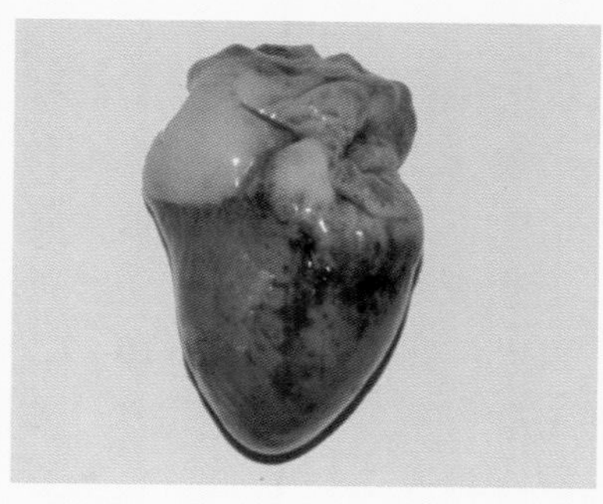

图10-16 心冠脂肪、心外膜出血
（刁有祥 摄）

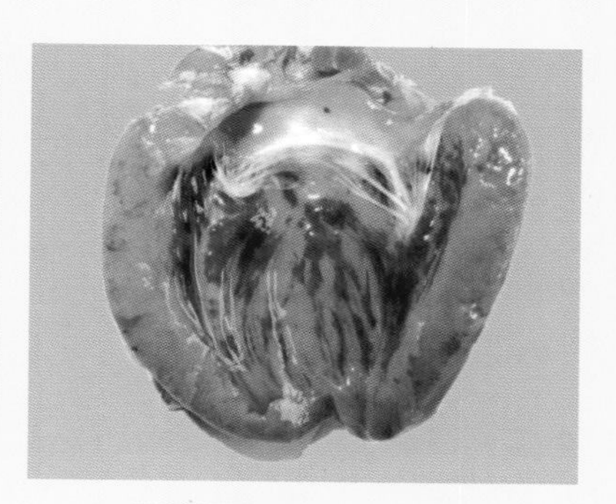

图10-17 心内膜出血
（刁有祥 摄）

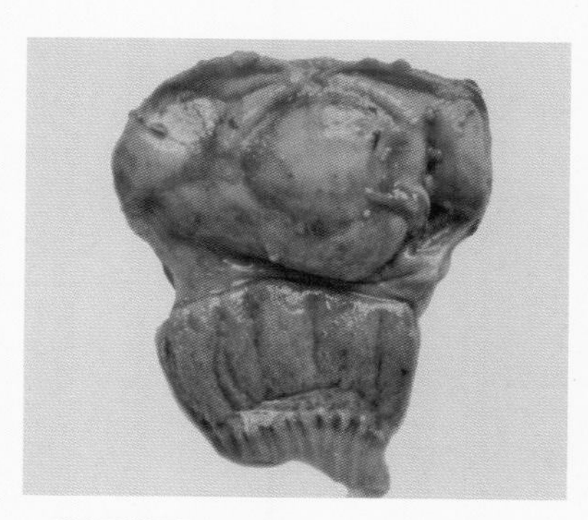

图10-18 腺胃出血，肌胃角质膜下出血（刁有祥 摄）

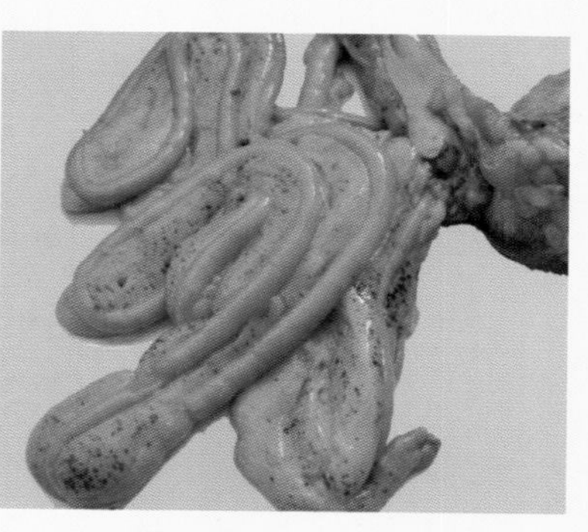

图10-19 肠系膜脂肪出血
（刁有祥 摄）

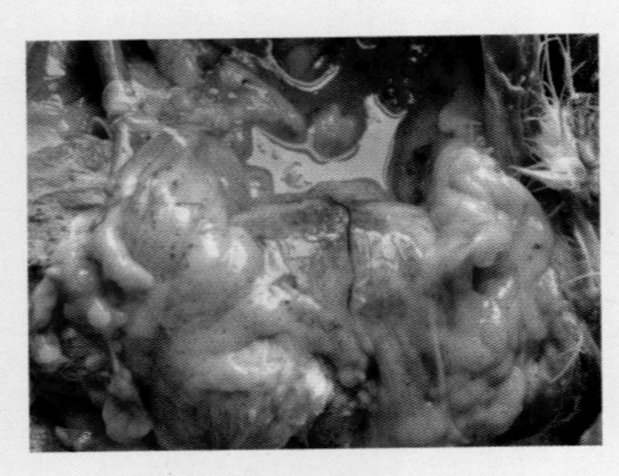

图10-20 腹腔脂肪出血
(刁有祥 摄)

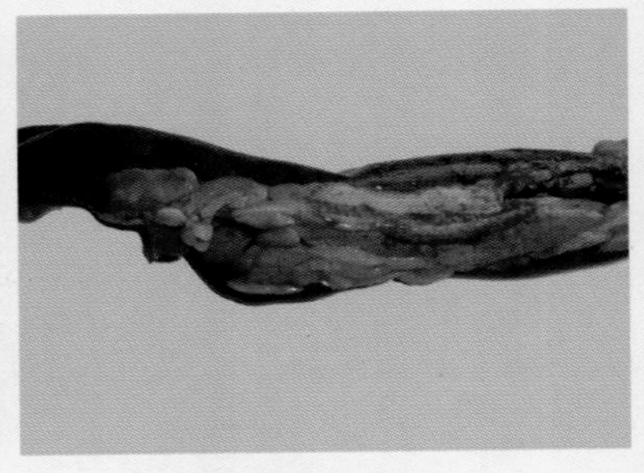

图10-21 胰腺出血
(刁有祥 摄)

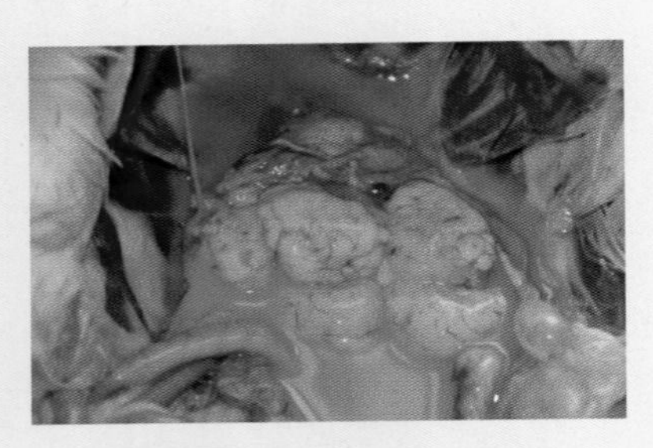

图10-22 产蛋鹅卵泡变形
(刁有祥 摄)

（图10-21）；十二指肠、盲肠扁桃体出血等。产蛋鹅卵泡出血、变形、破裂，卵黄散落到腹腔中，形成卵黄性腹膜炎，卵泡变形（图10-22）。输卵管黏膜充血、出血、水肿，管腔内有浆液性、黏液性或干酪样物渗出。

（2）低致病性禽流感 喉头、气管环出血，肺脏出血；胰腺液化、出血（图10-23）；产蛋鹅卵泡出血、变形，严重者卵泡破裂，形成卵黄性腹膜炎。输卵管黏膜水肿、充血，管腔内有浆液性、黏液性或干酪

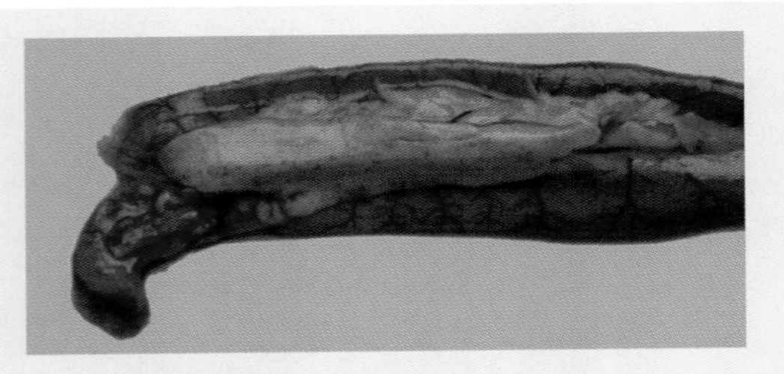

图10-23 鹅胰腺出血、液化
(刁有祥 摄)

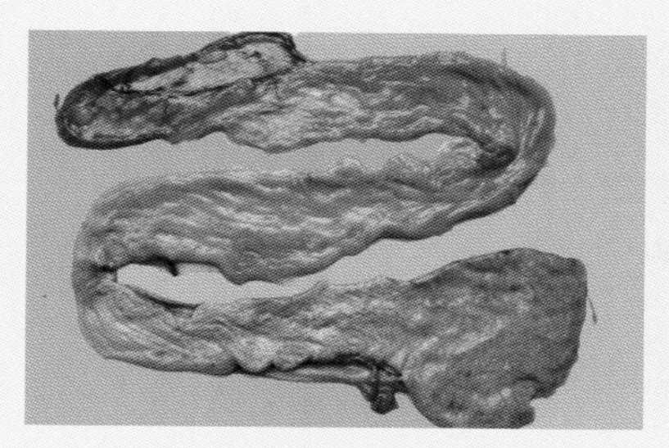

图10-24 鹅输卵管黏膜水肿（刁有祥 摄）

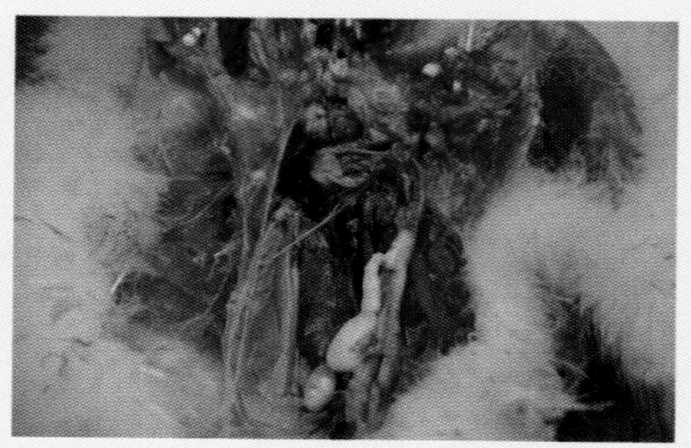

图10-25 青年鹅输卵管炎，管腔中有黄白色柱状渗出物（刁有祥 摄）

样物渗出（图10-24）。若在育成期感染禽流感，引起输卵管炎（图10-25），这种鹅开产后不产蛋。

【诊断】 根据该病的流行病学、症状、剖检变化，可以作出初步诊断。由于该病在临床特点上与很多病相似，且该病的血清型多，若要确诊，需要进行实验室诊断。

【预防】 主要采取综合性的预防措施。

（1）加强饲养管理，做好卫生消毒工作 实行全进全出的饲养管理模式，控制人员及外来车辆的出入，严格卫生和消毒制度；避免鹅群与野鸟接触，防止水源和饲料被污染；不从疫区引进雏鹅和种蛋；做好灭蝇、灭鼠工作；鹅舍周围的环境、地面等要严格消毒，饲养管理人员、技术人员消毒后才能进入禽舍。

（2）加强监督工作 加强对禽类饲养、运输、交易等活动的监督检查，落实屠宰加工、运输、储藏、销售等环节的监督，严格产地检疫和屠宰检疫，禁止经营和运输病禽及其产品。

（3）做好粪便的处理 养禽场的粪便、污物应进行堆积发酵。

（4）免疫预防 疫苗免疫是控制禽流感的措施之一。目前使用的禽流感疫苗主要有H9N2、H7N9和H5（Re-6、Re-8）灭活苗，疫苗接种后2周就能产生免疫保护力，能够抵抗该血清型的流感病毒，免疫保护力能维持10周以上。推荐免疫程序如下。

① 种鹅、蛋鹅：首免15～20日龄，每只鹅注射禽流感

H9N2、H7N9和H5灭活苗各0.3毫升；二免45～50日龄，每只鹅注射禽流感H9N2、H7N9和H5灭活苗各0.5毫升；开产前2～3周，每只鹅注射禽流感H9N2、H7N9和H5灭活苗各1.0毫升；开产后每隔2～3个月免疫一次。

② 商品肉鹅：7～8日龄，每只鹅颈部皮下注射禽流感H9N2和H5灭活苗各0.5毫升。

【治疗】

（1）高致病性禽流感　一旦发现可疑病例，应及时向当地兽医主管部门上报疫情，同时对病鹅进行隔离。一旦确诊，立即在有关部门的指导下划定疫点、疫区和受威胁区，严格封锁。扑杀疫点内所有受到感染的禽类，扑杀的和死亡的禽只以及相关产品必须做无害化处理。受威胁地区，尤其是3～5千米范围内的家禽实施紧急免疫。同时要对疫点、疫区、受威胁地区彻底消毒，消毒后21天，如受威胁地区的禽类不再出现新病例，可解除封锁。

（2）低致病性禽流感　在严密隔离的条件下，进行对症治疗，减少损失。对症治疗可采用以下方法。

① 抗病毒中药，用板蓝根、大青叶粉碎后拌料。也可用金丝桃素或黄芪多糖饮水，连用4～5天。

② 添加适当的抗菌药物，防止大肠杆菌或支原体等继发感染，如可添加环丙沙星等。

二、副黏病毒病

水禽副黏病毒病是由禽副黏病毒（即新城疫病毒）引起的一种水禽的急性病毒性传染病，不同日龄、不同品种的水禽均易感，发病率和死亡率高。

【病原】 副黏病毒属于副黏病毒科、副黏病毒亚科、腮腺炎病毒属，属于禽副黏病毒Ⅰ型。病毒粒子有囊膜，表面有纤突。

病毒存在于病禽的血液、粪便、肾、肝、脾、肺、气管等，其中脑、脾、肺中含量最高。能在多种细胞中生长繁殖，使细胞产生病变。病毒能凝集鸡、火鸡、鸭、鹅、鸽子等禽类的红细胞以及所有两栖类、爬行类动物的红细胞，因此可根据血凝-血凝抑制试验来鉴定该病毒。

病毒对热敏感；在酸性或碱性溶液中易被破坏；对乙醚、氯仿等有机溶剂敏感；对一般消毒剂的抵抗力不强，2%氢氧化钠、1%来苏儿、3%石炭酸、1%～2%的甲醛溶液中几分钟就能杀死该病毒。

【流行病学】 不同品种、不同日龄的鹅均能发病，其中雏鹅的发病率、死亡率较高，发病率一般为30%左右，死亡率10%左右，最高可达100%。传染源是病鹅、带毒鹅；呼吸道、消化道、皮肤或黏膜的损伤均可引起感染，一年四季均可发生，冬、春季节多发。

【症状】

（1）雏鹅　鹅群的日龄越小，发病率、死亡率越高，病程越短，康复越少。主要表现呼吸道和消化道症状。病鹅出现精神委顿（图10-26）、行动迟缓，流出水样鼻液、呼吸急促，甩头，眼睛中有眼泪、眼半闭，排出灰白色稀粪。病程短，一般3～5天，死亡率可

图10-26　雏鹅感染副黏病毒后精神沉郁（刁有祥　鲁爱玲　摄）

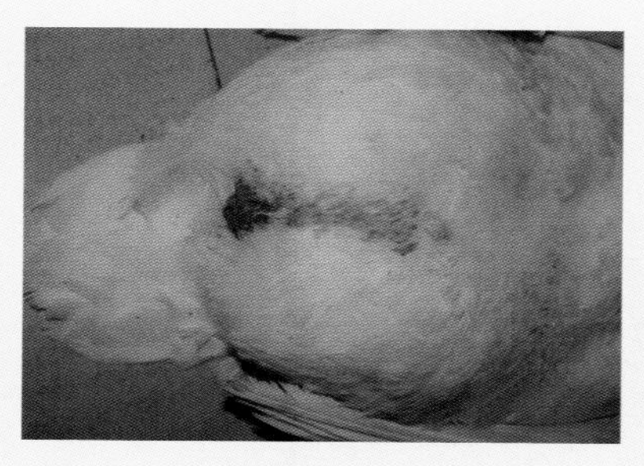

图10-27　病鹅排绿色粪便，肛门周围的羽毛被沾污（刁有祥　摄）

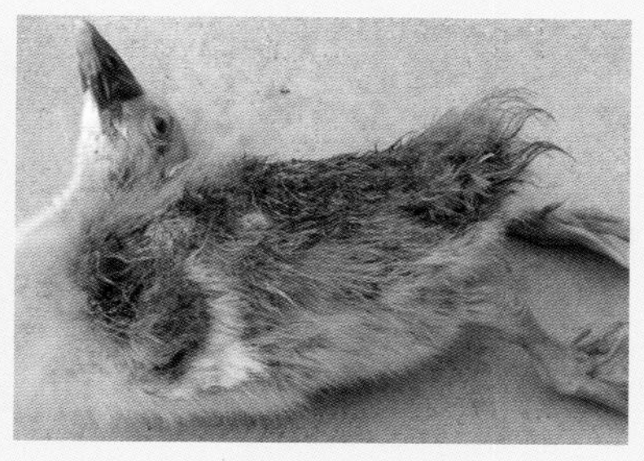

图10-28　雏鹅感染副黏病毒后出现神经症状（刁有祥　鲁爱玲　摄）

达100%。

（2）青年鹅或成年鹅 病初，排出灰白色稀粪；随着病情的发展，排出黄色、暗红色、绿色或墨绿色稀粪（图10-27）；行动无力，漂浮水面；后期病鹅出现神经症状，如扭颈、仰头或转圈（图10-28）。产蛋鹅产蛋率迅速下降，降幅达50%，持续时间约10天，之后产蛋率开始慢慢恢复。

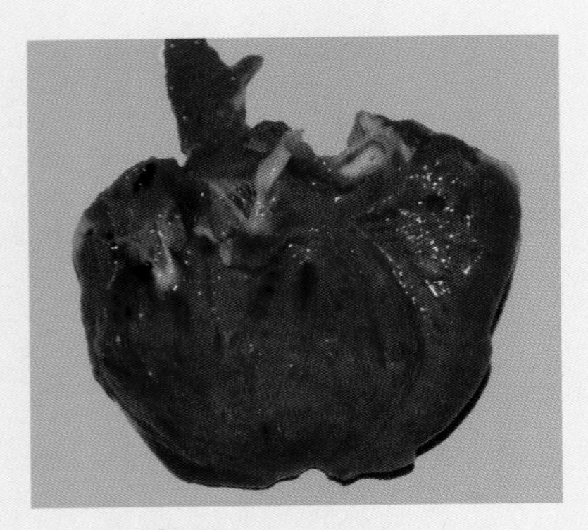

图10-29 鹅心内膜出血
（刁有祥 摄）

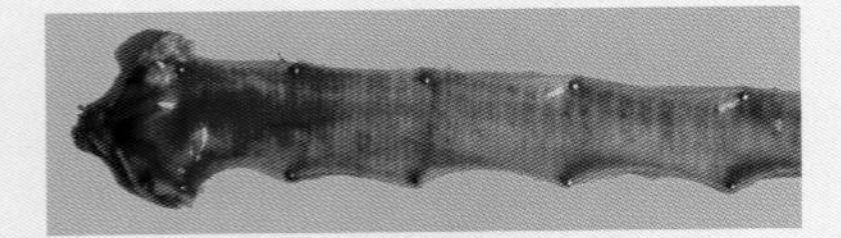

图10-30 鹅气管环出血
（刁有祥 摄）

【病理变化】 本病的主要病变是以出血为主。心冠脂肪有大小不一的出血点，心内膜出血（图10-29），心肌变性；气管环出血（图10-30）、肺脏出血（图10-31）。肝脏肿大，有白色坏死点。脾脏表面和切面都有灰白色或淡黄色的粟粒大小的坏死灶。胰脏出血，有灰白色的坏死点。腺胃出血（图10-32），肌胃角质层下出血（图10-33），有的有溃疡灶或结痂；有的鹅

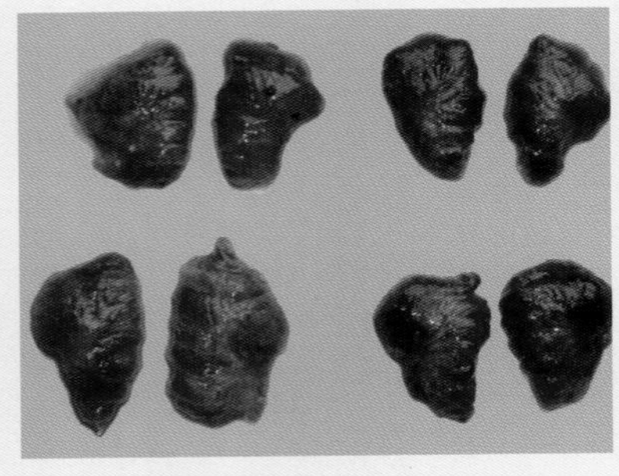

图10-31 鹅肺脏出血
（刁有祥 摄）

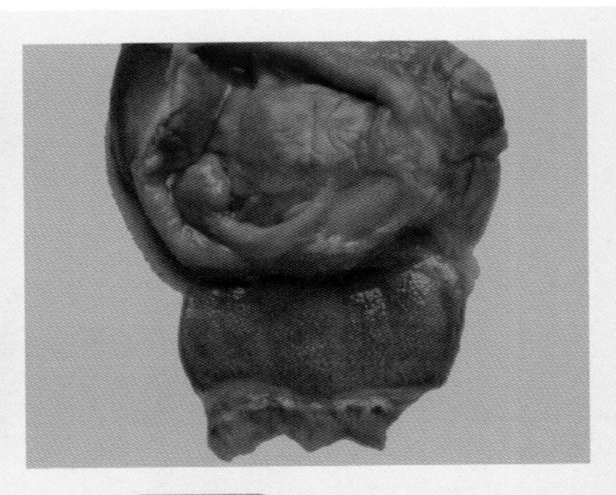

图10-32 鹅腺胃出血
（刁有祥 摄）

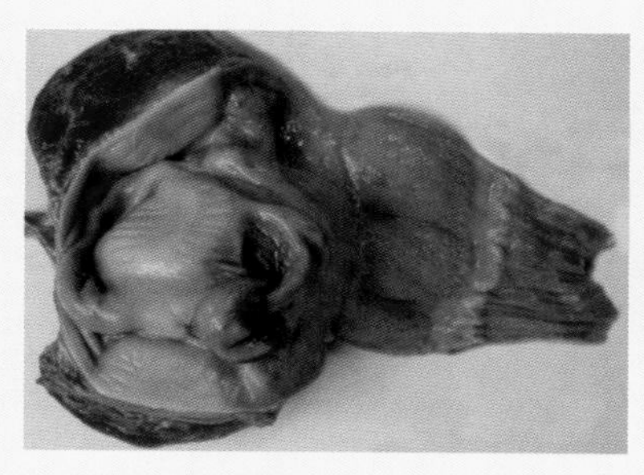

图10-33 鹅肌胃角质层下出血（刁有祥 摄）

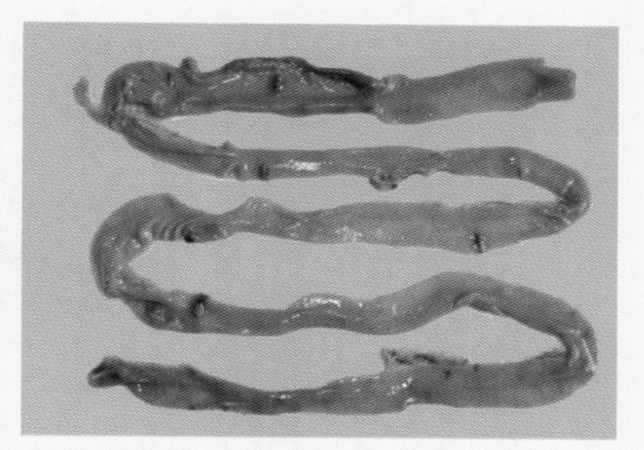

图10-34 鹅肠黏膜有大小不一的溃疡灶（刁有祥 摄）

腺胃与肌胃交界处、食管与腺胃交界处出血、溃疡。肠黏膜表面有大小不一的溃疡灶或糠麸样病变（图10-34）。产蛋鹅卵泡变形、破裂，形成卵黄性腹膜炎（图10-35）。

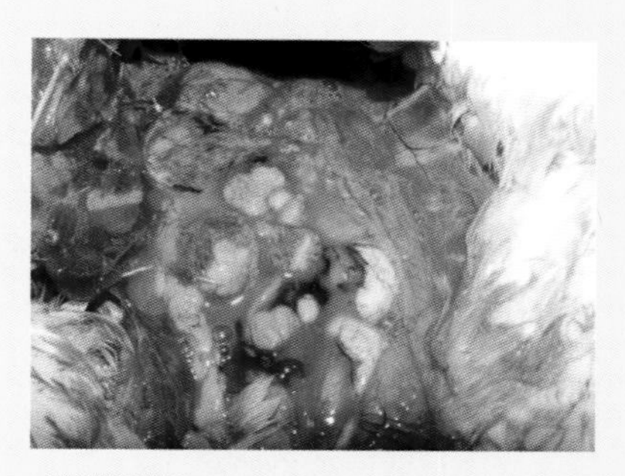

图10-35 产蛋鹅卵泡变形、破裂（刁有祥 摄）

【诊断】 根据流行病学、症状和剖检变化可以作出初步诊断。本病的症状主要是消化道症状明显，排稀粪，有的表现神经症状。病理变化特点主要是肠道出血、溃疡等。

【预防】

（1）实行严格的生物安全措施 科学选址，建立、健全卫生防疫制度及饲养管理制度。

（2）免疫接种 使用副黏病毒油乳剂灭活苗，对鹅群进行免疫。

① 种鹅的免疫 产蛋前2周，每只皮下注射或肌内注射油乳剂灭活苗0.5 ～ 1.0毫升，抗体维持半年左右。

② 雏鹅的免疫 种鹅如未免疫副粘病毒油乳剂灭活苗，其后代应在7日龄进行免疫接种，每只皮下注射或肌内注射油乳剂

灭活苗0.3 ～ 0.5毫升，接种后10天内隔离饲养。种鹅免疫过油乳剂灭活苗，其后代体内有母源抗体，可在15 ～ 20日龄进行免疫，每只皮下注射或肌内注射油乳剂灭活苗0.3 ～ 0.5毫升。首免后2个月进行2次免疫。

【治疗】 鹅群发病后可进行紧急接种，用鹅副黏病毒油乳剂灭活苗进行紧急接种试验，注射疫苗6 ～ 10天后，患病鹅群停止死亡，患病种鹅在注射疫苗后第10天就可恢复产蛋。

三、呼肠孤病毒病

禽呼肠孤病毒病是由呼肠孤病毒引起的具有多种疾病类型的疾病。雏鹅感染后可引起出血性、坏死性肝炎。

【病原】 呼肠孤病毒属于呼肠孤病毒科、正呼肠孤病毒属、禽呼肠孤病毒成员。该病毒无囊膜，病毒粒子的大小约75纳米，不凝集禽类及哺乳动物的红细胞。禽呼肠孤病毒有11个血清型，且水禽呼肠孤病毒各血清型间的抗原性密切。

病毒对热、乙醚、氯仿等有抵抗力；对2%的来苏儿、3%的甲醛有抵抗力；对2% ～ 3%氢氧化钠、70%乙醇敏感。

【流行病学】 呼肠孤病毒主要感染1 ～ 10周龄的雏鹅和仔鹅，发病率和死亡率与鹅的日龄密切相关，日龄越小，发病率、死亡率越高。发病或带毒的鹅是主要的传染源，本病主要通过呼吸道或消化道感染，也能垂直传播。

【症状】 患病雏鹅多呈急性型感染，主要表现为精神委顿（图10-36），食欲减退或废绝，羽毛蓬乱无光，体弱、消瘦，行动无力、迟缓或跛行，腹泻。常出现一侧或两侧关节肿大（图10-37）。患病仔鹅多呈亚急性或慢性

图10-36 鹅精神沉郁
（刁有祥 摄）

感染，主要表现为精神委顿，食欲减退，运动困难，不愿站立，跛行，消瘦，腹泻，关节肿大。

【病理变化】 患病雏鹅的肝脏有大小不一、散在的或弥漫性的出血斑或淡黄白色的坏死斑（图10-38）；脾脏肿大，质地较硬，表面有大小不一的坏死灶（图10-39）；胰脏出血，有灰白色坏死点。肾脏肿大出血，有针尖大小灰白色的坏死点；肠黏膜和肌胃肌层有鲜红的出血斑；关节皮下出血（图10-40），肿胀的关节腔中有红色脓性渗出物（图10-41），时间稍长的有纤维蛋白的渗出液（图10-42）。

【诊断】 根据流行病学、症状及病理变化特点可以作

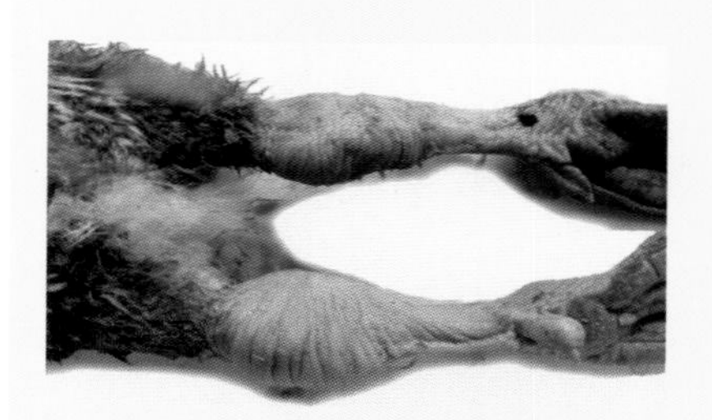

图10-37 发病鹅关节肿大（刁有祥 摄）

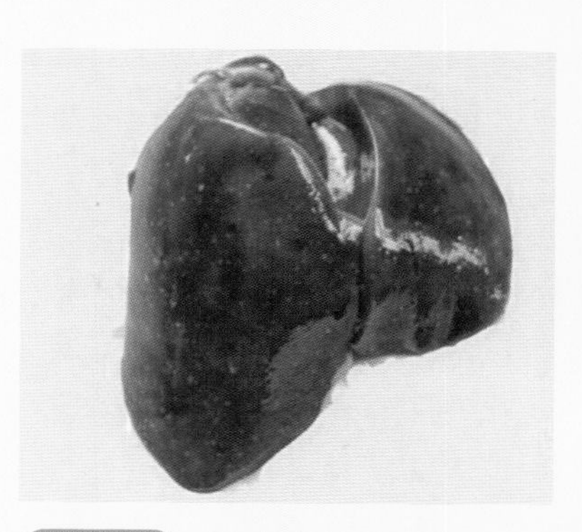

图10-38 肝脏肿大，表面有大小不一的黄白色坏死斑（刁有祥 摄）

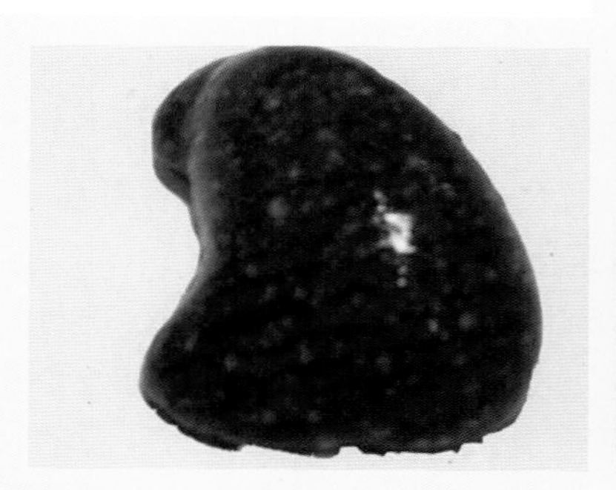

图10-39 脾脏肿大，表面有大小不一的坏死灶（刁有祥 摄）

图10-40 鹅跗关节皮下出血（刁有祥 摄）

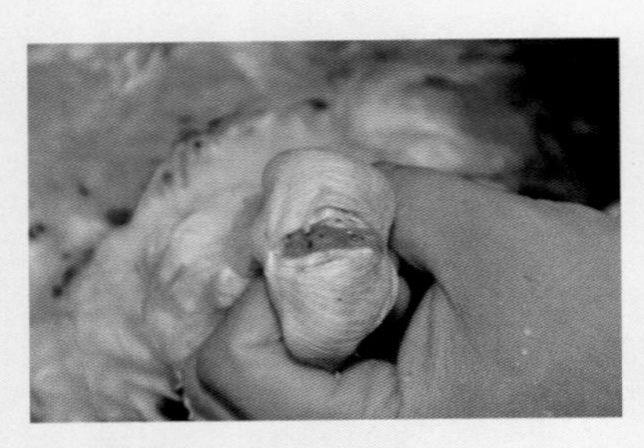

图10-41 鹅关节腔中有红色脓性渗出（刁有祥 摄）

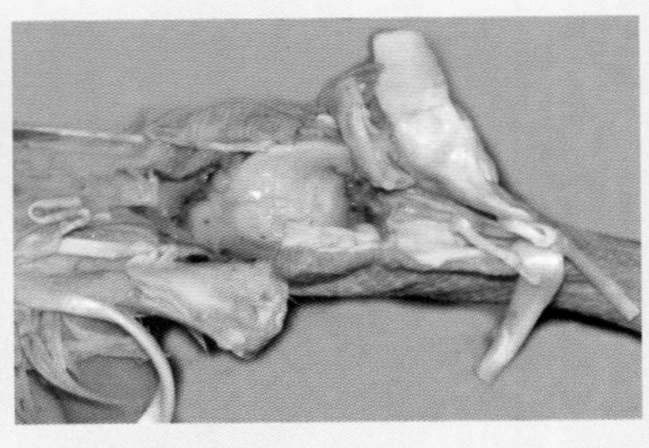

图10-42 鹅关节腔中有纤维蛋白渗出（刁有祥 摄）

出初步诊断。确诊需要进行病毒分离。

【预防】

① 采取严格的生物安全措施，加强环境的卫生消毒工作，减少污染。

② 种鹅可在开产前15天左右进行油乳剂灭活苗的免疫，既可以消除垂直传播，又可以使其后代获得较高水平的母源抗体，防止发生早期感染。若种鹅没有免疫，其后代可在10日龄左右免疫灭活疫苗。

【治疗】 对发病的鹅采用高免血清或卵黄抗体进行治疗。同时配合使用抗生素以防止继发感染。

四、小鹅瘟

小鹅瘟又称鹅细小病毒感染，是由鹅细小病毒引起初生雏鹅或雏番鸭的一种急性或亚急性传染病。目前本病已遍布于世界上许多养鹅和番鸭的国家和地区。本病传播快、发病率高、死亡率高，对养鹅业的发展造成了巨大的危害。

【病原】 小鹅瘟病毒属于细小病毒科、细小病毒属，病毒粒子呈球形或六角形，无囊膜。本病毒无血凝活性，只有一个血清型，与番鸭细小病毒存在部分共同抗原。本病毒对环境的抵抗力较强，65℃加热30分钟、56℃作用3小时其毒力无明显变化；在冷冻的状态下至少可以存活2年；能抵抗乙醚、氯仿、胰酶和pH 3.0酸性环境等。

【流行病学】 本病主要发生于20日龄以内的雏鹅，不同品种雏鹅的易感性相似。发病率和死亡率与感染雏鹅的日龄密切相关，日龄越小，发病率、死亡率高，反之日龄越大，发病率、死亡率越低。1月龄以上的雏鹅感染，死亡率为10%左右。

带毒鹅、病鹅是主要传染源。本病的传播途径主要是呼吸道和消化道，病鹅通过粪便大量排毒，污染饲料、饮水，易感雏鹅通过饮水、采食可以感染病毒。若孵化室被污染，造成出壳后的雏鹅被感染，一周内大批发病、死亡。本病的暴发多是病毒垂直传播引起的易感雏鹅群发病。本病的流行有明显的季节性，在饲养密集的孵化地区呈周期性流行，大流行后的鹅群具有免疫力，发病率和死亡率较低。

【症状】 根据病程的长短可分为最急性型、急性型和亚急性型。

（1）最急性型 多发生于1周龄以内的雏鹅，突然发病，死亡和传播快，发病率可达100％，死亡率高达95％以上。发病雏鹅精神沉郁，数小时内便出现衰弱，倒地后两腿乱划并死亡，或在昏睡中衰竭死亡。死亡的雏鹅喙和爪尖发绀。

（2）急性型 多发生于1～2周龄的雏鹅，主要表现为精神委顿（图10-43），食欲减退或废绝，饮水量增加；病雏虽能随群采食，但采食后不吞咽，随即甩出；下痢，排黄白色或黄绿色稀粪，粪便中常带有气泡、纤维素碎片或未消化的饲料；不愿走动，行动迟缓，无力，站立不稳；张口呼吸，口鼻有棕色或绿褐色浆液性分泌物流出，喙端发绀，蹼色泽变暗；临死前两腿麻痹或抽搐，头多触地。

图10-43 雏鹅精神委顿
（刁有祥 摄）

（3）亚急性型 多发生于2周龄以上的雏鹅，症状一般较轻，以食欲减退、下痢、消瘦为主要症状，少数病鹅排出的粪便表面有纤维素性伪膜覆盖。

【病理变化】 最急性型病例主要表现为肠道的急性卡他性炎症，其他组织器官的病变不明显。

急性型病例表现为全身败血性变化，全身脱水，皮下组织充血，心肌颜色苍白，肝脏肿大。特征性病变为小肠（空肠和回肠部分）出现急性卡他性-纤维素性坏死性肠炎，小肠的中下段极度膨大，质地坚实，状如香肠（图10-44），长度2 ～ 5厘米。剖开肠管，肠腔中有一条淡灰色或淡黄色的纤维素性栓子（图10-45），栓子中心是深褐色干燥的肠内容物。亚急性病例的主要病变特征是肠道内形成纤维素性栓子。

这种纤维素性栓子不与肠壁粘连，从肠管中拽出后，肠壁仍保持平整，但肠黏膜充血、出血，有的肠段出血严重（图10-46）。

【诊断】 根据本病的流行病学、临床症状和病理变

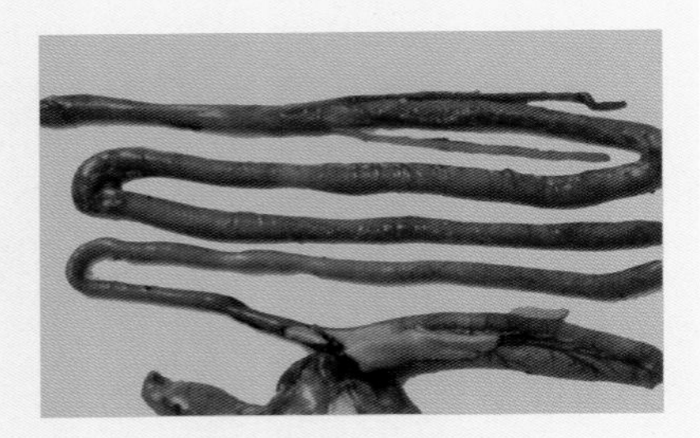

图10-44 鹅肠管肿大（刁有祥 摄）

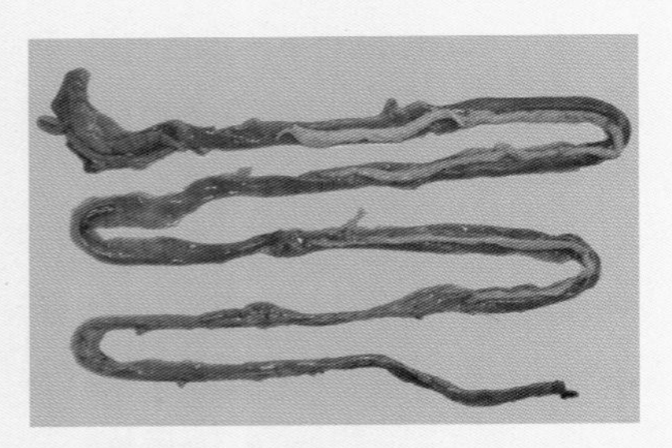

图10-45 鹅肠管中纤维素性栓子（刁有祥 摄）

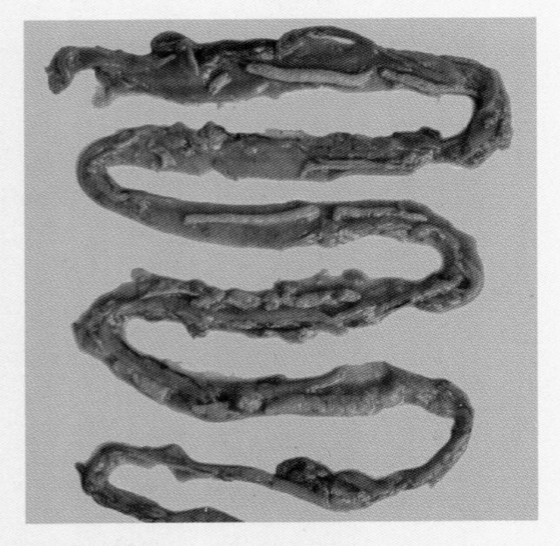

图10-46 肠黏膜出血，肠管中有纤维素性栓子（刁有祥 摄）

化特点，可以对该病作出初步诊断。确诊需要进行实验室诊断。

【预防】

（1）加强饲养管理，做好卫生消毒工作　小鹅瘟主要是通过孵化室进行传播的，孵化室中的一切用具、设备，在每次使用后必须清洗消毒。不从疫区购进种蛋及种苗；新购进的雏鹅应隔离饲养20天以上，确认无小鹅瘟发生时，才能与其他雏鹅合群。

（2）免疫预防　种鹅在开产前1个月用小鹅瘟鸭胚化弱毒疫苗进行第一次接种，2头份/只，肌内注射；15天后进行第二次接种，2～4头份/只。若种鹅未进行免疫，可对2～5日龄的雏鹅注射小鹅瘟高免血清或小鹅瘟高免卵黄液，每只皮下注射0.5～1毫升，该方法也有很好的保护效果。

【治疗】 雏鹅发病后，及早注射小鹅瘟高免血清能制止80%～90%已感染病毒的雏鹅发病。处于潜伏期的雏鹅每只注射0.5毫升；出现初期症状的注射2～3毫升，10日龄以上者可适当增加。

五、大肠杆菌病

大肠杆菌病是由某些具有致病性血清型的大肠杆菌引起的不同类型病变的疾病的总称，其特征性病变主要表现为心包炎、肝周炎、气囊炎、腹膜炎、输卵管炎、脐炎等。该病常与禽流感等并发或继发感染，对水禽养殖业造成极大的危害。

【病原】 大肠杆菌属肠道杆菌科、埃希菌属的大肠埃希菌。该菌为两端钝圆的中等杆菌，有时近球形。单独散在，不形成链或其他规则形状。有鞭毛，运动活泼，革兰染色呈阴性。本菌为需氧或兼性厌氧，对营养要求不严格，在普通培养基上生长良好，最适温度为37℃，最适pH为7.2～7.4，在15～45℃环境中均可生长。在伊红美蓝琼脂上产生紫黑色金属光泽的菌落。对氯敏感，因此，可用漂白粉作为饮水消毒。5%石炭酸、3%来苏儿等5分钟可将其杀死。对阿普霉素、新霉素、多黏菌素、头孢类药物等敏感。但本菌易产生耐药性，因此，在治疗时，应先进行药物敏感试验，选择合适的药物进行治疗。

【流行特点】 大肠杆菌是家禽肠道和环境中常在菌，在卫生条件好的养殖场，本病造成的损失较小，但在卫生条件差、通风不良、饲养管理水平较低的养殖场，可造成严重的经济损失。鹅由于环境改变或者疾病等造成机体衰弱，消化道内菌群破坏或病原菌经口腔、鼻腔或者其他途径进入机体，造成大肠杆菌在局部器官或组织内大量增殖，最终引起鹅发病。该病发生与下列因素有关：环境不卫生、饲养环境差、过高或过低的湿度或温度、饲养密度过大、通风不良、通风量过大、饲料霉变、油脂变质。此外，本病的发生还与禽慢性呼吸道病、禽流感、传染性浆膜炎、小鹅瘟、番鸭细小病毒病等疾病有关，并相互促进，由于继发感染或并发感染，导致死亡率升高。

【症状】 由于大肠杆菌侵害部位、鹅日龄等情况不同，临床表现的症状也不一致。共同症状为精神沉郁、食欲下降、羽毛粗乱、消瘦。胚胎期感染主要表现为死胚增加，尿囊液浑浊，卵黄稀薄。卵黄囊感染的雏鹅主要表现为脐炎，育雏期间精神沉郁、行动迟缓呆滞，腹泻以及泄殖腔周围沾染粪便等。成年鹅呼吸道感染后出现呼吸困难、黏膜发绀，消化道感染后出现腹泻、排绿色或黄绿色稀便。成年鹅大肠杆菌性腹膜炎多发生于产蛋高峰期之后，表现为精神沉郁、喜卧、不愿走动，行走时腹部有明显的下垂感。种（蛋）鹅生殖道型大肠杆菌病常表现为产蛋量下降或达不到产蛋高峰，出现软壳蛋、薄壳蛋等畸形蛋。开产母鹅感染大肠杆菌后，表现为精神沉郁，食欲减退，不愿行动，下水后在水面漂浮，常离群落后。肛门周围沾染污秽发臭的排泄物，排泄物中混油蛋清、凝固的蛋白或卵黄块。后期病鹅食欲废绝，失水，眼球凹陷，衰弱而亡。病程为2～6天，仅有少数能够耐过，但不能恢复产蛋。

【病理变化】 胚胎期感染大肠杆菌孵化的雏鹅可见腹部膨

胀，卵黄吸收不良以及肝脏肿大等。大肠杆菌引起的雏鹅或青年鹅败血症，以肝周炎、心包炎、气囊炎、纤维素性肺炎为特征性病变（图10-47～图10-49）。具体表现为皮肤、肌肉瘀血，肝脏肿大呈紫红色或铜绿色，部分肝组织浸染胆汁。肠黏膜弥散性充血、出血。心脏体积增大，心肌变薄。肺脏出血、水肿。

卵黄性腹膜炎多见于成年母鹅，可见腹膜增厚，腹腔内有少量淡黄色腥臭的混浊液体和干酪样渗出物，腹腔内器官表面常覆有一层淡黄色凝固的纤维素样渗出物，肠系膜互相粘连，肠浆膜上有小出血点，卵巢变形萎缩，卵黄变硬或破裂后形成大小不一的块状物，肝脏肿大，有时可见纤维素样渗出。

输卵管炎时可见输卵管肿胀，管腔中充满大小不一的黄白色渗出，输卵管黏膜出血。育成期的鹅感染大肠杆菌，常见输卵管中有柱状渗出（图10-50）。

【诊断】 临床症状和剖

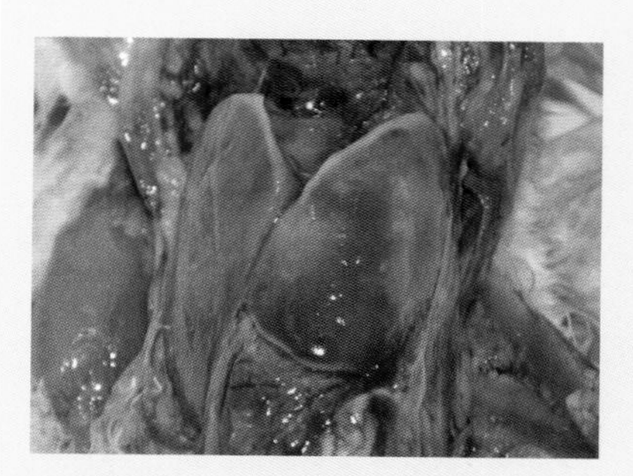

图10-47 肝脏表面有黄白色纤维蛋白渗出（刁有祥 摄）

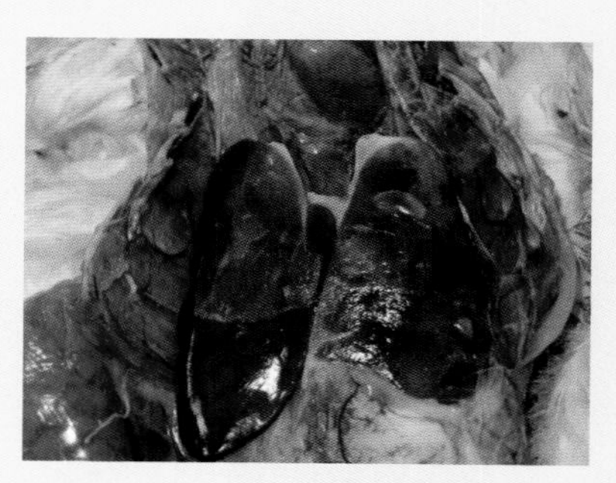

图10-48 鹅肝脏、气囊表面有黄白色纤维蛋白渗出（刁有祥 摄）

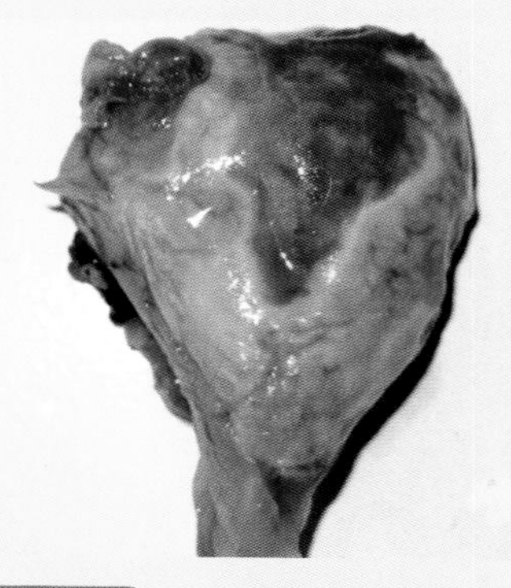

图10-49 鹅心脏表面有黄白色纤维蛋白渗出（刁有祥 摄）

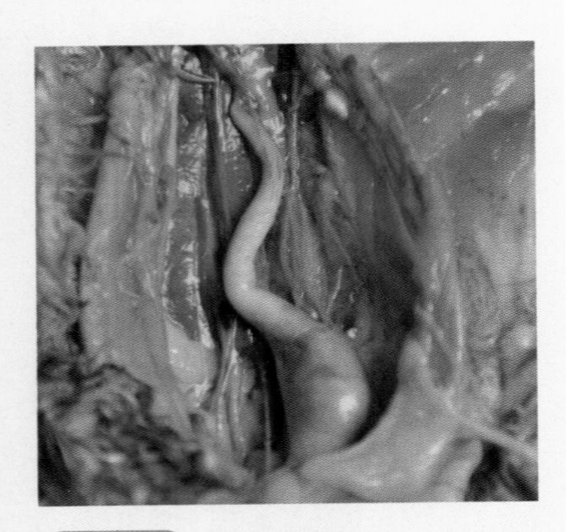

图10-50 鹅输卵管中的柱状渗出（刁有祥 摄）

检变化仅作为初步诊断，确诊需通过实验室检测进行细菌的分离鉴定。

【预防】 大肠杆菌是一种条件致病菌，预防该病的关键在于加强饲养管理，改善饲养条件，减少各种应激因素。

【治疗】 发生该病后，可以用药物进行治疗。但大肠杆菌易产生耐药性，因此，在投放治疗药物前应进行药物敏感试验，选择高敏药物进行治疗。此外，还应注意交替用药，给药时间要早，以控制早期感染和预防大群感染。安普霉素、新霉素、黏杆菌素、氧氟沙星、头孢类药物等有较好的治疗效果，可用0.01%环丙沙星饮水，连用3～5天。

六、沙门菌病

鹅沙门菌病又称为鹅副伤寒，是由多种沙门菌引起的疾病的总称。该病对雏鹅的危害较大，呈急性或亚急性经过，表现出腹泻、结膜炎、消瘦等症状。成年水禽多呈慢性或隐形感染。

【病原】 该病的病原为沙门菌中多种有鞭毛结构的细菌，最主要的为鼠伤寒沙门菌。菌体单个存在，无芽孢，能够运动。该菌抵抗力不强，对热和常用消毒药物敏感，60℃下5分钟死亡，0.005%的高锰酸钾、0.3%的来苏儿、0.2%福尔马林和3%的石炭酸溶液20分钟内即可灭活。本菌在粪便和土壤中能够长期存活达数月之久，甚至3～4年。在孵化场绒毛中的沙门菌可存活5年之久。

【流行特点】 由于本菌自然宿主广泛，包括鸡、鸭、鹅、火鸡、鹌鹑等多种禽类，猪、牛、羊等多种家畜以及鼠等，分布极为广泛，因此，该病原传播途径多、迅速。本菌不仅水平传播，亦可垂直传播，带菌鹅、种蛋等是主要的传染源。此外，禽舍较差的卫生条件和饲养管理不良能够促进该病的发生。

【症状】 根据症状可分为急性、亚急性和隐性经过。

（1）急性型　多见于3周龄内的雏鹅。一般多数于出壳数日后出现死亡，死亡数量逐渐增加，至1～3周龄达到死亡高峰。病雏表现出精神沉郁、食欲减退至废绝，不愿走动，两眼流泪或有黏性渗出物。腹泻，粪便稀薄带气泡呈黄绿色。病雏常离群张嘴呼吸，两翅下垂，呆立，嗜睡，缩颈闭眼，羽毛蓬松。体温升高至42℃以上。后期出现神经症状，颤抖、共济失调，角弓反张，全身痉挛抽搐而死。病程2～5天。

（2）亚急性型　常见于4周龄左右雏鹅和青年鹅。表现为精神萎靡不振，食欲下降，粪便细软，严重时下痢带血，消瘦，羽毛蓬松、凌乱，有些亦有气喘、关节肿胀和跛行等症状。通常死亡率不高，但在其他病毒性或细菌性疾病激发感染情况下，死亡率骤增。

（3）隐性经过型　成年鹅感染本菌多呈隐性经过，一般不表现出症状或症状较轻微，但粪便和种蛋等携带该菌，不但影响孵化率，也可能导致该病的流行。

【病理变化】 急性发病死亡鹅剖检可见卵黄囊吸收不良，肝脏肿大，呈青铜色，表面有细小的灰白色坏死点（图10-51）。胆囊肿大，肠黏膜充血呈卡他性肠炎，有点状或块状出血。气囊轻微浑浊，脾脏肿大呈紫红色，表面有大小不一的黄白色坏死点（图10-52）。心包、心外

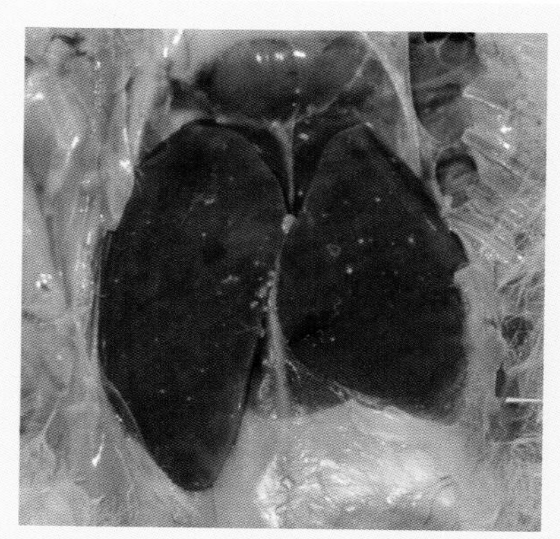

图10-51　肝脏肿大，表面有大小不一的灰白色坏死点（刁有祥 摄）

膜和心肌出现炎症等。亚急性病禽主要表现为肠黏膜坏死，带菌的种（蛋）鹅可见卵巢及输卵管变形，个别出现腹膜炎，角膜混浊，后期出现神经症状，摇头和角弓反张，全身痉挛，抽搐而死。成年鹅感染多呈慢性，表现下痢、跛行、关节肿大等症状，并成为带菌者。

图10-52 脾脏肿大，表面有大小不一的黄白色坏死点（刁有祥 摄）

【诊断】 根据发病症状、病理变化和流行病学可以作出初步诊断，确诊需进行细菌的分离鉴定。

【预防】

（1）种蛋应随时收集，蛋壳表面附有污染物（如粪便等）时不能用作种蛋，收集种蛋时人员和器具应消毒。保存时蛋与蛋之间保留空隙，防止接触性污染。种蛋储存温度为10 ～ 15℃为宜，不宜超过7天。重视孵化室和孵化器卫生管理。

（2）为防止在育雏期发生副伤寒，进入鹅舍的人员需穿着消毒处理的衣物，严防其他动物的侵入。料槽、水槽、饲料和饮水等应防止被粪便污染，每隔3天进行带鹅消毒1次。

（3）定期对鹅舍垫料、粪便、器具和泄殖腔等进行监测，同时应该定期对大群进行消毒。

【治疗】 发病时可用环丙沙星按0.01%饮水，连用3 ～ 5天；或氟甲砜霉素按0.01% ～ 0.02%拌料使用，连用4 ～ 5天。此外，新霉素、安普霉素等拌料饮水使用也有良好的治疗效果。

七、葡萄球菌病

葡萄球菌病是由金黄色葡萄球菌引起的一种急性或慢性传染病。雏鹅感染发病后呈败血症经过，常表现出化脓性关节炎、

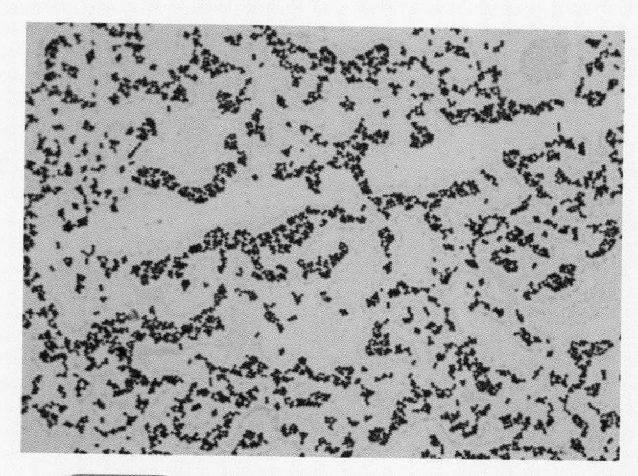

图10-53 葡萄球菌染色特点（刁有祥 摄）

皮炎、滑膜炎等特征性症状，发病率高，死亡严重。青年和成年水禽感染后多表现出关节炎。

【病原】 本病原为金黄色葡萄球菌，革兰阳性球菌。镜检为圆形或椭圆形，呈单个、成对或葡萄状排列（图10-53）。在普通琼脂培养基上可以生长，形成湿润、表面光滑、隆起的圆形菌落，不同菌株颜色不一，大多初呈灰白色，继而为金黄色、白色或柠檬色。若加入血清或全血生长情况更好，致病性菌株在血液琼脂板上能够形成明显的溶血环。本菌抵抗力较强，在干燥的结痂中可存活数月之久，60℃ 30分钟以上或煮沸可杀死该菌。3%～5%的石炭酸溶液5～15分钟内可杀死该菌。

【流行病学】 金黄色葡萄球菌在自然界中广泛分布，如空气、地面、动物体表、粪便等。鸡、鸭、鹅、猪、牛、羊等和人均可感染本菌，该病没有明显的季节性，一年四季均可发生。鹅对葡萄球菌的易感性与表皮或黏膜创伤的有无、机体抵抗力强弱、葡萄球菌污染严重程度和养殖环境密切相关。创伤是主要感染途径，也可以通过消化道和呼吸道传播。此外，雏鹅可通过脐孔感染，引起脐炎。管理不良也是该病发生的诱因，如拥挤、通风不良、饲料单一、缺乏维生素及矿物质等。

【症状】 根据家禽感染程度和部位可分为以下几种症状。

（1）急性败血型　主要感染仔鹅，表现为精神萎靡，鹅食欲减退至废绝，下痢，粪便呈灰绿色，胸、翅、腿部皮下出血，羽毛脱落。有时在胸部龙骨处出现浆液性滑膜炎。一般发病2～5天后死亡。

（2）脐炎型　常发生于1周龄内雏鹅。由于某些因素，新出壳雏禽脐孔闭合不全，葡萄球菌感染后引起脐炎。病禽表现出腹部膨大，脐孔发炎，局部呈黄色、紫黑色，质地稍硬，流脓性分泌物，味臭，脐炎病雏常在出壳后2～5天内死亡。

（3）关节炎型　常发生于成年个体，病鹅可见多个关节肿胀，尤其是跗、趾关节，呈紫红色或紫黑色（图10-54）。表现跛行，不愿走动，卧地不起，因采食困难，逐渐消瘦，最后衰弱而亡。有时在龙骨处发生浆液性滑膜炎。鹅感染葡萄球菌后多以关节炎型为主。

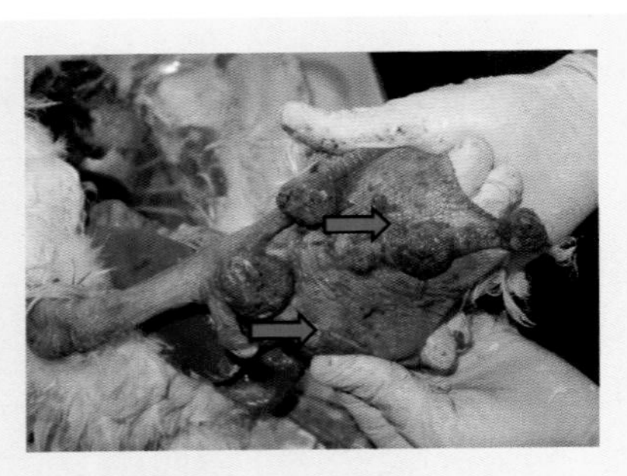

图10-54　鹅关节肿胀，增生
（刁有祥　摄）

【病理变化】 临床症状不同的病禽，其剖检变化也不一样。

（1）急性败血型　病死鹅胸、腹部皮肤呈紫黑色或浅绿色浮肿，皮下充血、溶血，积有大量胶胨样粉红色或黄红色黏液（图10-55），手触有波动感。胸部和腿内侧偶见条纹状或点状出血，病程久者还可见变性坏死。肝

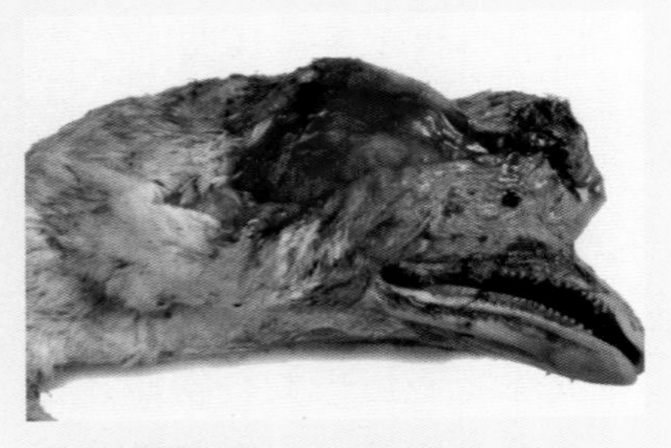

图10-55　皮下有紫红色渗出
（刁有祥　摄）

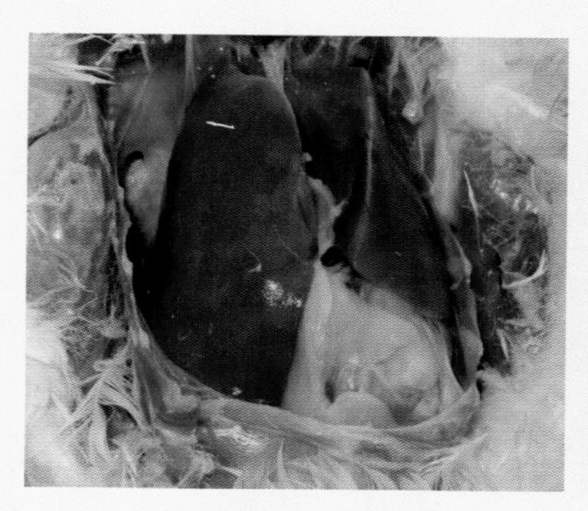

图10-56 肝脏肿大
（刁有祥 摄）

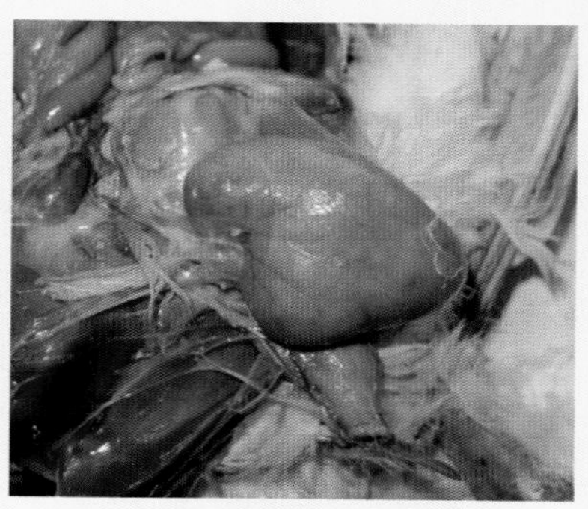

图10-57 脾脏肿大
（刁有祥 摄）

脏肿大，呈紫红色或紫黑色（图10-56）。肾脏肿大，输尿管中充满白色尿酸盐结晶。脾脏肿大呈紫黑色（图10-57）。心包积液，心外膜和心冠脂肪出血。腹腔内有腹水或纤维样渗出物。

（2）脐炎型　卵黄囊吸收不良，呈绿色或褐色。腹腔内器官呈灰黄色，脐孔皮下局部有胶胨样渗出。肝脏表面常有出血点。

（3）关节炎型　关节肿大，滑膜增厚、充血或出血，关节囊内有浆液或黄色脓样或纤维素样渗出物。病程长的形成干酪样坏死，甚至关节周围结缔组织增生或畸形。

【诊断】 根据发病症状、病理变化和流行病学可以进行初步诊断，进一步确诊需要结合实验室检查进行综合诊断。可取病死鹅心、肝、脾或关节囊渗出物进行细菌分离鉴定。

【预防】

（1）加强饲养管理　饲料中要保证合适的营养物质，特别是要提供充足的维生素和矿物质等，保持良好的通风和湿度，合理的养殖密度，避免拥挤。及时清除禽舍和运动场中的尖锐物，避免外伤造成葡萄球菌感染。

（2）注意严格消毒　做好鹅舍、运动场、器具和饲养环境的清洁、卫生和消毒工作，以减少和消除传染源，降低感染风险，可采用0.03%过氧乙酸定期带鹅消毒，加强孵化人员和设备的消毒工作，保证种蛋清洁，减少粪便污染，做好育雏保温工作；疫苗免疫接种时做好针头的消毒。

（3）加强对发病群体的管理　一旦发生葡萄球菌病，要立即对鹅舍、器具、运动场等进行严格的消毒，以杀灭环境中的病原，同时将病鹅隔离饲养，病死鹅及时无害化处理。

【治疗】 头孢噻呋按15毫克/千克体重注射，每天1次，连用3天；或复方泰乐菌素2毫克/升饮水，连用3～5天，有较好的治疗效果。

八、禽霍乱

禽霍乱又称禽出血性败血病或禽巴氏杆菌病，是鹅的一种急性败血性传染病。本病的特征是急性败血症，排黄绿色稀便，发病率和死亡率都很高，浆膜和黏膜上有小出血点，肝脏上布满灰黄色点状坏死灶。是严重危害养鹅业的传染病。

【病原】 本病的病原是多杀性巴氏杆菌，革兰阴性，无鞭毛、不运动，镜检为单个、成对偶见链状或丝状的小球杆菌。在组织抹片或新分离培养物中的细菌用姬姆萨、瑞氏、美蓝染色，可见菌体呈两极浓染（图10-58）。本菌抵抗力不强，在干燥空气中2～3天死亡，60℃下20分钟可被杀死。在血液中保持毒力6～10天，禽舍内可存活1个月之久。本菌自溶，在无菌蒸馏水或生理盐水中迅速死亡。3%石炭酸1分钟，0.5%～1%的氢氧化钠、漂白粉，以及2%的来苏儿、福尔马林几分钟内使本菌失活。

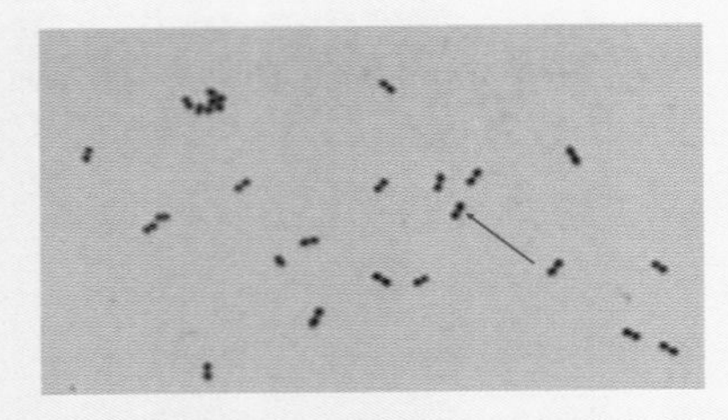

图10-58　多杀性巴氏杆菌染色特点，两极着色（刁有祥 摄）

【流行病学】 本菌对鹅、鸭、火鸡等多种家禽均具有较强的致病力，主要引起各种家禽发生出血性败血症或传染性肺炎。各日龄的禽均可感染发病，患病禽是本病的主要传染源。病禽粪便、分泌物中含有大量的病原菌，可以通过污染饲料、饮水、器具、场地等使健康水禽发病。本病无明显季节性，但冷热交替、天气变化时易发，在秋季或秋冬之交流行较为严重。呈散发性或地方性流行。鹅群一旦感染本病发病率高，数天内大批死亡。成年鹅经长途运输，抗病能力下降，也易发该病。此外，鹅舍中蚊虫叮咬、野生动物闯入、饲养管理不善、寄生虫感染、营养缺乏等因素，均可促使该病的发生和流行。

【症状】 按照病程长短和严重程度，本病可分为最急性、急性和慢性三种病型。

（1）最急性型　常发生于该病流行初期，鹅群无任何临床症状的情况下，常有个别突然死亡，例如在奔跑、交配、产蛋等。有时见晚间大群饮食正常，次日清晨发现死亡鹅。

（2）急性型　发病急，死亡快，出现症状后数小时至2天内死亡。病鹅采食量减少，精神沉郁，不愿下水游动，羽毛松乱，体温升高，饮水增多。蛋（种）鹅产蛋量下降。也有病鹅呼吸困难，气喘，甩头。口、鼻常流出白色黏液或泡沫。病鹅腹泻下痢，排稀薄的黄绿色粪便，有时带有血便，腥臭难闻。病程为2～3天，很快死亡，死亡率高达50%甚至以上。

（3）慢性型　病鹅消瘦，腹泻，有关节炎症状的，关节肿胀、化脓、跛行。死亡率低，但对鹅的生产性能影响较大。

【病理变化】

（1）最急性型　常见不到明显的变化，或仅表现为心外膜或心冠脂肪有针尖大小的出血点，肝脏有大小不一的坏死点。

（2）急性型　肝脏肿大，呈土黄色或灰黄色，质地脆弱，表面散在大量针尖状出血点和坏死灶（图10-59），脾脏肿大。心外膜和心冠脂肪上有大小不一的出血点，心内膜出血（图10-60、图10-61）。心包积液增多，呈淡黄色透明状，有时可见纤维素样絮状物。气管环出血（图10-62），肺脏充血、出血、水肿（图10-63），或有纤维素渗出物。胆囊肿大，肠道黏膜充血、出血（图10-64），部分肠段呈卡他性炎症，盲肠黏膜溃疡。

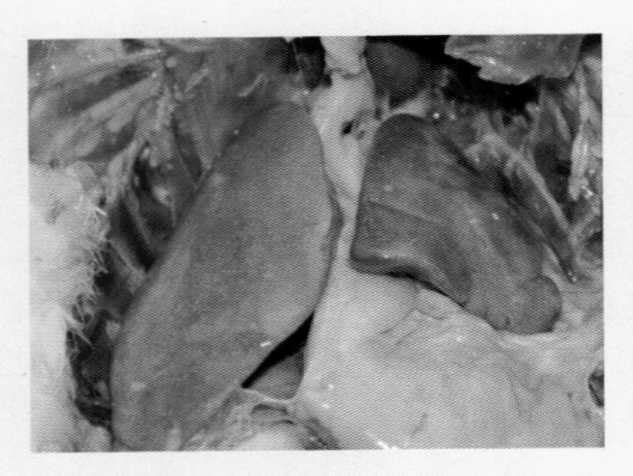

图10-59 肝脏肿大，表面有大小不一的黄白色坏死灶（刁有祥 摄）

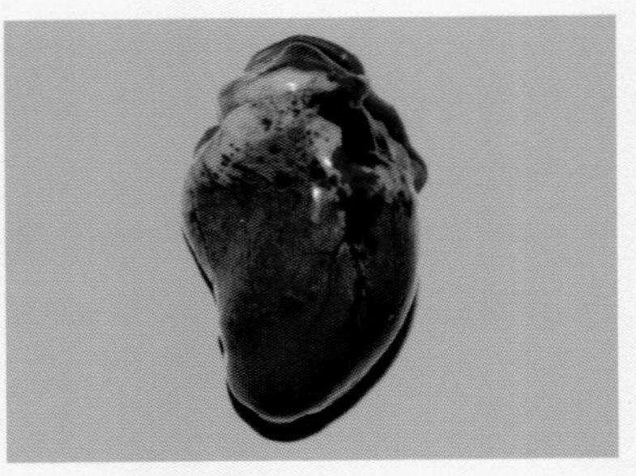

图10-60 心冠脂肪出血（刁有祥 摄）

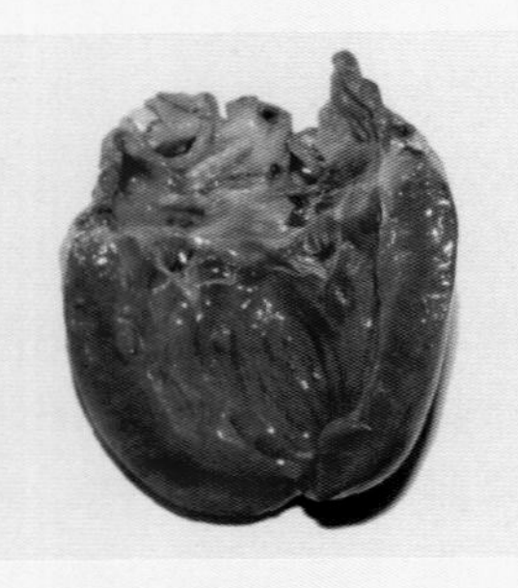

图10-61 心内膜出血（刁有祥 摄）

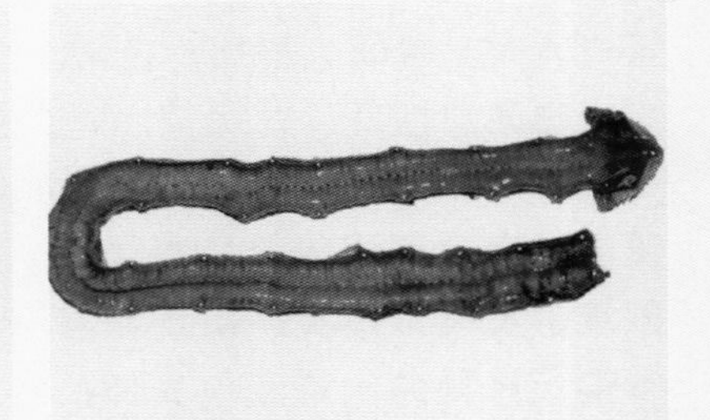

图10-62 气管环出血（刁有祥 摄）

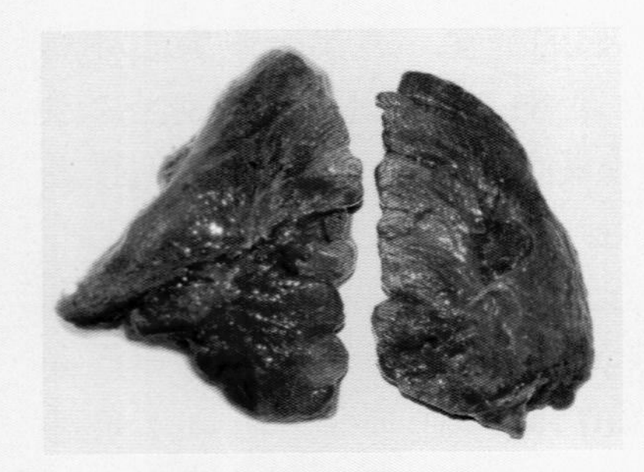

图10-63 肺脏出血（刁有祥 摄）

图10-64 肠黏膜弥漫性出血（刁有祥 摄）

（3）慢性型　因病原菌侵害部位不同而表现的病变不同。侵害呼吸系统的，可见鼻腔、鼻窦以及气管内有卡他性炎症，其内脏特征性病变是纤维素性坏死性肺炎。侵害关节的病例中，可见一侧或两侧的关节肿大、变形，关节腔内还有暗红色脓样或干酪样纤维素性渗出物。

【诊断】 根据流行病学、发病症状和剖检变化可作出初步诊断，但确诊还需要进行病原的分离和鉴定来综合判定。

【预防】 由于本病多呈散发或地区性流行。因此，在一些本病常发地区或发生过该病的养殖场，应定期进行免疫预防接种。

（1）油乳佐剂灭活苗　用于2月龄及以上鹅群，按照1毫升/羽皮下注射，能获得良好的免疫效果，保护期为6个月。

（2）禽霍乱氢氧化铝甲醛灭活苗　2月龄以上的鹅群按照2毫升/羽肌内注射，隔10天加强免疫一次，免疫期为3个月。

（3）弱毒疫苗　通过不同途径对一些流行菌株进行致弱获得疫苗株，优点是免疫原性好，血清型之间交叉保护力较好，最佳免疫途径为气雾或饮水。

【治疗】 青霉素、链霉素各2万单位/千克体重肌内注射，每天2次，连用3～4天，效果较好；或按照15毫克/千克体重肌内注射，连用3天；0.01%的环丙沙星饮水，连用3～5天。

九、传染性浆膜炎

传染性浆膜炎又称鸭疫里默氏菌感染或鸭疫里默氏菌病，是由鸭疫里默氏菌引起仔鹅急性或慢性传染病。近几年，随着我国水禽养殖集约化、规模化的发展，该病在我国水禽养殖地区日趋严重。本病主要侵害2～7周龄的仔鹅，特征性病变为纤维素性心包炎、肝周炎、气囊炎、关节炎以及输卵管炎等。

【病原】 本病的病原是鸭疫里默氏菌，目前为止共发现有21个血清型，1型、2型、6型、10型是目前我国大多地区主要流行的血清型。本菌是一种革兰阴性菌，不运动，无芽孢，呈单个、成对排列，偶见丝状排列。瑞氏染色后，大多数细菌呈两极浓染。绝大多数鸭疫里默氏菌在37℃或室温条件下于培养基上存活3～4天，2～8℃下液体培养基中可存活2～3天，55℃下培养12～16小时即可失活。在自来水和垫料中可存活13天和27天。本菌对多种抗生素药物敏感。

【流行病学】 各种品种、各个日龄的鹅均易感，尤其以2～3周龄的仔鹅最为易感。本病在鹅群中感染率和发病率都很高，有时可达90%甚至以上，死亡率为5%～80%。本病无明显的季节性，一年四季均可发生，但冬、春季节发病率相对较高。本病主要经呼吸道或皮肤伤口感染。育雏密度过高，垫料潮湿污秽和反复使用，通风不良，饲养环境卫生条件不佳，育雏地面粗糙导致雏禽脚掌擦伤而感染；饲养管理粗放，饲料中蛋白质水平、维生素或某些微量元素含量过低也易造成该病的发生和流行。此外，其他疫病的发生亦经常并发或继发该病，如禽流感。

【症状】 根据病程和症状，可分为最急性型、急性型、亚急性型和慢性经过。

（1）最急性型　本病在仔鹅群中发病很急，常因受到应激刺激后突然发病，看不到任何明显症状就很快死亡。

（2）急性型　患禽表现为精神沉郁，离群独处，食欲减退至废绝，体温升高，闭眼并急促呼吸，眼、鼻中流出黏液，眼睑污秽，出现明显的神经症状，摇头或嘴角触地，缩颈，运动失调，少数患禽出现跛行或卧地不起，排黄绿色恶臭稀便。随着病程延长，部分患鹅鼻腔和鼻窦内充满干酪样物质，患鹅摇头、点头或呈角弓反张状态，两脚作前后摆动，不久便抽搐而亡。

（3）亚急性型和慢性经过型　该型多数发生于日龄较大的鹅，病程长达1周左右，主要表现为精神沉郁，食欲减退，伏地不起或不愿走动、常伴有神经症状，摇头摆尾，前仰后合，头颈震颤。遇到其他应激时，不断鸣叫，颈部扭曲，发育严重受阻，最后衰竭而亡。该病的死亡率与饲养管理水平和应激因素密切相关。

【病理变化】 特征性病变为全身广泛性纤维素性炎症。心包内可见淡黄色液体或纤维素样渗出物，心包膜与心外膜粘连。肝脏肿大，表面常覆有一层灰白色或灰黄色纤维素样膜状物，易剥离，肝脏呈土黄色或红褐色（图10-65）。胆囊肿大，充满胆汁。气囊浑浊，壁增厚，覆有大量的纤维素样或干酪样渗出物，以颈胸气囊最为明显。脾脏肿大瘀血，表面覆有白色或灰白色纤维素样薄膜，外观呈大理石状。肺脏充血、出血（图10-66），表面覆盖一层纤维素样灰黄色或白灰色薄膜。肾脏充血肿大，实质较脆，手触易碎。个别病例出现输卵管炎，输卵管膨大，管腔内积有黄色纤维素样物质。表现出神经症状的死亡患禽剖检可见纤维素样脑膜炎，脑膜充血、出血。

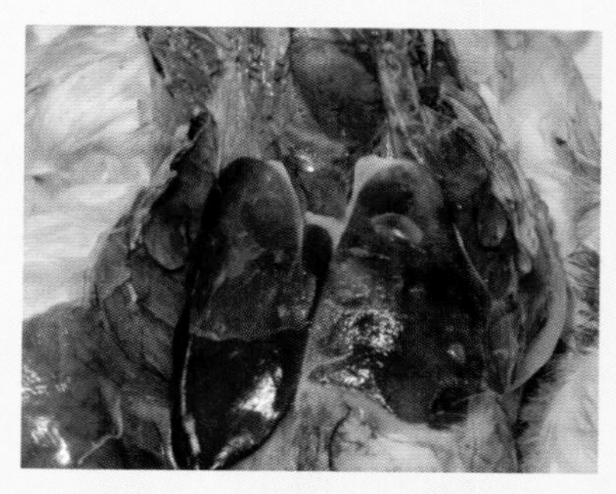

图10-65 鹅肝脏、气囊表面有白色纤维蛋白渗出 （刁有祥 摄）

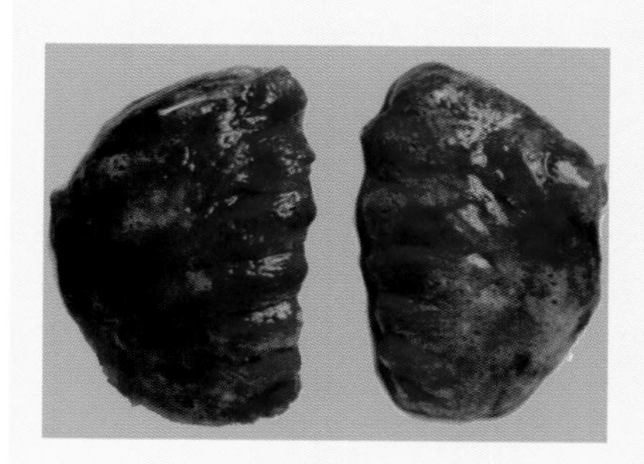

图10-66 肺脏出血 （刁有祥 摄）

慢性或亚急性病例可见趾关节、跗关节一侧或两侧肿大，关节腔积液，手触有波动感，剖开可见大量液体流出。

【诊断】 根据流行病学、症状、病理变化等可作出初步诊断，但确诊还需要通过实验室诊断。

【预防】

（1）加强饲养管理 采取“全进全出”的饲养管理制度。

由于该病的发生、流行与环境卫生条件和天气变化有密切的关系，因此，改善饲养管理条件和禽舍及运动场环境卫生是最重要的预防措施。清除地面的尖锐物和铁丝等，防止脚部受到损伤；育雏期间保证良好的温度、通风条件；定期清洗料槽、饮水器等，定期消毒。

（2）疫苗接种　疫苗接种是预防该病的有效措施，目前常用的传染性浆膜炎疫苗主要有油乳剂灭活苗、蜂胶灭活苗、铝胶灭活苗以及鸭疫里默氏菌/大肠杆菌二联苗和组织灭活苗等。多于4～7日龄颈部皮下注射鸭疫里氏杆菌-大肠杆菌油乳剂灭活二联苗；蛋鹅于10日龄左右按照0.2～0.5毫升/羽肌内注射或皮下注射灭活疫苗，2周后按照0.5～1毫升/羽进行二免；父母代种鹅可于产蛋前进行二免，并于二免后5～6个月进行第三次免疫，以提高子代仔鹅的母源抗体水平。

【治疗】 饲料中添加0.01%的环丙沙星，连用3天，效果较好；硫酸新霉素按照0.01%～0.02%饮水，连用3天，用药前禁水1小时。此外，头孢类药物均具有良好的治疗效果。

十、坏死性肠炎

坏死性肠炎是鹅的一种消化道疾病。该病以体质衰弱、食欲降低、突然死亡为特征性症状，病变特征为肠黏膜坏死（故称烂肠病）。该病在种鹅场中发生极为普遍，对养鹅业影响较大。

【病原】 本病的病原为产气荚膜梭状芽孢杆菌，革兰染色阳性，两头钝圆的兼性厌氧的短杆菌，没有鞭毛，不能运动。在自然界中缓慢形成芽孢，该菌芽孢抵抗能力较强，在90℃处理30分钟或100℃处理5分钟死亡，食物中的菌株芽孢可耐煮沸1～3小时。健康鹅群的肠道中以及发病养殖场中的粪便、器具等均可分离到该菌，其致病性与环境和机体的状态密切相关。

【流行病学】 鹅、鸭、鸡均能感染，粪便、土壤、污染的饲料、垫料以及家禽肠内容物中均含有该菌，带菌禽和耐过禽均为该病的重要传染源。该病主要经过消化道感染或由于机体免疫功能下降导致肠道中菌群失调而发病。球虫感染及肠黏膜损伤是引起或促进本病发生的重要因素。

【症状】 鹅患病后，精神沉郁，在大群中常被孤立或因踩踏而造成头部、背部和翅羽毛脱落。食欲减退至废绝，腹泻，排红色稀便，常呈急性死亡。

【病理变化】 病变主要在小肠后段，肠管增粗，尤其是回肠和空肠部分，肠壁变薄、扩张。严重者可见整个空肠和回肠充满血样液体，病变呈弥漫性，十二指肠黏膜出血（图10-67）。病程后期肠内充满恶臭气体，空肠和回肠黏膜增厚，表面覆有一层黄绿色或灰白色伪膜（图10-68）。个别病例气管有黏液，喉头出血。肝脏肿大呈土黄色，表面有大小不一的黄白色坏死斑，脾脏肿大，呈紫黑色。

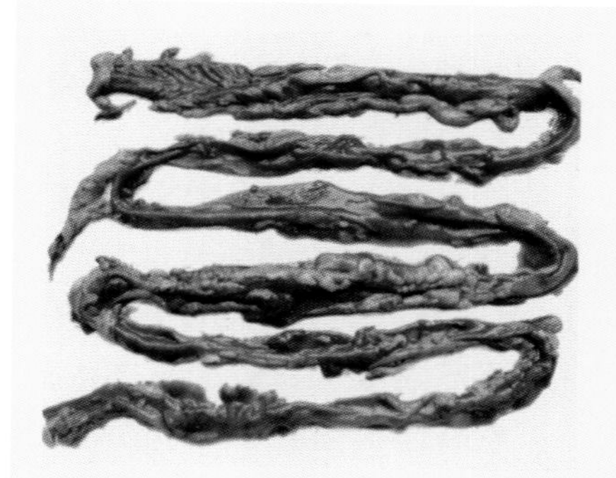

图10-67 肠黏膜弥漫性出血（刁有祥 摄）

【诊断】 临床上可根据症状及典型的剖检变化及组织学病变作出初步诊断。进一步确诊还需要进行实验室诊断。

【预防】 由于产气荚膜梭菌为条件性致病菌，因此，预防该病的主要措施是加强饲养管理，改善鹅舍卫生条件，严格消毒，在多雨和湿热季节应适当增加消毒次数。发现病禽后应立即隔离饲养并进行治疗。适当调节日粮中蛋白质含量，避免使用劣

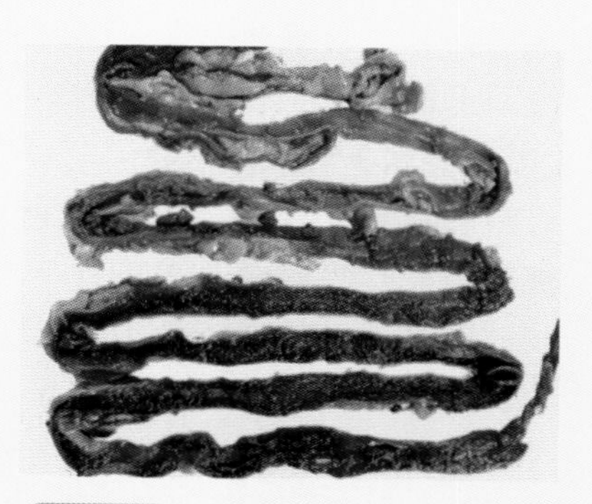

图10-68 肠黏膜出血，表面有纤维蛋白渗出（刁有祥 摄）

质的骨粉、鱼粉等。此外，一些酶制剂和微生态制剂等有助于预防该病的发生。

【治疗】 多种抗生素如多黏菌素、新霉素、泰乐霉素、林可霉素、环丙沙星、恩诺沙星及头孢类药物对该病均有良好的治疗效果和预防作用。

十一、渗出性败血症

鹅渗出性败血症又称鹅流行性感冒、鹅肿头症和鹅红眼病，是鹅尤其是雏鹅的一种急性传染病。临床特征表现为头颈摇摆，呼吸困难，鼻腔流出大量分泌物。该病具有发病率高、死亡率高的特点，是严重危害养鹅业的重要传染病之一。

【病原】 该病的病原为败血志贺氏菌，亦称鹅渗出性败血杆菌，是革兰阴性短杆菌，多呈球杆状，有时呈短链状。无芽孢、不运动。本菌为兼性厌氧菌，最适生长温度为37℃，最适培养基为巧克力琼脂平板，在含5%～10%二氧化碳环境中生长良好。本菌对一般消毒剂敏感，56℃ 5分钟即可杀死本菌。

【流行病学】 本病仅发生于鹅，对其他禽类没有致病性。各个日龄和品种的鹅均可感染发病，但以1月龄内尤其是20日龄以内的雏鹅最为易感，成年鹅发病率极低。该病主要由于病原菌污染饲料或饮水经消化道传播，同时也可经呼吸道传播。本病在春、秋季节多发。天气骤变、雏鹅受寒或长途运输等应激因素均可促进本病的发生。

【症状】 本病的潜伏期较短，感染后数小时内即可发病。患鹅体温升高，精神萎靡，食欲减退，羽毛松乱，缩颈伏地，流眼泪，呼吸困难，严重者甚至张口呼吸，鼻腔不断流出大量浆液性黏液。随着病程的延长，鼻腔内分泌物的刺激和硬化造成机械堵塞而导致鹅呼吸困难，患鹅不断摇头甩颈，努力甩出鼻腔内黏液和干酪样物质。病程后期，患鹅头颈震颤，站立不稳，严重者两脚麻痹，不能站立，死亡之前多出现下痢症状。

【病理变化】 主要病变特征为皮下组织出血。眼结膜和瞬膜充血、出血。鼻腔内有浆液性或黏液性分泌物，喉头、鼻窦、气管、支气管内有明显的纤维薄膜增生，常伴有黄色半透明的黏液，肺、气囊内有纤维素样分泌物；心内膜、心外膜出血或瘀血，浆液性纤维素性心包炎。肝、脾、肾脏瘀血或肿大，有的脾脏表面散在一些粟粒大小灰白色坏死灶；胆囊肿大；肠黏膜充血、出血。雏鹅法氏囊出血。蛋鹅卵巢呈菜花样病变；头部肿大的病例可见头部及下颌皮下呈胶胨样水肿。

【诊断】 本病的诊断可以根据症状和剖检变化作出初步诊断。但进一步确诊还需要结合实验室诊断。

【预防】 加强对鹅群的饲养管理，保证合理的饲养密度，避免因密度过大而造成疫病发生。保持禽舍内良好的通风，鹅舍及运动场的干燥和卫生清洁。雏鹅群要注意鹅舍的防寒保温措施，防止因气温变化而造成的鹅群机体抵抗力下降导致一些条件性病原菌的侵害而发病。饲料的配比要合理，垫料和饮水应保持清洁卫生。在一些发病地区，可在饲料和饮水中添加一定比例的抗生素预防该病。

【治疗】 一旦发生该病，应迅速采取严格措施对患鹅进行隔离，对鹅舍和运动场进行紧急消毒。对于小型鹅群发生该病，应及时采取扑灭等措施。

患鹅可采取以下多种方案进行治疗，按照2万～3万单位/羽青霉素肌内注射雏鹅，每天2次，连用2～3天。0.01%的环丙沙星饮水，连用3～4天。

十二、曲霉菌病

曲霉菌病是发生在多种禽类和哺乳动物身上的一种真菌性疾病，以呼吸困难以及肺和气囊形成小结节为主要特征。本病主要发生于雏禽，发病率高，发病后多呈急性经过，造成大批雏禽死亡，给养禽业造成较大的经济损失。

【病原】 引起鹅发生曲霉菌病的病原主要为黄曲霉、烟曲霉和黑曲霉。烟曲霉的繁殖菌丝呈圆柱状，色泽由绿色、暗绿

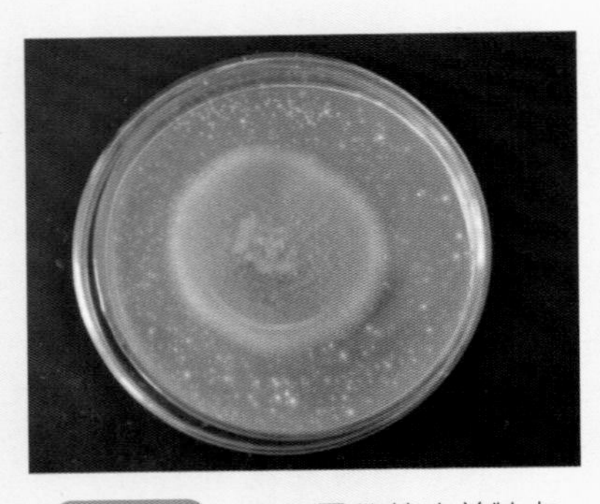

图10-69 烟曲霉菌落培养特点
（刁有祥 摄）

色至熏烟色（图10-69）。本菌在沙氏葡萄糖琼脂培养基上生长迅速，初为白色绒毛状，之后变为深绿色或绿色，随着培养时间的延长，最终为接近黑色绒状。黄曲霉菌落为扁平状，初期略带黄色，然后变为黄绿色，久之颜色变暗。黑曲霉分生孢子呈球状，褐黑色。菌落蔓延迅速，初为白色，后变成鲜黄色直至黑色厚绒状。

曲霉菌孢子抵抗力很强，煮沸后5分钟才能杀死，一般消毒剂需要1～3小时才能杀死孢子。一般的抗生素和化学药物不敏感。制霉菌素、两性霉素、碘化钾、硫酸铜等对本菌具有一定的抑制作用。

【流行病学】 曲霉菌和其产生的孢子在自然界中分布广泛，雏鹅通过接触发霉的垫料、饲料、用具或一些农作物秸秆等经呼吸道或消化道而感染，也可经皮肤伤口感染。雏鹅感染后多呈群发性和急性经过，成年鹅仅为散发。出壳后的雏鹅进入被曲霉菌污染的育雏室，48小时后即开始发病死亡，4～12日龄是发病高峰期，之后逐渐降低，至1月龄基本停止死亡。饲养管理和卫生条件不良是本病暴发的主要原因。育雏室日夜温差较大，通风不良，饲养密度过大和阴暗潮湿等因素，均可促进本病的发生和流行。此外，在孵化室中孵化器污染严重时，霉菌可透过蛋壳而使胚胎感染，刚孵化的雏鹅很快出现呼吸困难等症状而迅速死亡。目前在推广使用生物发酵床养殖，若发酵床霉变，则极易发生曲霉菌感染。

【症状】 急性病例患鹅可见精神萎靡，不愿走动，多卧伏，食欲废绝，羽毛松乱无光泽，呼吸急促，常见张口呼吸，鼻腔常流出浆液性分泌物，腹泻，迅速消瘦，通常在出现症状后2～5天内死亡。慢性病例病程较长，患鹅呼吸困难，伸颈呼吸，食欲减退甚至废绝，饮欲增加，迅速消瘦，体温升高，后期表现为腹泻。常离群独处，闭眼昏睡，精神萎靡，羽毛松乱（图10-70）。部分雏鹅出现神经症状，表现为摇头，共济失调，头颈无规则扭转以及腿、翅麻痹等。病原侵害眼时，结膜充血、肿眼、眼睑封闭，严重者失明。病程约为1周，若不及时治疗，死亡率可高达50%甚至以上。成年鹅发生本病时多呈慢性经过，死亡率较低。产蛋鹅感染主要表现出产蛋下降甚至停产，病程可长达数周。

图10-70 发病鹅精神沉郁（刁有祥 摄）

【病理变化】 肺部病变最为常见，肺、气囊和胸腔浆膜上有针尖至粟粒大小的结节（图10-71），多呈中间凹陷的圆盘状，灰白色、黄白色或淡黄色，切面可见干酪样内容物。肺脏可见多个结节而使肺组织质实变（图10-72），弹性消失。此外，鼻、喉、气管和支气管黏膜充血，有浅灰色渗出物。肝脏瘀血和脂

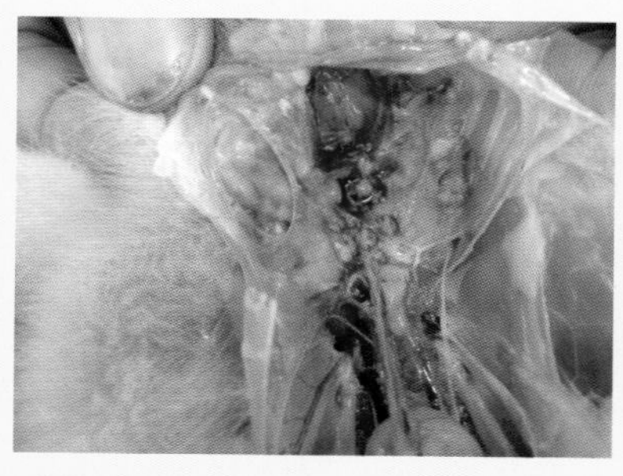

图10-71 鹅肺脏表面大小不一的霉菌结节（一）（刁有祥 摄）

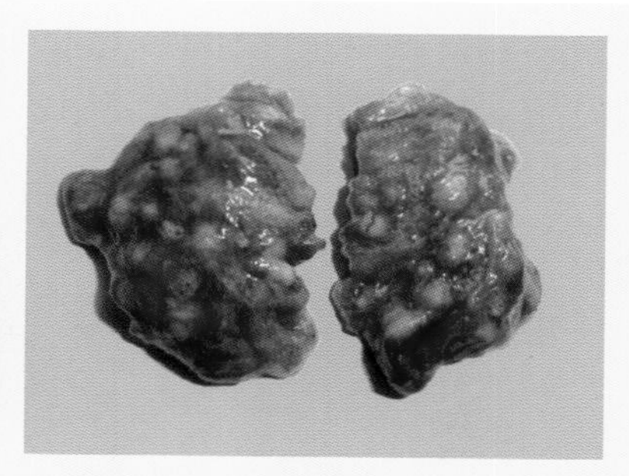

图10-72 鹅肺脏表面大小不一的霉菌结节（二）（刁有祥 摄）

防变性。严重的在鼻腔、喉、气管、胸腔腹膜可见灰绿色或浅黄色霉菌斑（图10-73）。脑炎型病例在脑的表面有界限清楚的黄白色坏死。

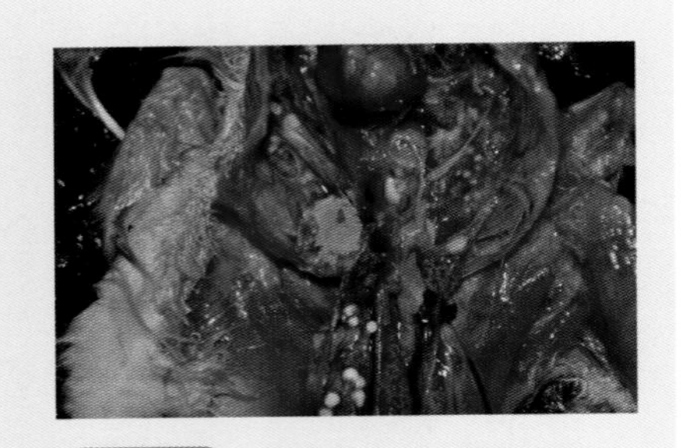

图10-73 鹅腹腔中的霉菌结节及气囊中成团的霉菌（刁有祥 摄）

【诊断】 根据流行特点结合该病特征性病变，肺和气囊等部位出现黄白色结节等可作出初步诊断，但进一步确诊还要进行实验室诊断。

【预防】

（1）加强饲养管理，搞好环境卫生 选用干净的谷壳、秸秆等作垫料。垫料要经常翻晒，阴雨天时注意更换垫料，防止霉菌的滋生。饲料要存放在干燥仓库，避免无序堆放造成局部湿度过大而发霉。育雏室应注意通风换气和卫生消毒，保持室内干燥、整洁。育雏期间要保持合理的密度，做好防寒保温工作，避免昼夜温差过大。

（2）饲料中添加防霉剂 包括多种有机酸，如丙酸、醋酸、山梨酸、苯甲酸等。我国长江流域和华南地区，在梅雨季节要特别注意垫料和饲料的霉变情况，一旦发现，立即处理。

【治疗】 制霉菌素等具有一定的治疗效果。喷雾或制霉菌素拌料，雏鹅按照5000～8000单位/千克体重，成年鹅按照2万～4万单位/千克体重使用，每天2次，连用3～5天。也可用0.5%的硫酸铜溶液饮水，连用2～3天。5～10克碘化钾溶于1升水中，饮水，连用3～4天。

十三、念珠菌病

念珠菌病是指由白色念珠菌引起的一种消化道真菌病，鹅念珠菌病又称为鹅口疮或霉菌性口炎。主要特征是上消化道（如口腔、咽、食管等）黏膜上有乳白色的伪膜或溃疡。本菌多侵害雏禽，该病多发生于鹅。

【病原】 白色念珠菌为一种酵母样真菌，兼性厌氧，革兰染色为阳性（图10-74），但内部着色不均匀。在病变组织、渗出物和普通培养基上产生芽孢和假菌丝，不形成有性孢子。在沙氏琼脂培养基上，37℃培养24 ～ 48小时，形成白色、奶油状、凸起的菌落。本菌能发酵葡萄糖、麦芽糖产酸产气，不发酵乳糖。明胶穿刺出现短绒毛状或树枝状旁支，但不液化培养基。

【流行病学】 白色念珠菌是念珠菌属中的致病菌，广泛存在于自然界，常寄生于健康畜禽和人的口腔、上呼吸道和消化道黏膜上，是一种条件致病菌。当出现机体营养不良，抵抗力下降，饲料配比不当，消化道正常菌群失调，维生素缺乏，免疫抑制剂以及其他应激因素，会导致机体内微生态平衡遭到破坏，容易引起发病。本病多由于白色念珠菌污染的饮水或饲料被水禽误食，消化道黏膜有损伤而造成病原的侵入。鹅群之间不直接传播。但本病可通过蛋壳传播，发病率和死亡率都很高。本病主要见于6周龄以内的雏鹅和其他雏禽，人也可以感染。成年鹅发生该病，主要是长期使用抗生素致使机体抵抗力下降而继发感染。

【症状】 该病无特征性的症状，患禽生长发育不良，精神萎靡，羽毛粗乱。食欲减退，消化功能障碍。雏鹅病例多表现出呼吸困难，气喘。一旦全身感染，食欲废绝后2天左右死亡。

【病理变化】 剖检可见病变多位于上消化道（如口腔和食管等），黏膜增厚，表面形成灰白色、隆起的溃疡病灶，形似散落的凝固牛乳，黏膜表面常见假膜性斑块和易刮落的坏死物质，剥离后

图10-74 白色念珠菌染色特点（刁有祥 摄）

图10-75　食道黏膜表面有一层黄白色伪膜（一）（刁有祥 摄）

图10-76　食道黏膜表面有一层黄白色伪膜（二）（刁有祥 摄）

图10-77　食道黏膜表面有一层黄白色伪膜（三）（刁有祥 摄）

黏膜面光滑（图10-75～图10-77）。口腔黏膜表面常形成黄色、干酪样的典型“鹅口疮”。偶见腺胃黏膜肿胀、出血，表面覆有黏液性或坏死性渗出物，肌胃角质层糜烂。

【诊断】 根据患鹅上消化道黏膜的伪膜和溃疡病灶，可以作出初步诊断。确诊需进行实验室诊断。

【预防】 首先要加强饲养管理，改善卫生条件。本病的发生和环境卫生有密切关系。因此要确保鹅舍通风良好、环境干燥，控制合理的饲养密度。也要注意避免长期使用抗生素，以防止消化道菌群失调而造成二次感染。育雏期间应适当补充多种维生素。加强消毒，在饲料中适当添加制霉菌素或饮水中添加硫酸铜。

【治疗】 一旦发生该病，可采用以下方案进行治疗。每千克饲料中添加0.22克制霉菌素拌料使用，连用5～7天。按照1克克霉唑用于100羽雏鹅拌料，连用5～7天。1：2000硫酸铜饮水，连用5天。对于病情严重病例，可轻轻剥去口腔伪膜，涂碘甘油。

第二节　鹅寄生虫病防治

一、球虫病

鹅球虫病是由不同属球虫寄生于肠道或肾脏引起的一种急性寄生虫病，该病可造成雏鹅大批发病和死亡，耐过鹅生长缓慢，生产性能下降，对鹅危害较大。

【病原】 鹅球虫病共有15种。其中，截形艾美尔球虫致病力最强，寄生于肾脏肾小管上皮细胞；其余14种均寄生于肠道，致病力不等。有些球虫单独感染不引起发病，但多种混合感染时可造成严重发病。

【流行病学】 鹅球虫的发育史与鸡球虫相似，通过摄入饲料或饮水、鹅舍以及运动场中的孢子化卵囊后而感染发病。某些昆虫和养殖人员均可以成为球虫的传播者。各个日龄的鹅均有易感性，幼龄鹅较为易感，感染率和发病率均较高，但死亡率较低。成年鹅多为隐性感染，是本病的重要传染源。此外，一些野生水禽也是该病的传染源。球虫卵囊对自然界各种不利因素的抵抗力较强，在土壤中可保持活力达86周之久，一般消毒剂不能杀死卵囊，但冰冻、日光照射和孵化器中的干燥环境对卵囊具有抑制和杀灭作用。而26～32℃的潮湿环境有利于卵囊发育。饲养管理不良（如卫生条件恶劣、鹅舍潮湿、密度过大等因素）极易造成该病的发生。此外，一些细菌、病毒或寄生虫感染以及饲料中维生素A、维生素K的缺乏也可以促进本病的发生。该病具有明显的季节性，一般以6～9月高温多雨季节多发，其他时间零星散发。

【症状】 患肾球虫病的雏鹅常呈急性经过，表现为精神萎靡、食欲减退、两翅下垂，消瘦，腹泻，排白色稀粪，常见颈扭转贴于背部，一般于发病后1～2天内死亡。

肠球虫病症状与肾球虫病相似，但消化道症状明显，头部左右轻摇或微微震颤，流涎，食管膨大部充满液体，排红色或褐色血便，严重者衰竭而亡。症状较轻的患鹅可耐过，但发育不良，生长缓慢，长期带虫，成为本病的传染源。

【病理变化】 肾球虫病患鹅可见肾脏肿大，呈浅灰黑色或暗红色，表面有出血斑和针尖大小的灰白色病灶或条纹状出血。灰白色病灶中含有尿酸沉积物和大量卵囊。肠球虫病患鹅可见小肠肿胀，呈现出血性卡他性炎症，尤其以小肠中段和下段最为严重，肠内充满稀薄的红褐色内容物（图10-78），肠壁上有时出现大的白色结节或纤维素性坏死性肠炎。

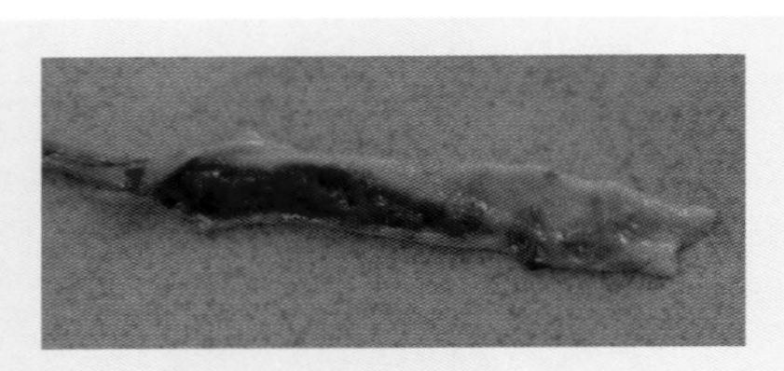

图10-78 鹅球虫病，肠道中充满红色内容物（刁有祥 摄）

【诊断】 鹅群中携带球虫现象较为普遍，所以不能仅根据粪便中有无卵囊作出诊断。应该结合症状、流行病学、病理变化和病原检查综合判断是否为球虫感染。

【预防】 目前尚没有针对鹅球虫的疫苗。加强饲养管理，鹅舍应经常打扫、消毒，保持干燥清洁。患鹅和耐过鹅应及时隔离治疗，防止该病的传播。

【治疗】 磺胺间六甲氧嘧啶（SMM）按照0.1%拌料，或复方磺胺间六甲氧嘧啶（SMM+TMP，1 ∶ 5）按照0.02% ～ 0.04%拌料，连用5天后，停用3天，再连用5天。磺胺甲基异噁唑（SMZ）按照0.1%拌料，或复方磺胺甲基异噁唑（SMZ+TMP，1 ∶ 5）按照0.02% ～ 0.04%拌料，连用7天后，停用3天，再用3天。

二、毛滴虫病

鹅毛滴虫病是由鹅毛滴虫引起的一种鹅原虫病，本病主要侵害雏鹅，其他日龄的鹅也可感染发病，鸭较少发病。

【病原】 鹅毛滴虫，虫体呈梨形或长圆形，具有四根典型的起源于前段毛基本体的游离鞭毛，沿着发育很好的波状膜边缘长出第五根鞭毛，一直延伸至虫体的后缘以外，长度往往为虫体的2～3倍，具有活泼的运动性，在培养基上能够良好生长。主要通过消化道感染，不同日龄的各种鹅均可感染。虫体主要寄生于鹅的消化道、呼吸道和生殖道的上皮样细胞，肝等器官的实质细胞也可以作为虫体的寄生细胞。

【流行病学】 患鹅是本病的主要传染源，鸭、啮齿类动物和昆虫也可以传播本病。当鹅的上消化道黏膜受损时，更易感染该病。在流行地区的鹅群，有近半的成年鹅轻度感染耐过后而成为传播者。本病多发于春、秋季节，雏鹅易感性高于成年鹅。该病的发病率不高，但发病雏鹅的死亡率较高，甚至高达50%。

【症状】 本病的潜伏期为6～15天，鹅通过摄入被毛滴虫污染的饲料和饮水后经过5～8天出现症状，一般雏鹅多呈急性型，成年鹅多呈慢性型。急性型患鹅体温升高，精神沉郁，食欲减退或废绝，随后出现跛行，行走困难，蜷缩成团，卧地不起，反复吞咽并伴有呼吸困难。腹泻，排淡黄色稀粪，体重显著减轻，食管膨大部扩张。部分病例眼流泪，口腔和喉头黏膜充血，可见米粒大小的淡黄色结节。患鹅常因败血症而死亡。慢性型病例消瘦，绒毛脱落，生长缓慢，发育受阻，在头颈部或腹部出现无毛区域，口腔黏膜常积有干酪样物质导致嘴角的干酪化，使鹅张口困难。

【病理变化】 剖检可见肠黏膜卡他性炎症，盲肠黏膜肿胀、充血，并有凝乳状物质。急性病例在口腔、喉头有淡黄色小结节，有的患鹅可见食管溃疡、穿孔。若仅为上消化道或上呼吸道感染，部分病例可形成疤痕而康复。若侵害内脏（如肝、肠道、肺等），可见坏死性肠炎和肝炎，肝脏肿大呈褐色或土黄色，被膜覆有大小不一的白色坏死灶。母鹅输卵管发炎，蛋滞留在输卵管中，蛋壳表面呈黑色，内容物腐败，输卵管黏膜坏死，管腔内积有暗灰色脓样渗出物，卵泡全部变形。

【诊断】 诊断该病需要结合症状、剖检变化进行综合判定。此外，确诊需要通过涂片观察虫体，也可以通过虫体的分离鉴定进行确诊。

【预防】 预防该病主要通过加强饲养管理，做好禽舍和运动场的清洁工作。此外，雏鹅和成年鹅应该隔离饲养，并定期检疫，一旦发现阳性患鹅，应及时隔离治疗。

【治疗】 一旦发生该病，应积极进行治疗。可按照0.05克/千克体重将水溶的阿的平或氨基阿的平逐羽饲喂，24小时后再次喂服一次，连用7天。0.05%的硫酸铜溶液饮水，要适量，防止出现饮用过量。

三、绦虫病

寄生于鹅肠道内的绦虫种类较多，其中最主要的是矛形剑带绦虫和皱褶绦虫。绦虫均寄生于鹅的小肠内，尤其是十二指肠。大量虫体增殖可造成患禽贫血、下痢、产蛋下降甚至停产。

【病原】 绦虫病的病原主要是矛形剑带绦虫和皱褶绦虫。矛形剑带绦虫虫体为乳白色，形似矛头，由20～40个节片组成，头节细小，附有4个吸盘，顶端有8个小钩，颈短。虫卵无色，呈椭圆形。矛形剑带绦虫以水生的剑水蚤为中间宿主，虫卵在剑水蚤体内发育成类囊尾蚴。皱褶绦虫为大型虫体，头节细小，易脱落。头节下有一扩张的假头节，由许多无生殖器官的节片组成，吻端有钩。虫卵为两端稍尖的椭圆形。

【流行病学】 矛形剑带绦虫卵囊形成类囊尾蚴，鹅摄入含类囊尾蚴的剑水蚤而感染，在小肠内经2～3周发育为成虫。雏鹅易感，严重者可死亡。成年鹅多为带虫传染源。皱褶绦虫与矛形剑带绦虫感染宿主过程相似。该病多发生于中间宿主活跃的4～9月，以25～40日龄的雏鹅发病率和死亡率最高。

【症状】 雏鹅感染后首先出现消化功能障碍的症状，排混有白色节片的白色稀粪。后期食欲减退至废绝，饮欲增加，生长缓慢，消瘦，精神不振，不愿运动，常离群独处，两翅下垂，羽毛粗乱。有时可见运动失调，两腿无力，走路不稳，常突然侧向一方跌倒，站立困难。夜间患禽伸颈张口呼吸，作划水状。发病后一般经过1～5天死亡，若有其他疾病并发或继发感染，则可导致较高的死亡率。

【病理变化】 雏鹅剖检可见小肠内黏液增多，黏膜增厚，呈卡他性炎症，有出血点，有时可见溃疡灶，肠道中有白色的绦虫（图10-79）。浆膜可见大小不一的出血点，心外膜更为显著。

【诊断】 采集粪便中的白色米粒样孕卵节片，轻碾后作涂片镜检，可见大量虫卵。也可对部分病情严重的患禽进行剖检，结合小肠剖检变化综合诊断。

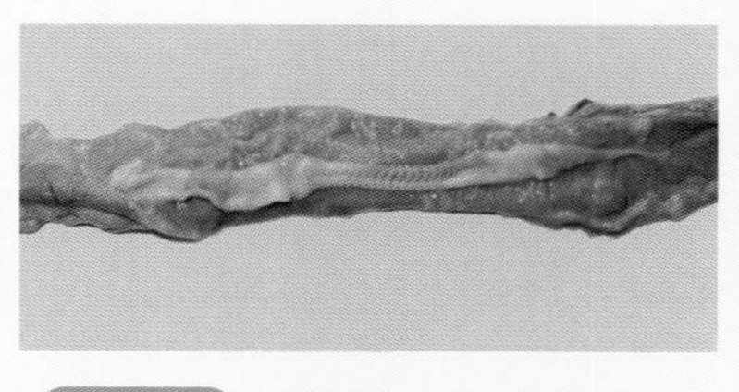

图10-79 鹅绦虫（刁有祥 摄）

【预防】 首先要改善鹅舍环境卫生，对粪便和污水进行生物处理和无害化处理，养殖过程中注意观察感染情况。对成年水禽进行定期驱虫，一般在春、秋两季进行，以减少病原对环境的危害。

【治疗】 治疗或预防驱虫可选用以下方案：按照每千克体重服用20～30毫克丙硫咪唑（抗蠕敏）；按照每千克体重服用150～200毫克硫双二氯酚（别丁），隔4天后再用一次；按照每千克体重服用100～150毫克氯硝柳胺（灭绦灵）。

四、线虫病

鹅线虫病是由线虫纲中的线虫引起的一种寄生虫病，线虫是对鹅危害最为严重的蠕虫。感染鹅的线虫主要包括蛔虫、异刺线虫、四棱线虫、裂口线虫和毛细线虫等。

1. 蛔虫病

鹅蛔虫病是由蛔虫寄生于小肠内的一种常见寄生虫病，本病在全国各地均有发生，主要造成雏鹅的发育不良，严重时造成大批死亡。

【病原】 蛔虫是寄生于鹅体内最大的线虫，呈淡黄白色，头端有三个唇片，雄虫尾端向腹部弯曲，有尾翼和尾乳突，一个圆形或椭圆形的泄殖腔前吸盘，两根交合刺长度相近。虫卵呈深灰色椭圆形，卵壳较厚，新排虫卵内含有一个椭圆形胚细胞。受精后雌虫将卵随粪便排出体外，虫卵对外界环境和常用消毒药物抵抗力很强，但在干燥、高温和粪便堆肥等情况下很快死亡。虫卵在适宜条件下发育成为感染性虫卵，可存活6个月之久。鹅摄入有感染性虫卵污染的饲料和饮水，虫卵进入小肠内蜕壳发育为成虫。

【流行病学】 由于该病的发生与蛔虫的生活世代周期密切相关，因此，3～4周龄的雏鹅最为易感和发病，成年鹅多为带虫者传染源。

【症状】 患病雏鹅多表现为生长发育受阻，精神萎靡，行动迟缓，食欲减退，消瘦，腹泻，偶见粪便中掺有黏液性血块，羽毛松乱，贫血，黏膜苍白，最终可因衰竭而亡。严重病例可因肠道堵塞而死亡。

【病理变化】 剖检可见小肠黏膜发炎、出血，肠壁上有颗粒样化脓灶或结节。严重感染病例可见大量虫体聚集（图10-80），相互缠绕如麻绳状，造成肠道堵塞，甚至肠管破裂和腹膜炎。

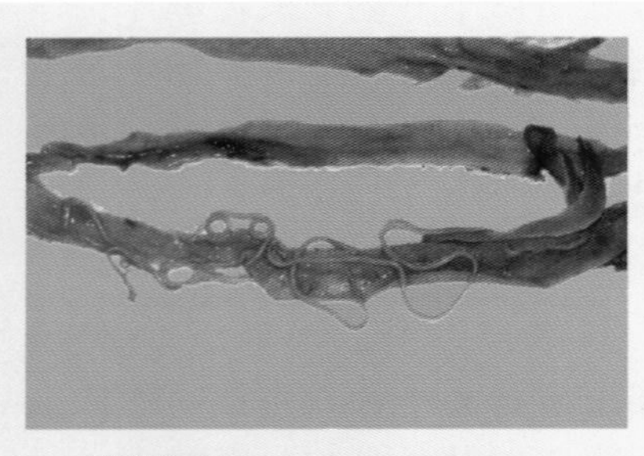

图10-80 鹅肠道中的蛔虫
（刁有祥 摄）

【诊断】 根据症状和剖检变化可作出初步诊断，此外，结合饱和盐水漂浮法检查粪便中虫卵或小肠、腺胃和肌胃中虫体可以确诊。

【预防】 搞好环境卫生，及时清理粪便；对粪便进行堆积发酵，杀死虫卵；对鹅群定期进行预防性驱虫，每年2～3次。

【治疗】 一旦发生该病，应及时进行治疗。①丙硫咪唑：每千克体重10～20毫克，一次服用；②左旋咪唑：每千克体重20～30毫克，一次服用；③噻苯唑：每千克体重500毫克，配成20%悬液内服；④枸橼酸哌嗪：每千克体重250毫克，一次服用。

2. 异刺线虫病

鹅的异刺线虫病是由异刺线虫寄生于鹅的盲肠内引起的一种寄生虫病。该虫也可寄生在鸡、火鸡等其他家禽的盲肠内。

【病原】 异刺线虫又称盲肠虫，虫体呈淡黄白色。雄虫长7～13毫米，尾部有两根长短不一的交合刺。雌虫长10～15毫米。虫卵较小，呈椭圆形，灰褐色，随粪便排出体外。在适宜的条件下经2周左右发育成感染性虫卵。虫卵污染的饲料、饮水被鹅吞食后，虫卵到达小肠孵化为幼虫，后进入盲肠黏膜内，经2～5天发育后返回盲肠肠腔，最后经过1个月左右发育为成虫。

【流行病学】 异刺线虫不仅可以感染鹅，也可以感染鸭、鸡、鸽等家禽。

【症状】 患病鹅表现为食欲减退至废绝，消瘦，生长发育不良，腹泻，逐渐消瘦而死亡。产蛋母鹅产蛋下降，甚至停产。

【病理变化】 剖检可见盲肠肿大，肠壁明显发炎、增厚，有时可见溃疡灶，也可见在黏膜或黏膜下层形成结节。盲肠内可见虫体，尤其以盲肠末端虫体最多。

【诊断】 可以根据临床症状和病理变化作出初步诊断。确诊需采集患禽粪便，用饱和盐水浮集法检查粪便中的虫卵。

【防治】 该病的防治可参考蛔虫病。

3. 四棱线虫病

四棱线虫病是由裂刺四棱线虫寄生于鹅的腺胃引起的一种

寄生虫病。该病常见于鹅和野鸡等。

【病原】 本病的病原是裂刺四棱线虫，雄虫长3～6毫米，沿中线和侧线有四列纵排的小刺，交合刺长短不一。雌虫常1.7～6毫米，虫卵为胎生。

【流行病学】 该虫的发育必须有中间宿主，如端足类、蚱蜢、蚯蚓和蟑螂等。寄生于腺胃的性成熟的雌虫周期性排出成熟的卵，经过肠道随粪便排到体外。污染的饲料、饮水和器具等被其他鹅吞食后，一般不发病，但若虫卵被中间宿主吞食后，经过10天左右发育为感染性幼虫，鹅再食用了该中间宿主，经过18天左右，感染性幼虫在腺胃中发育为成虫。

【症状】 患禽表现出精神萎靡，消化功能障碍，食欲下降，生长发育受阻，消瘦，严重者最后虚弱而死亡。

【病理变化】 剖检可见在腺胃深处有暗红色的成熟雌虫。腺胃黏膜受到虫体刺激变化明显，可见腺胃乳头组织变性、水肿。

【诊断】 可以根据症状和病理变化作出初步诊断。确诊需采集粪便，用饱和盐水浮集法检查粪便中的虫卵，或者低倍镜观察腺胃中成虫。

【防治】 该病的预防和治疗可参考蛔虫病的防治措施。

4. 裂口线虫

鹅裂口线虫病是由裂口线虫寄生于肌胃角质膜下引起的一种消化道寄生虫病。

【病原】 鹅裂口线虫虫体细长，表面有横纹，呈粉红色，尖端无叶冠，有宽的口囊，呈杯状，底部有三个尖齿。雄虫长10～17毫米，末端有交合伞，其中有三片大的侧叶和一片小的中间叶。交合刺较细，长度均一。雌虫长12～24毫米，尾部呈刀状，阴门呈横裂，位于虫体的偏后方。虫卵呈椭圆形。该虫直接发育，不需要中间宿主。受精后的雌虫每天在胃里排出大量虫卵，随粪便排到环境中，但不能直接感染。在适宜条件下，经24～48小时可发育成有活性的幼虫，再经5～6天，发育成具有感染性的第三期幼虫，幼虫可蠕动到青草或地面。鹅通过摄入含有第三期幼虫的草而感染发病。该幼虫在鹅腺胃中停留5天，最后进入肌胃或钻入肌胃角质膜下，经7～22天发育为成虫。

【流行病学】 雏鹅更为易感，具有明显的宿主特异性。病原可经口传播，也可以通过皮肤感染。部分地区的鹅群感染率甚至高达90%以上。

【症状】 雏鹅感染后食欲减退，消化功能障碍，精神萎靡，生长发育不良，体质较弱，贫血、下痢。随着虫体数量增多，若不及时治疗，会造成批量死亡。若虫体较少，禽只年龄较大，则不表现出症状，多成为带虫的传染源。

【病理变化】 剖检可见肌胃角质层易剥离，多呈碎屑状，坏死，呈棕色。剥离后可见溃疡和虫体（图10-81）。

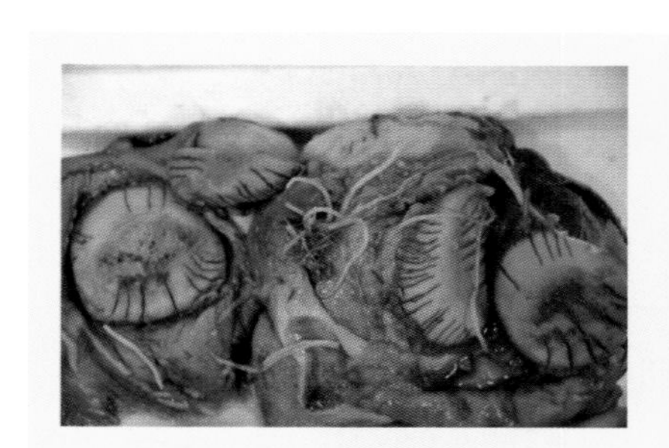

图10-81 鹅肌胃中的线虫
（刁有祥 摄）

【诊断及防治】 该病的诊断和防治措施可参考蛔虫病。

5. 毛细线虫病

鹅毛细线虫病主要是由鹅毛细线虫及其他毛细线虫寄生于小肠、盲肠或食管引起的一种寄生虫病。严重感染病例可见死亡。

【病原】 鹅毛细线虫寄生于鹅的小肠和盲肠，雄虫为10～13.5毫米，中部有一根圆柱形的交合刺，雌虫长13.5～23毫米。

【流行病学】 鹅毛细线虫病一年四季均可发生，在患鹅体内，一般来说，夏季虫体数量较多，冬季较少。未发育的虫卵抵抗力较强，在外界可以长期保持活力。干燥的环境不利于鹅毛细线虫卵的发育和生存。

【症状】 鹅毛细线虫病在1～3月龄雏鹅中发病率较高，轻度感染不表现出明显症状。严重感染病例食欲减退至废绝，饮欲增加，精神不振，两翅下垂，常离群独处。消化功能紊乱，发病初期呈间歇性下痢，随着病程的发展表现为稳定性下痢，后期下痢严重。在排泄物中出现黏液，患鹅生长发育受阻，消瘦，贫血。虫体较多时常形成机械性堵塞，分泌的毒素造成慢性中毒，最终衰竭而亡。

【病理变化】 剖检可见小肠前段或十二指肠有毛发状虫体，严重感染病例可见大量虫体堵塞肠道。虫体寄生部位黏膜肿胀、充血、出血，严重者甚至呈脓样坏死、脱落。由于营养不良，可见肝、肾发育不良。

【诊断】 可在寄生部位（如小肠、盲肠或食管）中检查虫体或粪便中观察虫卵进行诊断。

【防治】 本病的防治措施可参考蛔虫病。

五、吸虫病

1. 前殖吸虫病

前殖吸虫病是由前殖科前殖属的多种吸虫寄生于鹅的直肠、泄殖腔、法氏囊和输卵管等引起的一种寄生虫病。该病常引起产蛋鹅产蛋异常，严重者甚至死亡。

【病原】 虫体呈棕红色，扁平梨形或卵圆形，体长3～6毫米。成虫在寄生部位产卵，随粪便排出体外，被第一个中间宿主淡水螺类吞食，孵化成为毛蚴，之后进入螺肝内发育为胞蚴，进而发育成尾蚴并离开，再进入蜻蜓幼虫和稚虫体内发育为囊蚴，鹅通过摄入含有囊蚴的蜻蜓幼虫或成虫而被感染，感染后在鹅体内经1～2周发育为成虫。

【流行病学】 本病呈地方性流行，发病与蜻蜓出现的季节一致，春、夏季节多发。温暖和潮湿的气候可以促进本病的发生。各日龄的鹅以及其他禽类均可感染该病。

【症状】 发病初期没有明显的症状，但陆续开始出现产薄壳蛋。随着病程的发展，患禽产蛋量逐渐下降甚至停产，有些患禽可见薄壳、蛋黄和蛋清分别流出。后期患禽精神萎靡，食欲减退，消瘦，体温升高，饮欲增加，泄殖腔突出，肛门周围潮红。个别病例由于继发腹膜炎，在3～5天内很快死亡。

【病理变化】 剖检可见输卵管和泄殖腔发炎，黏膜充血、肿胀、增厚，在管壁上可见红色的虫体。有的输卵管变薄甚至破裂，引起卵黄性腹膜炎，腹腔中充满黄色和白色的液体，脏器之间互相粘连。

【诊断】 结合生产上畸形蛋、薄壳蛋及其他品质较差的蛋和剖检可见输卵管特征性病变可作出初步诊断。确诊需要通过进一步在病变部位观察虫体，粪便中观察虫卵。

【预防】 对养殖集中地区的禽群进行定期检查。及时清理粪便，堆积发酵，以杀灭粪便中的虫卵。驱赶鹅舍及周边的蜻蜓，防止鹅食入蜻蜓幼虫等而发病。在多发季节即春、秋两季定期驱虫。发现患鹅应及时隔离治疗，并对鹅舍和运动场进行灭虫和消毒。

【治疗】 可采用以下治疗方案进行治疗：①阿苯达唑按照10～20毫克/千克体重，一次服用或拌料使用；②丙硫咪唑按照30～50毫克/千克体重或噻苯唑按照500毫克/千克体重，一次服用，有较好的治疗效果；③吡喹酮按照60毫克/千克体重拌料，一次服用，连用2天。

2. 棘口吸虫病

卷棘口吸虫是寄生于鹅直肠和盲肠内引起的一种寄生虫病。该虫亦可感染鸡及其他多种禽类。

【病原】 卷棘口吸虫，虫体呈淡红色，长叶状，体表有小刺。虫体长7.6～12.6毫米，具有头棘结构，口吸盘位于虫体前端。在虫体中部两个椭圆形睾丸呈前后排列，生殖孔位于肠管分叉后方和腹吸盘前方。虫卵呈金黄色，椭圆形，一端有卵盖，内含一个胚细胞和很多卵黄细胞。成虫在禽的直肠或盲肠内产卵，随粪便排到体外。在31～32℃的水中10天左右孵化为毛蚴，进入第一宿主折叠萝卜螺、小土蜗或凸旋螺后，经过32天左右先后形成胞蚴、雷蚴和尾蚴，后离开螺体，在水中再次遇到第一宿主——蝌蚪或其他生物后进入第二宿主并在其体内形成囊蚴。鹅摄入含感染性囊蚴的第二宿主而感染，囊蚴进入消化道，幼虫逸出，吸附于肠壁，经过16～22天发育为成虫。

【流行病学】 该病多发生于长江流域和华南地区，放养的水禽或使用水生植物的鹅发病率较高。对雏鹅的危害较为严重。该病一年四季均可发生，但以6～8月为感染的高峰期。

【症状】 本病对雏鹅危害较为严重。由于虫体的机械性刺激和毒素作用，患鹅消化功能障碍，表现为食欲减退，消化不良，下痢，粪便中可见黏液和血丝，贫血、消瘦，生长发育不良，甚至造成患禽死亡。成年个体多为体重下降和产蛋下降。

【病理变化】 剖检可见盲肠、直肠和泄殖腔出血性发炎，黏膜点状出血，肠内容物充满黏液，黏液中可见虫体相互缠绕成团堵塞肠腔。

【诊断和防治】 该病的诊断方法和防治措施与前殖吸虫病相似。

3. 气管吸虫病

由瓜形盲腔吸虫和舟形嗜气管吸虫寄生于鹅的气管、支气管、肺和气囊内形成的一种寄生虫病。

【病原】 该病的病原主要为瓜形盲腔吸虫和舟形嗜气管吸虫，虫体扁平，椭圆形，呈粉红色或暗红色，口在前端，无吸盘。虫卵随呼吸道进入口腔，经消化道最后随粪便排出体外。在水中孵化出毛蚴，之后进入淡水螺体内发育成尾蚴，继而形成囊蚴。鹅再食用含有感染性囊蚴的螺后而感染发病。幼虫随血液循环至肺，上移寄生于气管并发育为成虫。

【流行病学】 气管吸虫主要感染放养在水面的鹅。该病从感染至发病为2～3个月。该病多发生于青年鹅和成年鹅，尤其是地方品系的鹅，由于饲养周期长，多为水面放养模式，因此，感染的概率更高。该病主要影响患禽的生长性能和产蛋性能，病死率为3%～5%，耐过或症状较轻的患禽成为该病的传染源。

【症状】 发病初期可见轻微气喘，随着病情的发展，该症状不断加重。患禽精神萎靡，食欲减退，常卧地不起，不愿走动。严重病例伸颈张口呼吸，摇头，呼吸困难，鼻腔内有较多的黏液流出，少数患禽因上呼吸道堵塞而窒息死亡。多数患禽精神沉郁，食欲减退至废绝，表现出渐进性消瘦、贫血，生长发育受阻。打开病死鹅口腔有时可见咽喉部有虫体。

【病理变化】 剖检可见鼻腔内有浆液性或黏液性分泌物，气管中可见数量不等的虫体，虫体附着的气管黏膜充血、出血并伴有炎症。咽部至细末支气管黏膜上有不同程度充血、出血。气囊轻度混浊或有少量纤维素样渗出。由于症状严重程度不一，肺组织表现出不同程度的炎症。

【诊断】 根据临床症状，在上呼吸道检查虫体，粪便中检查虫卵可以确诊。

【防治】 该病的防治措施可参考前殖吸虫病。

六、虱病

虱属节肢动物门、昆虫纲，是各种家禽常见的外寄生虫病。该虫常寄生在禽的体表和附于羽毛、绒毛上，此外，虱还能传播疾病。该病严重危害鹅的健康和生产性能，造成巨大的经济损失。

【病原】 虱个体较小，一般为1～5毫米，呈淡黄色或淡灰色椭圆形，由头、胸、腹三部分组成，咀嚼式口器，头部较宽，有一对触角，游散对足，无翅。虱的种类多种多样，其形态和生活史较为相似。虱属于永久性寄生虫，其发育为不完全变态。虫卵常簇结成块，黏附于羽毛上，经过5～8天孵化为幼虫，外形与成虫相似。在2～3周内经过3～5次蜕皮变为成虫。其寿命仅为数月，一旦离开宿主，存活时间较短。

【流行病学】 虱的传播方式主要是直接接触传播，可感染多种家禽。一年四季均可发生，冬季较为严重。饲养期较长的鹅更易感染该病。虱主要以羽毛和皮屑为食，一般不吸血。该病的主要传染源是患禽。

【症状】 虱以禽类羽毛、皮屑为食，造成羽毛脱落和折断。

大量寄生时，患禽受到羽毛和体表的刺激而表现出奇痒，啄羽，影响正常的饮食和作息。产蛋禽的产蛋量下降，患禽较消瘦、贫血。有时虱吸血且产生毒素，也可影响患禽的生长发育和生产性能。有时可见大量虱堆积在外耳道引起发炎，并常有干酪样分泌物积于外耳道内。常见皮肤由于啄羽造成的出血斑或伤口结痂。

【病理变化】 该病由于感染鹅的个体差异没有特征性病变，但各器官、组织由于营养不良而呈现不同程度的发育受阻或萎缩。

【诊断】 通过检查鹅的皮肤和羽毛上的虱及其卵进行确诊。

【预防】 主要通过加强饲养管理，改善鹅舍环境，同时对鹅舍、器具、料槽、水线和环境等进行彻底的杀虫和消毒。鹅等水禽要多使其下水以清洁体表。平时应注意定期杀虱。

【治疗】 根据季节、药物剂型和禽群感染程度等选择合理的方法杀灭禽体表的虱。①20%的杀灭菊酯乳油按照0.02毫升/米^3，用带有烟雾发生器的喷雾机喷雾，处理后密闭2～4小时；②20%杀灭菊酯乳油按照3000～4000倍用水稀释或10%的二氯苯醚菊酯乳油按照4000～5000倍用水稀释，直接大群喷洒，具有良好的效果。由于一次治疗不彻底，应间隔7～10天后再用药一次。在大群灭虱时，必须同时对鹅舍、孵化室、地面、运动场等全面喷雾和消毒，以达到全面杀虱的目的。

七、蜱病

蜱是寄生于禽体表的常见暂时性吸血寄生虫，亦可以感染牛、羊、犬等哺乳动物和人，其不仅能直接影响鹅的生产性能，也是许多疾病的传播媒介。

【病原】 寄生于鹅的主要为波斯锐缘蜱，虫体扁平，呈卵圆形，淡灰黄色，假头位于前部腹面，体缘薄锐，呈条纹状或方块状。背面和腹面以缝线分界。背面无盾板，有一层凹凸不平的颗粒状角质层，吸血后虫体呈灰黑色。

【流行病学】 蜱为暂时性寄生虫，平时栖息于鹅舍的墙壁、顶棚、器具等缝隙中，并在这些隐蔽的场所进行繁殖。当鹅休息时，不同发育阶段的幼虫、若虫和成虫移行到其体表通过叮咬吸血。该病以夏、秋季节多发。

【症状】 蜱的吸血量较大。少量感染时，没有明显症状。但大量蜱附于鹅体表吸血时，鹅表现出不安，羽毛松乱，食欲减退，消瘦，贫血，生长发育缓慢，饲料利用率和转化率下降，产蛋量下降等。部分个体表现出蜱性麻痹，严重者造成死亡。

【病理变化】 由于蜱常造成其他传染病的发生，因此，在剖检变化上无特征性病变。

【诊断】 通过观察鹅体表蜱的存在即可确诊该病。

【防治】 蜱病的防治措施可以参考虱病。

第三节 鹅代谢病防治

一、痛风

痛风是由于多种原因引起的尿酸在血液中大量积聚，造成关节、内脏和皮下结缔组织发生尿酸盐沉积而引起的一种营养代谢病。以行动迟缓、关节肿大、跛行、厌食、腹泻为特征。本病多发生于青绿饲料缺乏的冬、春季节，不同品种的鹅均可发病，但多见于雏鹅发病。

【病因】 鹅痛风的病因有多方面的因素，各种外源性、内源性因素导致血液中尿酸水平升高和肾功能障碍，血液中尿酸水平升高的同时肾脏排出尿酸量增加而损伤，造成尿酸盐的排泄受阻，反过来又促使血液中尿酸水平升高，如此恶性循环造成该病愈发严重。常见的病因有以下几个方面。

（1）营养性因素

① 核蛋白和嘌呤碱基饲料过多。豆粕、鱼粉、肉骨粉等含核蛋白和嘌呤较多。这些蛋白类物质代谢终产物中尿酸比例较高，超出机体排出能力，大量的尿酸盐就会沉积在内脏或关节

而形成痛风。

② 可溶性钙盐含量过高。饲料中添加的贝壳粉或石粉过多，超出机体需求和排泄能力，钙盐从血液中析出，沉积在不同部位造成钙盐性痛风。

③ 饮水量不足。夏季或运输过程中饮水不足，造成机体脱水，代谢产物无法随尿液排出造成尿酸盐沉积。

（2）中毒性因素　许多药物对肾脏有损害作用，如磺胺类和氨基糖苷类等抗生素通过肾脏进行排泄，具有肾脏毒性，若持续过量用药则易导致肾脏损伤。长期使用磺胺类药物，不配合碳酸氢钠等碱性药物，药物易结晶析出沉积于肾脏和输尿管中，影响肾和输尿管的排泄功能，造成尿酸盐沉积，诱发该病。

（3）传染性因素　某些传染性因子（如星状病毒、多瘤病毒、肾炎病毒）也会引起肾脏代谢功能障碍，诱发此病。

图10-82　关节肿胀
（刁有祥　摄）

图10-83　病鹅精神沉郁，瘫痪
（刁有祥　摄）

【症状】　根据尿酸盐沉积部位不同，可分为关节痛风和内脏痛风。关节痛风主要见于青年鹅和成年鹅，关节肿胀，触之较硬，跛行、瘫痪（图10-82）。内脏痛风多见于15日龄以内的雏鹅，也见于青年鹅或成年鹅。病鹅精神萎靡，缩颈，两翅下垂，食欲减退甚至废绝，消瘦，蹼干燥，排白色黏液样或石灰样粪便（图10-83）。肛门周围布满白色糊状物，严重者突然死亡。产蛋鹅产蛋量下降甚至停产。

【病理变化】 内脏型病例剖检，可见内脏器官表面有大量的尿酸盐沉积（图10-84、图10-85），输尿管管壁增厚，管腔内充满石灰样沉积物（图10-86）。肾脏肿大，颜色变淡甚至出现肾结石和输尿管堵塞（图10-87）。严重病例在多个脏器、浆膜、气囊和

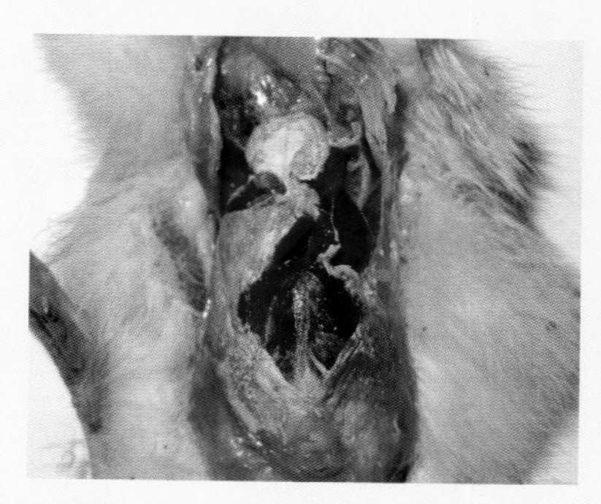

图10-84 鹅心脏、肝脏表面有白色尿酸盐沉积（一）（刁有祥 摄）

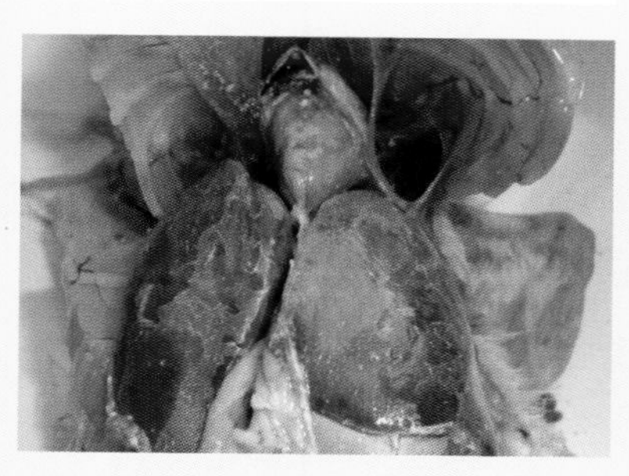

图10-85 鹅心脏、肝脏表面有白色尿酸盐沉积（二）（刁有祥 摄）

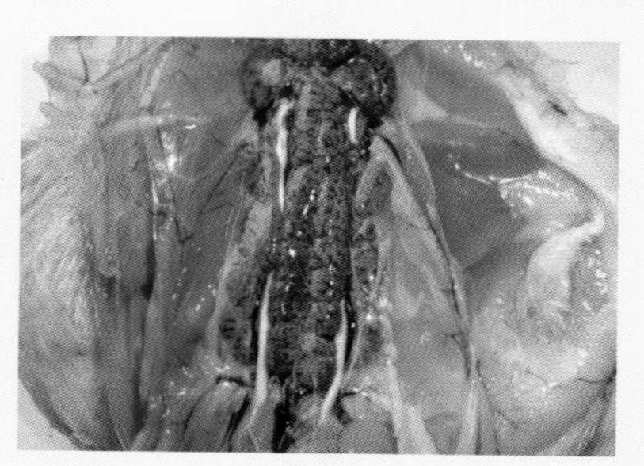

图10-86 鹅输尿管中有白色尿酸盐沉积（刁有祥 摄）

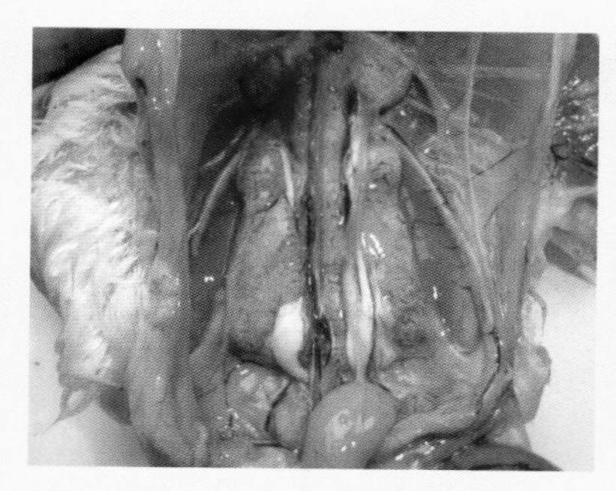

图10-87 肾脏肿胀，输尿管中有白色尿酸盐沉积（刁有祥 摄）

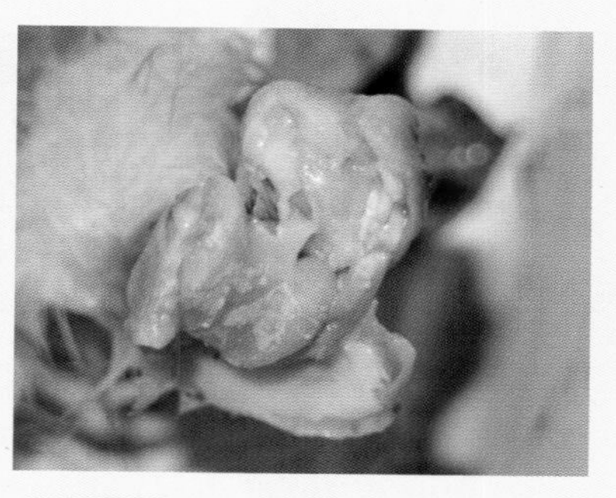

图10-88 关节腔中有白色尿酸盐沉积（刁有祥 摄）

肌肉表面均有白色尿酸盐沉积。关节型病例可见病变关节肿胀，关节腔内有白色尿酸盐沉积（图10-88）。

【预防】 预防该病的关键在于科学合理地配制日粮，保持合理的钙、磷比例，适当添加维生素A，给予充足的饮水。加强饲养管理，合理、慎重选择药物，避免长期过量使用损伤肾脏的药物。

【治疗】 首先要找出诱因，对症治疗。减少日粮饲喂量，每天20%逐步递减，连续5天，同时补充多种维生素、青绿饲料，保证充足饮水，促进尿酸盐的排出。此外，饮水中可加入乌洛托品、别嘌呤醇等，提高肾脏排泄尿酸盐的能力，促进尿酸盐的酸化和排出。

二、维生素B_1缺乏症

维生素B_1缺乏症又称多发性神经炎，是由于饲料中维生素B_1含量不足引起鹅的一种营养代谢性疾病。维生素B_1是体内多种酶的辅酶，在调节糖类代谢、促进生长发育和保持正常的神经和消化功能等方面具有重要的作用。

【病因】 饲料中的维生素B_1在加热和碱性环境中易遭到破坏，或者饲料中含有硫胺素酶、氧硫胺素等而使维生素B_1受到破坏。饲料储存时间过久，储存条件不当或发生霉变等因素造成维生素B_1的损失。消化功能障碍会影响维生素B_1的吸收和利用。此外，氨丙啉等抗球虫药物的过量使用也可造成维生素B_1的缺乏。

【症状】 雏鹅日粮中缺乏维生素B_1时，一般一周左右开始出现症状。患鹅食欲减退，生长发育受阻，羽毛松乱，无光泽，精神不振。随着病程的发展，两脚无力，腹泻，不愿走动。行动不稳，失去平衡感，行走过程中常跌倒在地，有时出现侧倒或仰卧，两腿呈划水状前后摆动，很难再次站立。头颈常偏向一侧或扭转，无目的性地转圈奔跑。这种症状多为阵发性，且日益严重，最后抽搐而亡。成年鹅缺乏维生素B_1时症状不明显，产蛋量下降，孵化率降低。

【病理变化】 胃肠壁严重萎缩，十二指肠溃疡，肠黏膜明显炎症。雏鹅生殖器官萎缩，皮肤水肿。心脏轻度萎缩。

【预防】 保证日粮中维生素B_1的含量充足，在生长发育和产蛋期应适当增加豆粕、糠麸、酵母粉以及青绿饲料等。雏鹅出壳后，可在饮水中添加适量的电解多维。在使用抗生素和磺胺类药物治疗疾病时，应增加饲料或饮水中维生素B_1的比例。

【治疗】 增加饲料中维生素B_1的含量。出现可疑病例时，可在每千克饲料中加入10～20毫克维生素B_1粉剂，连用7～10天。按照每1000羽雏鹅使用500毫升维生素B_1溶液，饮水，连用2～3天。对于病情严重的鹅，可按成年鹅5毫克、雏鹅1～3毫克维生素B_1肌内注射，每天1次，连用3～5天。

三、维生素B_2缺乏症

维生素B_2缺乏症是由于维生素B_2缺乏或不足引起机体新陈代谢中生物氧化功能障碍性疾病。维生素B_2又称核黄素，是禽体内多种酶的辅基，与机体的生长和组织修复密切相关。

【病因】 饲料中维生素B_2含量不足，由于所需维生素B_2在机体内合成较少，主要依赖饲料补充，主要饲料原料多为维生素B_2含量较低的玉米、豆粕、小麦等，有时经过紫外线照射等因素而受到破坏。某些药物（如氯丙嗪等）能拮抗维生素B_2的吸收和利用。大群鹅在低温、应激等条件下对维生素B_2的需求增加，正常的添加量不能满足机体需要。胃肠道等消化功能障碍会影响维生素B_2的转化和吸收。饲料中脂类含量增加，维生素B_2的含量也应适当提高。

【症状】 本病主要发生于2周龄至1月龄雏鹅。患鹅生长发育受阻，食欲下降，增重缓慢并逐渐消瘦。羽毛松乱无光泽，行动缓慢。病情严重的患禽表现出明显症状，趾爪向内弯曲呈握拳状（图10-89），瘫痪多以飞节着地，或以两翅伏地以保持平衡，腿部肌肉萎缩，皮肤干燥。有时可见眼睛结膜炎和角膜

图10-89 鹅爪向内蜷曲
（刁有祥 摄）

图10-90 种鹅维生素B_2缺乏致出壳后的雏鹅皮下水肿 （刁有祥 摄）

炎，腹泻。病程后期患禽多卧地不起，不能行走，脱水，但仍能就近采食，若离料槽、水线等较远，则可因无法饮食造成虚脱而亡。成年鹅仅表现出生产性能下降。

【病理变化】 内脏器官没有明显变化。整个消化道空虚，肠道内有些泡沫状内容物，肠壁变薄，黏膜萎缩。重症病例可见坐骨神经肿大，为正常的4～5倍。种鹅缺乏维生素B_2可导致出壳后的雏鹅颈部皮下水肿（图10-90），前期死淘率较高。

【预防】 保证饲料中补充维生素B_2，尤其在生长发育阶段和产蛋期，可适当添加酵母粉、干草粉、鱼粉、乳制品和各种新鲜青绿饲料等，或按照每千克饲料中添加10～20毫克维生素B_2。饲料应合理储存，防止因潮湿、霉变等破坏维生素B_2。雏鹅出壳后应在饲料或饮水中添加适当的电解多维。

【治疗】 当鹅群发生该病时，增加饲料中的维生素B_2的含量，可按每千克饲料中添加10～20毫克维生素B_2粉剂，连用7～10天；也可按照1000羽雏鹅饮水中加入500毫升复合维生素B溶液，连用2～3天。病情严重的可按照成年鹅5毫克、雏鹅1～3毫克维生素B_2肌内注射进行治疗，连用3～5天。

四、维生素B_3缺乏症

维生素B_3（又称泛酸）缺乏症是由维生素B_3缺乏或不足引

起脂肪、糖、蛋白质代谢障碍。泛酸在小肠吸收后，通过肠黏膜进入血液循环供机体利用，在肝脏和肾脏中浓度较高，是构成辅酶A的主要成分，进而参与机体碳水化合物、脂肪、蛋白质的代谢过程。

【病因】泛酸参与体内抗坏血酸的合成，因此，一定量的抗坏血酸可以降低机体对泛酸的需求量。一般全价饲料不易发生泛酸的缺乏，但当长时间处于100℃以上高温、酸性或碱性条件下，极易遭到破坏。某些品种的鹅单一饲喂玉米也极易引起泛酸缺乏。种鹅饲料中维生素B_{12}缺乏时，也能够导致泛酸的缺乏。

【症状】患鹅表现为羽毛发育不良、粗乱，甚至头部和颈部羽毛脱落，消瘦，口角、眼睑和肛门周围有局限性小结痂，眼睑常被黏性渗出物粘连而变得狭小，影响患禽视力。脚趾之间及脚底有小裂口，结痂、水肿或出血。随着裂口的加深，行走困难，腿部皮肤增厚、粗糙、角质化甚至脱落。骨短粗，甚至发生滑膜炎。雏禽表现为生长缓慢，病死率较高。成年鹅症状不明显，但种蛋的孵化率明显降低，孵化过程中死胚率增加，胚体皮下水肿和出血。

【病理变化】剖检可见鹅口腔内有脓样分泌物，腺胃中有灰白色的渗出物。肝脏肿大，呈浅黄色至深黄色。脾脏轻度萎缩。脊髓变性。法氏囊、胸腺和脾脏淋巴细胞坏死和淋巴组织较少。

【防治】平时要注意配制饲料，添加富含B族维生素的糠麸、酵母、动物肝脏、优质干草、豆粕等，保证日粮中泛酸含量满足机体需求。发病后，可在每千克饲料中添加20～30毫克泛酸钙，连用2周，治疗效果较好。在添加泛酸的同时，要注意同时补充维生素B_{12}等。患鹅可按照每天每次10～20毫克泛酸，服用或者肌内注射，每天1～2次，连用2～3天，效果不错。

五、胆碱缺乏症

胆碱缺乏症是由维生素B_4（又称胆碱）缺乏或不足造成家

禽脂肪代谢障碍。胆碱是磷脂、乙酰胆碱等物质的组成成分。其作为卵磷脂的成分在脂肪代谢过程中可促进脂肪酸以卵磷脂的形式被运输，也可以提高肝脏利用脂肪的能力，防止出现脂肪肝。

【病因】 集约化生产中，日粮中能量和脂肪含量较高，禽类采食量下降，使胆碱摄入不足。叶酸或维生素B_{12}缺乏也能造成胆碱缺乏。胆碱的需求量主要取决于叶酸和维生素B_{12}的供给，两者在动物体内利用蛋氨酸和丝氨酸可以合成胆碱。成年鹅一般不易缺少胆碱，但雏鹅体内胆碱的合成速度不能满足其快速生长发育的需要，应在日粮中适当添加。

【症状】 该病多发生于雏鹅，发生胆碱不足时，生长缓慢甚至停滞，表现出明显的胫骨短粗症。发病初期可见跗关节周围有针尖样出血点和肿大，继而胫跖关节由于跖骨的扭曲而变平，跖骨进一步扭曲则会变弯或呈弓形。患腿失去支撑能力，关节软骨严重变形。后期患鹅多跛行，严重者甚至瘫痪。成年鹅出现产蛋下降，且由于饲料中脂类含量较高，不易吸收而造成脂肪肝，治疗不及时可死亡。

【病理变化】 剖检可见肝肿大，色泽变黄，表面有出血点，质脆。有的肝被膜破裂，甚至发生肝破裂，肝表面和体腔中有凝血块。肾脏及其他器官有脂肪浸润和变性。关节扭曲剖开可见胫骨和跗骨变形、跟腱滑脱等。

【防治】 鱼粉、动物肝脏、酵母等动物源性和花生饼、豆粕、菜籽饼等植物源性细胞中含有丰富的胆碱，为预防该病，可在饲料中适当添加上述原料，同时在饲料中添加0.1%的氯化胆碱。发病后可在饲料中添加足量甚至2～3倍量的胆碱，可以治疗该病。发生跟腱滑脱的重症患鹅没有治疗价值，应及时淘汰。

六、生物素缺乏症

生物素缺乏症是由于生物素缺乏或不足引起机体糖、脂肪和蛋白质三大物质代谢障碍的营养缺乏性疾病。

【病因】 谷物类中生物素含量较低，饲料主要成分是谷物类饲料，长期使用就容易发生生物素缺乏。家禽肠道微生物能够合成生物素，但不能满足机体生长发育的需要，应在日粮中适当添加生物素。颗粒饲料在加工过程中经高温挤压，生物素易受到破坏。鹅发生消化道疾病时，对生物素的吸收和利用率降低。长期使用抗生素等造成肠道菌群失调，合成生物素的细菌受到抑制，也能够造成生物素的缺乏。

【症状】 该病与泛酸缺乏症极易混淆，但在形成结痂的时间和次序上有所差别。泛酸缺乏症结痂多从嘴角和面部开始，而生物素缺乏症患禽结痂多从脚部开始。患禽食欲减退，羽毛发干、质脆、易折断，生长发育受阻，增重缓慢，蹼、胫、眼角、口角等多处皮肤发炎、角质化、开裂出血并形成结痂。眼睑肿胀，分泌炎性渗出物，造成眼睑粘连而影响患禽视力。种鹅产蛋率没有明显变化，但孵化率降低，胚胎发育不良，形成并趾，不能出壳的胚胎表现为软骨营养不良，体形较小，骨发育不良甚至畸形，胚胎死亡两个高峰期集中在孵化第一周和出壳前3天。雏鹅发生胫骨弯曲，脚部、喙部、眼部、肛门等多处发生皮炎。

【病理变化】 剖检可见肝脏肿大，脂肪增多，呈淡黄色；肾脏肿大；肌胃和小肠内有褐色内容物；胫骨切面可见密度升高，骨型异常，胫骨中部骨干皮质的正中侧比外侧要厚。

【防治】 注意补充青绿饲料和动物源性蛋白质饲料（如糠麸、鱼粉、酵母等），可以防止生物素缺乏症。发病后可在每千克饲料中添加0.1毫克生物素进行治疗。此外，在治疗疾病时应减少长时间使用磺胺类药物和抗生素药物等。

七、烟酸缺乏症

烟酸又名尼克酸，包括烟酸（吡啶-3-羧酸）和烟酰胺（动物体内烟酸的主要存在形式）两种物质，均具有烟酸活性。烟酸在能量的生成、储存以及组织生长方面具有重要作用。另外，烟酸对机体脂肪代谢有重要的药理作用。

【病因】

① 饲料中长期缺乏色氨酸，使禽体内烟酸合成减少。由于玉米等谷物类原料含色氨酸很低，不额外添加即会发生烟酸缺乏症。

② 长期使用某种抗菌药物，或患有寄生虫病、腹泻病和肝脏、胰脏、消化道等功能障碍时，可引起肠道微生物烟酸合成减少。

③ 其他营养物（如日粮中核黄素和吡哆醇）的缺乏，也影响烟酸的合成，造成烟酸需要量的增加。

④ 饲料原料中的结合态烟酸不能通过正常的消化作用被机体利用。饲料通过消化道的速度很快，因胃肠道黏膜上皮发生病理变化从而抑制了吸收，导致烟酸在肠道中的吸收率低下。此外，饲料搅拌过程中微量成分混合不匀，或者饲料搅拌或运输过程中发生原料相互分离，饲料储存时间过长或者储存条件不当，都会造成烟酸破坏。

【症状】 缺乏烟酸时，胫跗关节肿大，双腿弯曲，羽毛生长不良，爪和头部出现皮炎。典型的烟酸缺乏症是“黑舌”病，从2周龄开始，病禽口腔以及食管发炎，生长迟缓，采食量降低。雏鹅缺乏烟酸的主要症状为胫跗关节肿大，胫骨短粗，羽毛蓬乱和皮炎，两腿内弯，骨质坚硬，内弯程度因烟酸缺乏程度而异，行走时，两腿交叉呈模特步。严重时不能行走，导致跛行，直至瘫痪。成年鹅发生缺乏症，其症状为羽毛蓬乱无光甚至脱落。产蛋禽缺乏烟酸时体重减轻，产蛋量和孵化率下降，可见到足和皮肤有鳞状皮炎。

【病理变化】 剖检可见口腔、食道黏膜表面有炎性渗出物，胃肠充血，十二指肠、胰腺溃疡。产蛋鹅肝脏颜色变黄、易碎、肝细胞内充满大量脂滴，细胞器严重受损，数量减少，从而导致脂肪肝。

【诊断】 根据症状可作出初步诊断，但应注意鉴别。

【防治】 避免饲料原料单一，尽可能使用富含B族维生素的酵母、麦麸、米糠和豆饼、鱼粉等，调整日粮中的玉米比例。对本病的治疗可内服烟酸 1 ～ 2毫克/只，3 次/天，连用 10 ～ 15天。或添加烟酸 30 ～ 40毫克/千克饲料，连续饲喂，或在饲料中给予治疗剂量。预防量为在日粮中添加烟酸 20 ～ 30 克/吨饲料。

八、维生素A缺乏症

维生素A缺乏症是由于缺乏维生素A引起的疾病。维生素A可维持视觉、上皮组织和神经系统的正常功能，保护黏膜的完整性，还可以促进食欲和机体消化功能，提高机体对多种传染病和寄生虫病的抵抗力，提高生长率、繁殖力和孵化率。因此，缺乏维生素A可导致黏膜、皮肤上皮角质化，发育生长受阻，孵化率降低，并破坏多处组织黏膜的完整性。

【病因】 饲料中维生素A或胡萝卜素的缺乏是该病发生的原发性因素。某些疾病造成机体对维生素A吸收不良。当鹅患有寄生虫等疾病时，可以破坏肠黏膜上的微绒毛，造成机体对维生素A的吸收能力减弱。当胆囊发炎或肠道发炎时也会影响脂肪的吸收，这种情况下维生素A也不能被充分吸收、利用，大群鹅亦可发病。饲料中维生素A由于日光暴晒、紫外线照射、湿热、霉变及不饱和脂肪酸、混合饲料储存时间过久而造成维生素A活性降低或失活。人工配制日粮中误差导致种禽饲料中维生素A的缺乏，黄豆中的胡萝卜素氧化酶破坏了维生素A和胡萝卜素。此外，由于维生素A、维生素E有协同作用，当维生素E缺乏或受到破坏时，维生素A也易受到破坏。

【症状】 雏鹅维生素A缺乏时，表现为严重的生长发育受阻，体重增加缓慢，甚至不再增长。精神不振，食欲减退，羽毛松乱，鼻腔流出黏液性鼻液，久之形成干酪样物质堵塞鼻腔从而造成呼吸困难；骨骼发育障碍，两腿变软，瘫痪；喙部和腿部黄色素变淡；眼结膜充血、流泪，眼内和眼睑下积有黄白色干酪样物质，造成角膜浑浊，继而角膜穿孔和眼房液流出，最后眼球内陷，失明，直至死亡。成年鹅缺乏时多呈慢性经过，抵抗力下降，从而易继发其他疾病；产蛋量明显下降，蛋黄颜色变淡，孵化率降低，死胚增加，弱雏较多。公鹅性功能减弱。

【病理变化】 以消化道黏膜上皮角质化为特征性病变。鼻腔、口腔、咽、食道黏膜表面可见一种白色小结节，数量较多，不易剥落。随着病程的发展，结节变大并逐渐融合成一层灰白色的伪膜覆盖于黏膜表面，剥离后不出血，黏膜变薄，光滑，呈苍白色。在食道黏膜溃疡灶附近有炎性渗出物。肾脏呈灰白色，肾小管充满白色尿酸盐，输尿管扩张，管内积有白色尿酸盐沉淀物。

【预防】 首先要保证日粮中有足够的维生素A和胡萝卜素，鹅可适当添加青绿饲料、胡萝卜、黄玉米等配制日粮，必要时可在饲料中加入鱼肝油或维生素A等添加剂。谷物饲料不宜储存过久，以免胡萝卜素受到破坏，也不宜将维生素A等过早拌料作储备饲料，拌料后应尽快使用。

【治疗】 当发生维生素A缺乏症时，应按照每千克饲料中加入8000～15000单位的维生素A，每天3次，连用2周，由于维生素A在机体内吸收很快，疗效显著。还可以按照每千克饲料中加入2～4毫升鱼肝油，拌料并立即饲喂，连用7～10天。病情严重者，雏鹅按照0.5毫升/羽，成年鹅按照1～1.5毫升/羽维生素A肌内注射，或者分3次内服使用，效果较好。种鹅在缺乏维生素A时，通过及时治疗，在1个月左右即可恢复生产性能。

九、维生素D缺乏症

维生素D缺乏症时鹅钙、磷吸收和代谢障碍，骨骼、蛋壳形成受阻，导致雏鹅出现佝偻病和缺钙症状为特征的营养缺乏症。

维生素D在鱼肝油中含量较丰富，在动物肝脏和禽蛋中含量亦较多。青绿饲料中的麦角化醇经紫外线照射可形成维生素D_2，阳光暴晒的干草可以作为补充维生素D的来源。此外，动物皮肤和脂肪组织中合成7-脱氢胆固醇，在紫外线照射下可转变成维生素D_3。一般情况下，饲料中不需要特别补充维生素D，舍饲由于没有日光照射，饲料中需补充维生素D。

【病因】 造成维生素D缺乏的原因较多：①饲料中维生素D的含量少，不能满足机体正常的生长发育需求；②日粮中钙、磷比例不当，饲料中的钙、磷比例以2∶1为最佳，比例不当时会增加维生素D的需求量；③日光照射不足，雏鹅每天有10～45分钟日晒就可防止佝偻病的发生，若日照不足，易造成维生素D的缺乏；④机体发生其他疾病，造成消化功能障碍或肾损伤，脂肪性腹泻等也可发生该病。此外，当霉菌毒素中毒时，维生素D的需求量也大大增加。

【症状】 雏鹅发生该病多在1周龄左右，表现为生长停滞、发育不良，体弱消瘦，羽毛松乱，两腿无力，喙部和腿部颜色变淡。骨骼软，易变形，常导致佝偻，行走摇摆，以飞节着地，直至瘫痪，不能行走（图10-91）。产蛋鹅缺乏维生素D时，初期薄壳蛋、软壳蛋，蛋壳多孔隙、不致密，随后产蛋量下降甚至停产。种蛋孵化率降低，弱雏增多，严重者胸骨变形、弯曲，行走困难甚至瘫痪。长骨由于脱钙而质脆，易骨折。

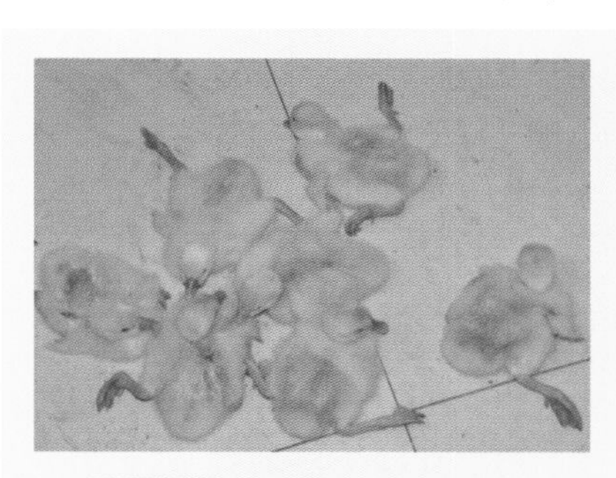

图10-91 鹅瘫痪，不能站立（刁有祥 摄）

【病理变化】 雏鹅股骨、胫骨的骨质薄而软，跗关节骨端粗大。肋骨和脊椎连接处出现串珠样肿大（图10-92）。成年鹅喙部和胸骨变软，肋

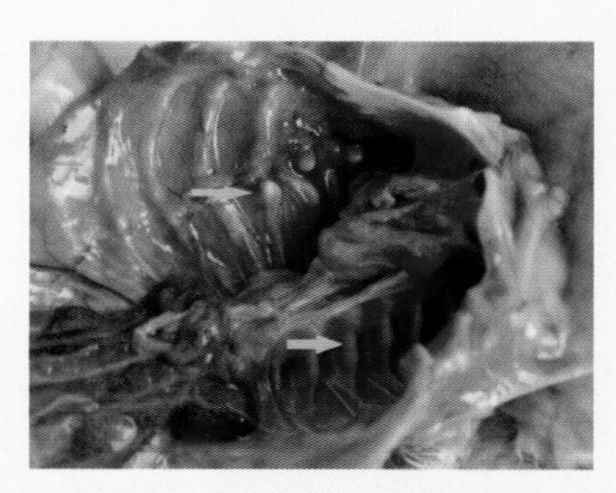

图10-92 肋骨与肋软骨交界处软骨增生（刁有祥 摄）

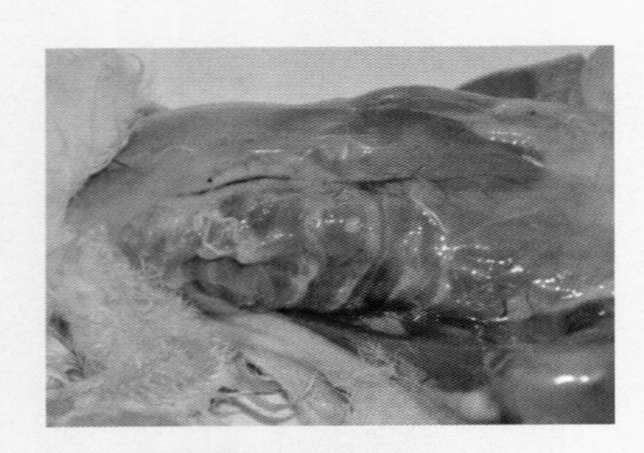
图10-93 肋骨向内塌陷
（刁有祥 摄）

骨、胸骨和脊椎结合处内陷，肋骨沿胸廓向内呈弧形凹陷（图10-93）。

【防治】 预防该病主要通过补充日粮中维生素D的含量或增加机体维生素D的合成。种鹅和肉鹅可在饲料中添加鱼肝油、糠麸等，同时要保证充足的光照时间。舍饲的鹅应在饲料中添加维生素D，按照每次饲喂500单位/次，每天1～2次，连用2天，或每500千克饲料中加入250克维生素AD粉，连用7～10天。保证饲料中合理的钙、磷比例。患病鹅应单独饲养，以防止踩踏造成死亡。重症的可口服鱼肝油，每次2～3滴，每天3次。成年鹅可肌内注射维生素AD注射液0.25～0.5毫升或维丁胶性钙0.5毫升，治疗效果较好。

十、维生素E缺乏症

维生素E缺乏症是以脑软化症、渗出性素质、白肌病和禽繁殖障碍为特征的营养缺乏性疾病。维生素E不稳定，易被氧化分解。维生素E具有抗氧化作用，防止细胞膜的过氧化，促进毛细血管及小血管增生，调节性腺的发育和功能，维持正常的生殖功能，促进精子的生成和活动，也可促进卵巢的发育。维生素E能够抑制透明质酸酶的活性，保持细胞间质正常的通透性。

【病因】 饲料中维生素E含量不足，在配方不当或加工过程不当的情况下，经常造成饲料中维生素E被氧化破坏。矿物质、多价不饱和脂肪酸、酵母、硫酸铵制剂等拮抗物质刺激脂肪过氧化，制粒工艺不当等均可造成维生素E的损失。人工干燥温度过高、饲料储存时间过久等也可破坏维生素E。当肝功能、胆功能障碍或蛋白质缺乏时，会影响机体对维生素E的吸收。饲料中含有盐类或碱性物质时，对维生素E有破坏作用，硒的含量不足也会导致该病的发生。

【症状】 根据临床症状不同可以分为三类。

（1）脑软化症　多因微量元素硒和维生素E同时缺乏引起。以神经功能紊乱为主，多发生于1周龄雏禽，主要表现为运动失调，行走不稳，食欲减退，头向一侧倒或后方仰，角弓反张，两腿痉挛，无目的地奔跑或转圈，最终衰竭而死亡（图10-94）。

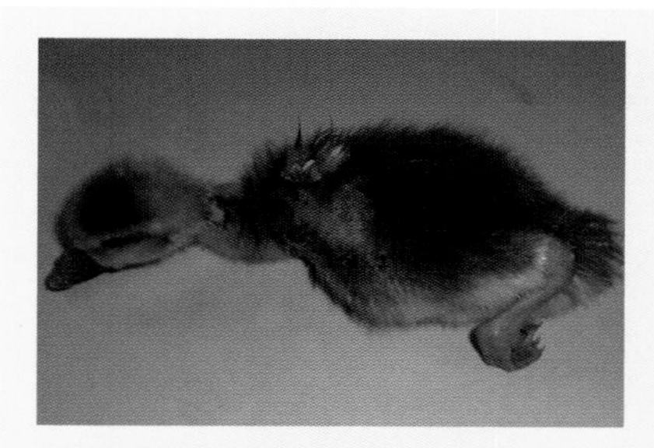

图10-94　鹅维生素E缺乏引起的瘫痪（刁有祥 摄）

（2）渗出性素质　常见于2～6周龄雏鹅，表现为羽毛粗乱，生长发育不良，精神不振，食欲减退。颈部、胸部皮下水肿，腹部皮下积有大量液体甚至水肿，呈淡紫色或淡绿色，与葡萄球菌感染相似。

（3）肌营养不良　多发生于青年鹅或成年鹅，患鹅消瘦、无力，运动失调。胸肌、腿肌等部位贫血而发白。产蛋鹅产蛋量下降，孵化率降低，胚胎死亡。维生素E-硒缺乏时，孵化出的鹅小脑部骨骼闭合不全，脑呈暴露状态。

【病理变化】 脑软化症患鹅剖检可见小脑发生软化和肿胀，脑膜水肿，有时可见出血斑，常有散在的出血点。严重病例可见小脑质软变形，切开流出糜状液体。渗出性素质患鹅可见腹部皮下积有大量液体，呈淡蓝色，胸部和腿部肌肉、胸壁有出血斑，心包积液、扩张。白肌病患鹅可见骨骼肌特别是腿肌、胸肌、心肌和肌胃等因营养不良呈苍白色，有灰色条纹。种公鹅生殖器官退化。

【防治】 各种饲料中均含有维生素E，但储存过久或在饲料加工过程中导致维生素E含量降低，所以应注意饲料的加工和储存，适当添加新鲜的青绿饲料。在饲料中增加维生素E的剂量，每吨饲料中添加0.05～1克硒+维生素E粉或0.2～0.25克亚硒酸钠。除提高硒和维生素E的含量，还应增加含硫氨基酸的含量。对于病情严重的病例，按2.5毫克/只肌内注射或2～3毫克口服维生素E，连用3天可治愈。在饮水中加入0.005%亚硒酸钠维生素E注射液效果较好。

十一、锰缺乏症

锰缺乏症又称滑腱症或骨短粗症，以腿部骨骼生长畸形、腓肠肌腱向关节一侧脱出而引起雏鹅腿部疾病，如胫跗关节变粗、腿部弯曲呈O型或X型。锰遍布全身，在骨、肝、胰和肾中含量较高，骨中含锰约为体内总量的1/4，还参与体内多种物质的代谢活动。锰是正常骨骼形成的必需元素。锰是多种酶类的组成成分或激活剂，参与三大物质代谢，促进机体的生长、发育和提高繁殖能力。

【病因】 该病的发生与环境、营养因素和饲养管理有关。某些地区土壤中缺锰，在这些土壤中生长的植物锰含量较低，导致鹅发生该病。日粮中烟酸缺乏或钙、磷比例失调，可影响机体对锰的吸收利用，造成机体吸收利用的可溶性锰含量不足。此外，当鹅患慢性胃肠道疾病时，也会造成肠道对锰吸收利用的能力减弱。

【症状】 发病鹅生长发育受阻，跗关节变粗且宽，两腿弯曲呈扁平，胫骨下端与跖骨上端向外扭曲，长骨短而粗，腓肠肌腱从踝部滑脱。腿垂直外翻，不能站立，行走困难。种鹅产蛋量下降，蛋壳硬度降低，孵化率也降低。胚体多发育异常，孵出的雏禽骨骼发育迟缓，腿短粗，两翅较硬，头圆似球形，上下喙不成比例而呈鹦鹉嘴状，腹部膨大、突出。

【病理变化】 跗跖骨短粗，近端粗大变宽，胫跖骨、腓肠肌腱移位甚至滑脱移向关节内侧。跗跖骨关节处皮下有一层白色的结缔组织，因关节长期着地而造成该处皮肤变厚、粗糙。

关节腔内有脓性液体流出，局部关节肿胀。

【防治】 鹅对锰的需求量较大，预防该病最有效的方法是饲喂含有各种必需营养物质的饲料，特别是含锰、胆碱和B族维生素的饲料。要注意保证饲料中蛋白质和氨基酸的比例，多喂新鲜青绿饲料，保持合理的钙、磷比例。出现缺乏症病例时，可用1 ∶ 20000的高锰酸钾饮水，连用2天，间歇2 ～ 3天后，再饮2天。

第四节 鹅中毒病防治

一、黄曲霉毒素中毒

黄曲霉毒素主要由黄曲霉、寄生曲霉产生的，对人、畜、禽都有很强的毒性。黄曲霉菌在自然界广泛存在，玉米、花生、水稻、小麦等农作物都很容易滋生；豆饼、棉籽饼和麸皮等饲料原料也可以被黄曲霉菌污染，发生霉变。鹅中毒就是由于采食了大量含有黄曲霉毒素的饲料和农副产品而导致的。

【症状】 中毒后的症状在很大程度上取决于鹅的年龄及摄入的毒素量。雏鹅对黄曲霉毒素最敏感，中毒多呈急性经过。主要表现为精神沉郁，食欲减退甚至废绝，排白色稀便，生长不良，衰弱，步态不稳，共济失调，腿麻痹或跛行。严重的腿部皮肤呈紫黑色，死前角弓反张，死亡率较高。

成年鹅发病呈慢性经过，症状不明显，主要是食欲减少，消瘦，贫血，产蛋量下降，蛋小，孵化率降低。

【病理变化】 本病的特征性病变在肝脏。急性中毒者肝脏肿大，颜色变淡，弥漫性出血和坏死；胆囊扩张，肾脏苍白和出血；十二指肠出现卡他性或出血性炎症；胸部皮下和肌肉有时出血。腺胃出血，肌胃呈褐色糜烂（图10-95）。亚急性和慢性中毒者，肝脏缩小，颜色变黄，质地坚硬，常有白色点状或结

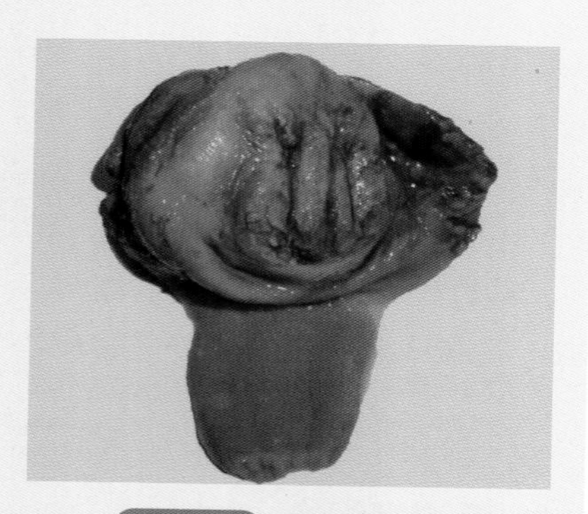
图10-95 鹅肌胃糜烂
（刁有祥 摄）

节状增生病灶。病程长达一年以上者，肝脏中可能出现肝癌结节。

【诊断】 首先调查病史，检查饲料品质与霉变情况，然后结合症状和病理变化等进行综合分析，作出初步诊断。确诊需进一步做黄曲霉毒素的测定。

【预防】 防止饲料发霉是预防本病的最根本性措施。农作物收获时要充分晒干，放置通风干燥处，切勿放置阴暗潮湿处。为防止饲料在储存过程中发生霉变，可用化学熏蒸法，如选用环氧乙烷、二氯乙烷等熏蒸剂；或在饲料中添加防霉剂，如在饲料中加入0.3%丙酸钠或丙酸钙；也可用制霉菌素等防霉制剂。若场地已被污染，可用福尔马林熏蒸消毒或环氧乙烷喷洒消毒。

【治疗】 目前本病尚无特效解毒药物，发现中毒要立即更换新鲜饲料，饮用5%的葡萄糖水，可在饮水中加入维生素C。也可以服用轻泻剂，促进肠道毒素的排出。

二、肉毒梭菌毒素中毒

肉毒梭菌毒素是引起人和畜禽中毒的一种食物中毒病，是由于摄入了肉毒梭菌产生的毒素引起的，主要表现为运动神经麻痹和迅速死亡。家禽常发生，尤其是鸭、鹅、鸡等。

【病因】 本病的病原是肉毒梭菌产生的外毒素，具有很强的毒性，对人和畜禽均具有高度的致病性，是已知的细菌毒素中毒力最强的一种。摄入后，胃液24小时内不能将其毒性破坏，该毒素可以被胃肠吸收而发挥其毒性作用。肉毒梭菌毒素具有较强的耐热性，80℃ 30分钟或100℃ 10分钟才能将其毒性完全破坏。根据毒素抗原性的不同，该毒素可分为A型、B型、C_α型、C_β型、D型、E型、F型、G型，与家禽致病有关的主要是A型和C型，其中C型毒力最强、分布最广，A型见于西北美洲和南美的山区。

肉毒梭菌是一种厌氧的革兰氏阳性芽孢杆菌，在自然界广泛分布，细菌本身不引起家禽发病，但在厌氧条件下，能产生强烈的外毒素，产生毒素后才能致病。

【症状】 鹅摄入含毒饲料后几小时至1～2天发病，症状的出现一般经两个阶段。第一阶段，精神萎靡、嗜睡，两腿无力，站立不稳、行动困难，并逐渐发展为不能站立。如果强迫下水，则只能漂浮。随着病情的发展，颈、翅神经麻痹，头颈向前伸直，无力地贴在地面上，故该病又称为"软颈病"。第二阶段，全身瘫痪；羽毛松乱；呼吸慢而深；下痢，排出绿色稀粪，泄殖腔常常外翻。

重症病例一般几小时内死亡。若吞食少量肉毒梭菌毒素，可耐过，若给予良好护理，2～3天内可恢复。

【病理变化】 该病缺乏特征性的病理变化。主要引起肠道充血、出血，尤其是十二指肠较为严重，有些病例胃黏膜脱落。其他器官的病变无特征性。

【诊断】 根据症状并结合采食情况综合判断。同时调查禽群是否接触腐败的植物、死亡动物、被污染的水源等，若有必要时可进行毒素检验。

【预防】 搞好环境卫生，避免饲喂腐败的食物及与腐败动物接触过的饲料。

【治疗】 可应用C型肉毒梭菌抗毒素，肌内注射或腹腔注射，每只成年禽注射2～4毫升；也可用轻泻剂，如10%硫酸镁进行灌服。

三、亚硝酸盐中毒

亚硝酸盐中毒是食入了含亚硝酸盐的饲料而引起的中毒，

人和畜禽均可发生。主要表现为呼吸困难、可视黏膜发绀，特征性病理变化为血液凝固不良、呈酱油色。

【病因】 富含硝酸盐的饲料（如萝卜、马铃薯等块茎类，大白菜、油菜、菠菜，各种牧草、野草等）保存不当，堆放过久，特别是经过雨淋日晒，易腐败发酵，在硝酸盐还原菌的作用下，生成亚硝酸盐，一旦被摄食吸收会引起血液输氧功能障碍。

饲料加工调制处理不当，如蒸煮青绿饲料时，蒸煮不透、不熟，或煮后放在锅里，加盖闷着，在这些情况下，可使饲料中的硝酸盐转变成亚硝酸盐。

饮用硝酸盐含量过高的水也是引起鹅亚硝酸盐中毒的原因之一，施过氮肥的农田、垃圾堆附近的水源，常含有较高浓度的硝酸盐。

【症状】 亚硝酸盐中毒多为急性发病，病禽表现精神不安，不停跑动，步态不稳，驱赶时跛行，多因呼吸困难窒息死亡。

病程稍长的病例，常表现口渴、食欲减退，口流淡黄色涎水，粪便呈淡绿色、稀薄恶臭，呼吸困难，可视黏膜和胸部、腹部皮肤发绀。大多数病例体温下降，双翅下垂，腿肌无力，最后发生麻痹痉挛，衰竭而死。

【病理变化】 亚硝酸盐是一种强氧化剂，一旦被摄取吸收入血，能将血红蛋白中的二价铁氧化为三价铁，形成高铁血红蛋白而丧失正常携带氧气的功能，导致全身各组织缺氧，特别是中枢神经系统受到急性损害。

血液呈酱油色、凝固不良；肝、肾和脾等器官均呈黑紫色，切面瘀血；气管、支气管充满白色或淡红色泡沫样液体；肺气肿明显，伴发瘀血、水肿；胃、小肠黏膜出血，肠系膜血管充血；心外膜出血，心肌变性坏死。

【诊断】 根据病鹅采食的饲料（含硝酸盐多），并结合呼吸困难、可视黏膜和皮肤发绀、血液呈酱油色等症状和病理变化，作出初步诊断。确诊可取胃内容物、血液进行亚硝酸盐的检验。

【预防】 不饲喂腐败、变质、发霉和堆放时间过长的青绿饲料；青饲料如需蒸煮时，应边煮边搅拌，煮透、煮熟后应立即取出，并充分搅拌，让其快速冷却。不引用硝酸盐含量过高的水。

【治疗】 立即停用含有亚硝酸盐的饲料，更换新鲜饲料和饮水。美蓝（亚甲蓝）是亚硝酸盐中毒的特效解毒药。发现中毒者可按0.4毫克/千克肌内注射美蓝注射液；口服5%葡萄糖加维生素C，连用3～5天。一般治疗后5天症状减轻，1周后恢复。

四、食盐中毒

食盐是家禽日粮中必需的营养成分，适量摄入，具有增进食欲、增强消化、维持体液渗透压和酸碱平衡等作用。但日粮中食盐含量过高或同时饮水不足，则会引起中毒。本病的症状主要表现为神经症状和消化功能紊乱，病理变化以消化道炎症、脑组织水肿、变性为特征。

【病因】 正常情况下，日粮中食盐的添加量应为0.25%～0.5%，若食盐添加量达到3%或鹅摄取的食盐量超过3.5～4.5克/千克体重时，就会发生中毒。添加食盐后，拌料不均匀，也会造成部分鹅因摄入过多食盐而中毒。配料时所用的鱼干或鱼粉含盐量过高。鱼粉中通常含有3%～10%的食盐，不同来源鱼粉的食盐含量有所不同，不检测即使用，有时可引起中毒。超剂量使用口服补液盐，特别是在缺水口渴时饮用口服补液盐也会引起中毒。饮水中含盐量高，可引起食盐中毒。饲料中维生素E、钙、镁和含硫氨基酸缺乏，也使禽对食盐敏感性增加。

【症状】 中毒轻的病例主要表现口渴、饮水量异常增多，食欲减退，精神萎靡，生长发育缓慢。严重中毒病例典型症状是极度口渴、狂饮不止、不离水盆，食欲废绝，稍低头，口、鼻即流出大量黏液，食管膨大部胀大，腹泻、排水样粪便；病禽精神沉郁，运动失调，步态蹒跚，甚至瘫痪；发病后期，呼吸困难，最终昏迷、衰竭死亡。

雏鹅中毒后，发病急、死亡快，常表现神经症状。不断鸣叫，无目的地冲撞，头仰向后方，两脚蹬踏，胸腹朝天，两腿作游泳状摆动，最终麻痹死亡。

【病理变化】 剖检病变主要在消化道，消化道黏膜出现出血性卡他性炎症。食管膨大部充满黏液，黏膜脱落；腺胃黏膜充血，表面有时形成伪膜；肌胃轻度充血、出血；小肠黏膜充血，有出血点；腹腔和心包积液，心外膜有出血点；肺充血、水肿；脑膜血管充血，有针尖大出血点；脑膜充血或有出血点；皮下水肿，呈胶胨样。

【诊断】 通过分析养殖过程中是否存在过量饲喂食盐或限制饮水的行为、分析饲料配方的组成，并结合症状和剖检变化诊断。

【预防】 调制饲料时，严格控制饲料中食盐的含量，不能过量，而且要混合均匀，特别是雏鹅，要严格添加。在日粮中使用鱼粉时，确知其中食盐含量，并将其计入食盐总量之内，不要使用劣质掺盐鱼粉。

【治疗】

① 发现中毒后立即停用含盐饲料，改喂无盐饲料。

② 中毒较轻的病例，要供给充足的新鲜饮水，饮水中可加3%葡萄糖，一般会逐渐恢复。

③ 严重中毒的病例要控制饮水量，采用间断给水，每小时饮水10～20分钟。如果一次大量饮水，反而使症状加剧，诱发脑水肿，加快死亡。饮水中可加3%的葡萄糖、0.5%的醋酸钾和适量维生素C，连用3～4天。

五、聚醚类药物中毒

聚醚类药是广谱高效抗球虫药，主要包括莫能菌素、盐霉素、拉沙里菌素、马杜拉霉素等抗生素。聚醚类抗生素可妨碍细胞内外阳离子的传递，抑制K^+向细胞内转移、Ca^{2+}向细胞外转移，导致线粒体功能障碍，能量代谢障碍，对肌肉的损伤严重。鹅摄入该类抗生素过量，会引起体内阳离子代谢出现障碍而导致中毒。

【病因】 药量过大或饲料混合不均匀导致发生中毒，或重复用药。

【症状】 中毒较轻的病例表现精神沉郁，食欲降低、饮欲增强，羽毛蓬乱，腿软无力、走路不稳、喜卧，有的出现瘫痪，两腿向外侧伸展，爪、皮肤干燥，呈暗红色，排水样粪便。重症病例突然死亡或者表现食欲废绝，羽毛蓬乱，出现神经症状（如颈部扭曲、双翅下垂，或两腿后伸、伏地不起、或兴奋不安、乱跳）。有的中毒鹅出现脚爪痉挛内收，皮肤发紫。

【病理变化】 肠道黏膜充血、出血，尤以十二指肠严重；肌胃角质层容易剥离，肌层有出血；肾脏肿大、瘀血；肝脏肿大、表面有出血点；心冠脂肪有出血点，心外膜上有纤维素性斑块；腿部及背部肌肉苍白、萎缩。

【诊断】 根据中毒鹅的用药情况，结合临诊症状、病理剖检变化来进行综合诊断。

【预防】 严格按规定的药物剂量用药，拌料时要均匀，同时避免多种聚醚类抗生素联合使用。

【治疗】 发现中毒，应立即停用含聚醚类抗生素的饲料，更换新饲料。用5%葡萄糖溶液饮水。

六、喹诺酮类药物中毒

喹诺酮类药物是一类高效、广谱、低毒的抗菌药物，在治疗中已经成为感染性疾病的首选药物，对沙门菌病、大肠杆菌病、巴氏杆菌病、支原体感染、葡萄球菌病等均有很好的疗效。目前临床上常用的有诺氟沙星、氧氟沙星、环丙沙星等。喹诺酮类药物用量过大，就会导致中毒，中毒后表现出的神经症状及骨骼发育障碍与氟有关。

【症状】 精神沉郁，羽毛松乱，缩颈，眼睛半开半闭，呈昏睡状态，采食及饮水均下降，患鹅不愿走动，常常卧地，多侧瘫，喙、爪、肋骨柔软，易弯曲，不易折断，排石灰渣样稀粪，有时略带绿色。

【病理变化】 肌胃角质层、腺胃与肌胃交界处出血溃疡，腺胃内有黏性液体；肠黏膜脱落、出血；肝瘀血、肿胀、出血；肾脏肿胀，呈暗红色，并有出血斑点；脑组织充血、水肿。

【治疗】 发现中毒，应立即停用含喹诺酮类药物的饲料或饮水，更换新饲料或饮水。中毒鹅用5%葡萄糖溶液饮水，也可经口滴服。

七、氨气中毒

氨气中毒常发生于冬春季节，由于天气寒冷，为了保暖缺乏通风，导致舍内氨气浓度过高而发生中毒。发生氨气中毒主要表现为眼睛红肿、流泪，呼吸困难，中枢神经系统麻痹，最后窒息死亡。

【病因】 鹅舍卫生不佳，在温度高、湿度大时，垫料、粪便以及混入其中的饲料等有机物在微生物的作用下发酵产生氨气。如果通风不良，会造成氨气等有害气体的大量蓄积，导致家禽中毒。

【症状】 结膜红肿、畏光流泪，有分泌物。严重病例眼睛肿胀，角膜混浊，两眼闭合，并有黏性分泌物，视力逐渐消失。鼻孔流出黏液，呼吸困难，伸颈张口呼吸。

【病理变化】 眼结膜充血、潮红，角膜混浊、坏死，常与周围组织粘连，不易剥离；气管、支气管黏膜充血、潮红，并有大量黏性分泌物。

【诊断】 通过病史调查，发现舍内有强烈刺鼻、刺眼的氨气味，然后结合疾病的群发症状和剖检变化即可诊断。

【预防】 加强卫生管理，及时清扫粪便、更换垫料及清理舍内的其他污物，保持舍内卫生清洁、干燥。禽舍要安装良好的通风设备，定时通风，保证舍内空气新鲜。定期消毒，可进行带禽喷雾消毒，便于杀灭或减少舍内空气中的微生物，并防止粪便的分解，避免氨气的产生。

【治疗】 一旦发现鹅出现症状，应立即开启门窗、排气扇等通风设施，同时清除粪便、杂物，必要时将病禽转移至空气新鲜处。同时使用强力霉素、环丙沙星等抗生素以防止继发感染。眼部出现病变的鹅可以采用1%的硼酸水溶液洗眼，然后用红霉素药水点眼，有较好的疗效。

八、氟中毒

氟是家禽生长发育必需的一种微量元素，参与机体的正常代谢。适量的氟可促进骨骼的钙化，但食入过量会引起一系列毒副作用，主要表现为关节肿大，腿畸形，运动障碍，种禽产蛋率、受精率和孵化率下降等。

【病因】 若自然环境中的水、土壤中氟含量过高，会引起人、畜、禽的中毒。磷酸氢钙是目前饲料生产中用量最大的磷补充剂之一，但大多数磷矿石中含有较高水平的氟。用这些磷矿石生产的饲料磷酸钙盐添加剂若不经脱氟处理，则含氟量会很高，添加到配合饲料中将对家禽产生较大危害。工业污染、高氟地区的牧草和饮水也可造成氟中毒。

【症状】 发病率和死亡率与饲料含氟量、饲喂时间以及日龄密切相关。急性中毒病例一般较少见，若一次摄入大量氟化物，可立即与胃酸作用产生氢氟酸，强烈刺激胃肠，引发胃肠炎。氟被胃肠吸收后迅速与血浆中钙离子结合形成氟化钙，导致低血钙症，表现呼吸困难、肌肉震颤、抽搐、虚脱、血凝障碍，一般几小时内即可死亡。

生产上一般多见慢性氟中毒病例，行走时双脚叉开，呈“八”字脚。跗关节肿大，严重的可出现跛行或瘫痪，腹泻，蹼干燥，有的因腹泻、痉挛，最后倒地不起，衰竭而死亡。

产蛋鹅出现症状比较慢，采食高氟饲料6～10天或更长时间才会出现产蛋率下降。沙壳蛋、畸形蛋、破壳蛋增多。

【病理变化】 急性氟中毒病例，主要表现为急性胃肠炎，严重的出现出血性胃肠炎，胃肠黏膜潮红、肿胀、并有斑点状出血；心、肝、肾等脏器瘀血、出血。慢性氟中毒病例表现为幼禽消瘦，长骨和肋骨较柔软，喙质软。有的病鹅出现心、肝、脂肪变性，肾脏肿胀，输尿管有尿酸盐沉积。

【诊断】 开展病史调查，对磷酸氢钙的来源、质量进行调查，检查饲料氟含量是否超标。结合症状、剖检变化诊断。

【预防】 保证饲料原料的质量，使用含氟量符合标准的磷酸氢钙。在饲料中添加植酸酶，植酸酶可提高植酸磷的利用率；通过减少无机磷的使用量，降低饲料中氟的含量。

【治疗】 目前对氟中毒尚未有特效解毒药。发现中毒，立即停用含氟高的饲料，换用符合标准的饲料。在饲料中添加硫酸铝800毫克/千克，减轻氟中毒。饲料中添加鱼肝油、多种维生素、1%～2%的骨粉和乳酸钙。

九、一氧化碳中毒

一氧化碳中毒又称煤气中毒，冬、春季节多发。家禽吸入了一氧化碳，引起机体缺氧而发生中毒。

【病因】 冬季或早春季节，育雏室烧煤取暖时，若煤燃烧不全就会产生大量的一氧化碳，如果烟囱堵塞倒烟、门窗紧闭通风不良，导致一氧化碳不能及时排出。一般当空气中含有0.1%～0.2%的一氧化碳时，就会引起中毒；当含量超过3%时，可导致家禽窒息死亡。

一氧化碳是无色、无味、无刺激性的气体，吸入后通过肺换气进入血液，与红细胞中的血红蛋白结合后不易分离，大大降低了红细胞运送氧气的能力，造成全身组织缺氧。

【症状】 轻度中毒病例表现精神沉郁，不爱活动，反应迟钝，羽毛松乱，食欲减退，流泪，生长缓慢。严重病例表现烦躁不安，呼吸困难，运动失调，站立不稳，昏迷，继而侧卧并出现角弓反张，最后痉挛、抽搐死亡。

【病理变化】 剖检可见血液呈鲜红色或樱桃红色，肺组织也呈鲜红色。

【诊断】 根据发病舍内烧煤取暖的情况、疾病的群发症状和剖检变化即可诊断。

【预防】 烧煤取暖时，应经常检查并及时解决烟囱漏烟、堵塞、倒烟、无烟囱等问题，舍内要设有通风孔或安装有换气扇，保持室内通风良好。

【治疗】 发现中毒后，应立即打开门窗，或利用通风设备进行通风换气，换进新鲜空气，将中毒家禽转移到空气新鲜的禽舍。轻度中毒病例可以自行逐渐恢复，中毒较严重的病例经皮下注射糖盐水及强心剂有一定疗效。

第五节　鹅普通病防治

一、中暑

中暑又称热应激，是鹅在高温环境下，由于体温调节及生理功能紊乱而发生的一系列异常反应，生产性能下降，严重者导致热休克或死亡。中暑多发生于夏、秋高温季节，尤其是集约化养殖场多发生。

【病因】 夏季气温过高，阳光的照射产生了大量的辐射热，热量大量进入鹅舍导致舍温升高。鹅饲养密度过大，导致禽舍通风不良，拥挤，饮水供应不足，均可引起中暑。禽舍热量散发出现障碍，如通风不良、停电、风扇损坏、空气湿度过高等均会导致舍内温度升高，引起中暑。

【症状】 病初呼吸急促，张口喘气，翅膀张开下垂，体温升高。食欲下降，饮水增加，严重者不饮水。产蛋鹅产蛋量下降，产薄壳蛋、脆壳蛋，生长期的禽类生长发育受阻。环境温度进一步升高时，鹅持续性喘息，食欲废绝，饮欲亢进，排水便，不能站立，痉挛倒地，虚脱而死。

【病理变化】 血液凝固不良，肺脏瘀血、水肿，胸膜、心包膜、肠黏膜有瘀血，脑膜有出血点，脑组织水肿，心冠脂肪出血。

【诊断】 本病根据发病季节，症状及剖检病变可作出诊断。

【预防】 鹅舍要设置水帘，使空气温度降低。气温很高时可以采用喷雾降温。炎热的夏、秋季节可降低饲养密度，适当改变饲喂制度，改白天饲喂为早晚饲喂。适当调整饲料配比，减少脂肪含量，多喂青饲料。适当增加维生素的供应，并供给足够的饮水。日粮中可添加抗热应激添加剂。如加维生素C，每千克饲料中加入200 ～ 400毫克；也可在饲料中添加氯化钾，每千克饲料中可加入3 ～ 5克或每升水中加入1.5 ～ 3.0克。

【治疗】 一旦发现中暑，应立即进行急救。将病禽转移至通风阴凉处，对其用冷水喷雾或浸湿体表，促进鹅的恢复。

二、啄癖

啄癖是养禽生产中经常发生的一种疾病，常见的有啄肛癖、啄趾癖、啄羽癖、啄头癖和啄蛋癖等。啄癖常导致外伤，引起死亡或胴体质量降低，产蛋量减少等。

【病因】 啄癖的原因有很多，主要有以下几个方面：舍内光照过强，禽群兴奋互啄。家禽饲养密度过大，通风不良，采食、饮水不足。皮肤有外伤或外寄生虫寄生。饲料中食盐含量不足、矿物质含量不足或含硫氨基酸（蛋氨酸、胱氨酸）不足。

图10-96 鹅啄羽
（刁有祥 摄）

【症状】

（1）啄肛癖 多发生在产蛋禽，产蛋后由于泄殖腔不能及时收缩回去而留露在外，造成啄肛。

（2）啄羽癖 幼禽在生长新羽毛或换小毛时容易发生，产蛋鹅在换羽期也可发生（图10-96）。

（3）啄趾癖　引起出血或跛行症状。

（4）啄蛋癖　由于饲料中钙或蛋白质含量不足。

【预防】 加强饲养管理，定时供料、供水。饲养密度要适宜，保持鹅舍良好的通风。降低强光的刺激，供给全价日粮，尤其是注意添加适量的各种必需氨基酸、维生素和微量元素等。检查并调整日粮配方，找出缺乏的营养成分并及时补给。若蛋白质和氨基酸不足，则添加鱼粉、豆饼等；若缺盐，则在日粮中添加2%的食盐，保证充足的饮水，啄癖消失后，食盐添加量维持正常；若为缺硫，则在饲料中添加0.1%蛋氨酸。

【治疗】 有啄癖的鹅和被啄伤的鹅，及时挑出，隔离饲养、治疗或淘汰。被啄的伤口可以涂布特殊气味的药物，如鱼石脂、松节油、碘酒等。

三、输卵管炎

输卵管炎是指输卵管发生的炎症，本病常发生于产蛋鹅，主要是由于条件致病性大肠杆菌感染引起，也常继发感染于禽流感、新城疫等。临床上以输卵管分泌多量白色或黄白色脓样物并从泄殖腔排出为特征。

【病因】 饲养环境以及饲养条件的改变，常常导致条件致病性大肠杆菌、沙门菌等由泄殖腔侵入输卵管，导致炎症的发生。产蛋体积过大，或输卵管破裂，或其他原因引起输卵管黏膜破损而导致炎症的发生。产蛋量过多，饲料中缺乏维生素、动物性饲料过多等，也可引起或促使输卵管炎的发生。

【症状】 病鹅精神沉郁，食欲下降，呆立不安，行动迟缓，两翅下垂。产蛋鹅产蛋量下降，严重者甚至停产，有时腹部出现膨大。

【病理变化】 输卵管水肿，黏膜有时出血，管内蓄积黄白色干酪样物质；有时输卵管内有蛋样渗出物，表面不光滑，切面呈轮层状（图10-97）。

【预防】 保持饲养环境清洁卫生，稳定饲养条件，适量补

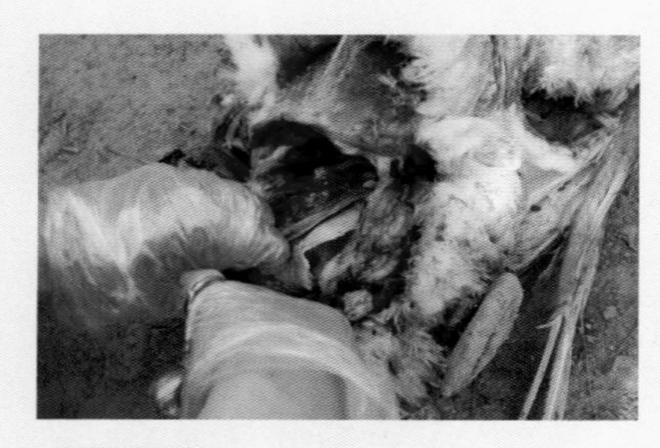

图10-97 输卵管中有黄白色渗出
（刁有祥 摄）

充多种维生素。

【治疗】 一旦发现病鹅，应立即隔离饲养。如果发现泄殖腔内有卵滞留，可往泄殖腔内灌入油类，帮助其将卵排出体外。

若是继发感染，首先治疗原发性疾病（如新城疫、寄生虫病等）；若是条件致病性大肠杆菌引起的，则可以使用环丙沙星等药物。

四、卵黄性腹膜炎

卵黄性腹膜炎是由于卵巢排出的卵黄落入腹腔而导致的腹膜炎。临床上表现为蛋鹅产蛋突然停止。

【病因】 多种原因可引起卵黄性腹膜炎，如蛋鹅突然受到惊吓等应激因素的刺激；饲料中维生素A、维生素D、维生素E不足及钙、磷缺乏，蛋白质过多，代谢发生障碍，导致卵黄落入腹腔中；蛋鹅产蛋困难，导致输卵管破裂，卵黄从输卵管裂口掉入腹腔；大肠杆菌病、沙门菌病、新城疫、禽流感等疾病发生后，会发生卵泡变形、破裂，使卵黄直接落入腹腔中，而发生卵黄性腹膜炎。

【症状】 病鹅主要表现为不产蛋，随后出现精神沉郁，食欲下降，行动迟缓，腹部逐渐膨大而下垂。触诊腹部，有疼痛感，有时出现波动感。有的病例出现贫血、腹泻，呈渐进性消瘦。

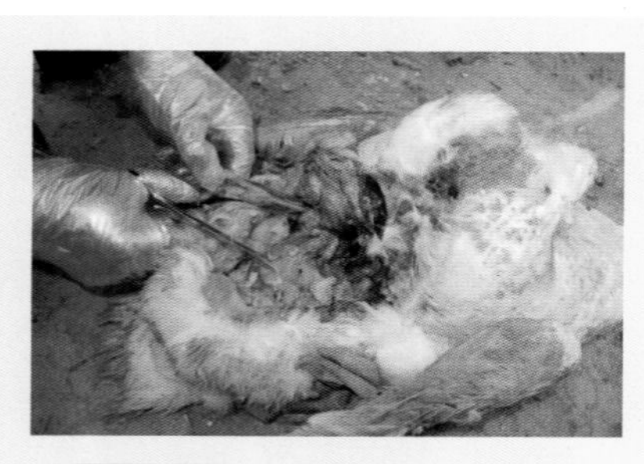

图10-98 腹腔中有黄白色卵黄
（刁有祥 摄）

【病理变化】 腹腔中有大量凝固或半凝固的卵黄和纤维素性渗出物（图10-98），有时还会出现腹水。

【预防】 保证日粮中各种营养成分的合理和平衡，供给适量的维生素、钙、磷及蛋白质。防止家禽受到惊吓等应激性刺激。做好沙门菌病、大肠杆菌病的防治。

【治疗】 本病无治疗价值，一旦发现病禽应及时淘汰。

五、肌胃糜烂症

肌胃糜烂症又称肌胃角质层炎，是由于饲喂过量的鱼粉而引起的一种消化道疾病。主要特征是肌胃出现糜烂、溃疡，甚至穿孔。

【病因】 本病发病的主要原因是饲料中添加的鱼粉量过大或质量低劣。鱼粉在加工、储存过程中，会产生或污染一些有害物质（如组胺、溃疡素、细菌、霉菌毒素等）。这些有害成分能使胃酸分泌亢进，引起肌胃糜烂和溃疡。

【症状】 精神沉郁，食欲下降，闭眼缩颈，羽毛松乱，嗜睡。倒提病鹅其口中流出黑褐色如酱油样液体。腹泻，排褐色或棕色软粪。病情严重者迅速死亡，病程较长者出现渐进性消瘦，最后衰竭死亡。

【病理变化】 腺胃、肌胃中有黑色内容物；腺胃松弛，用刀刮时流出褐色黏液；肌胃角质层呈黑色，胶质膜糜烂（图10-99）；腺胃与肌胃交界处胶质膜糜烂、溃疡（图10-100），严重者腺胃、肌胃出现穿孔，流出暗黑色黏稠的液体。肠道中充满黑色内容物，肠黏膜出血（图10-101）。

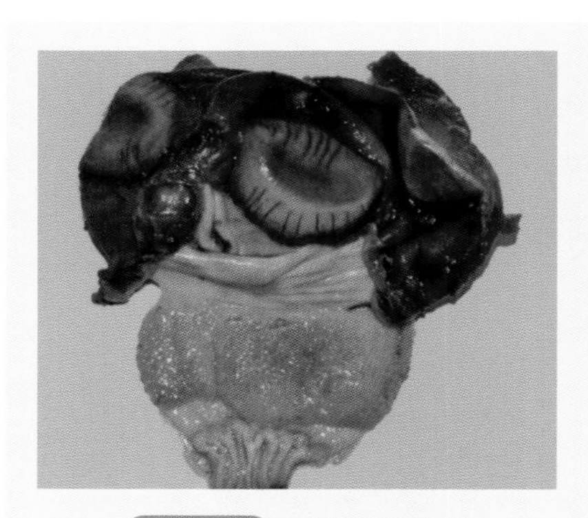

图10-99 鹅肌胃糜烂
（刁有祥 摄）

【诊断】 根据发病特点、临床症状及剖检变化，同时结合饲料分析、鱼粉的含量、来源等检测的结果，进行综合判断。

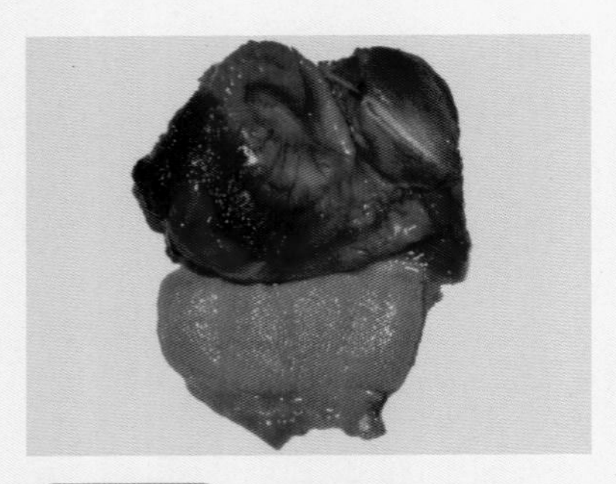

图10-100 鹅肌胃与腺胃交界处肌胃糜烂（刁有祥 摄）

图10-101 鹅肠道中充满黑色内容物，肠黏膜出血（刁有祥 摄）

【预防】 在饲养中添加优质鱼粉，严格控制日粮中鱼粉的含量，严禁使用劣质鱼粉。在饲养管理中应密切观察鹅的生长情况。避免家禽受密度过大、空气污染、饥饿、摄入发霉的饲料等诱因的刺激。

参考文献

[1] 陈国宏，王继文，何大乾，等. 中国养鹅学[M]. 北京：中国农业出版社，2013.

[2] 刁有祥. 鸭鹅病防治及安全用药[M]. 北京：化学工业出版社，2016.

[3] 李祥源. 鹅的饲养与综合利用[M]. 北京：中国水利水电出版社，2000.

[4] 周新民，黄秀明. 鹅场兽医[M]. 北京：中国农业出版社，2008.

[5] 李卫东. 规模化养鹅场生物安全体系的建立[J]. 兽医导刊，2009，142（6）：9-11.

[6] 黄勇富. 四川白鹅[M]. 北京：中国农业科学技术出版社，2007.

[7] 焦库华. 科学养鹅与疾病防治[M]. 北京：中国农业出版社，2001.

[8] 杨海明. 鹅健康高效养殖[M]. 北京：金盾出版社，2010.

[9] 龚道清. 工厂化养鹅新技术[M]. 北京：金盾出版社，2004.

[10] 尹兆正. 肉鹅标准化生产技术[M]. 北京：中国农业大学出版社，2002.

[11] 王继文. 鹅标准化规模养殖图册[M]. 北京：中国农业大学出版社，2013.

[12] 张宝文. 中国畜禽遗传资源志[M]. 北京：中国农业出版社，2012.

[13] 于金成，李喆，于宁，等. 基于F_2群体的豁眼鹅豁眼性状遗传分析[J]. 中国农业科学，2016（19），3845-3851.

[14] 于金成，李喆，赵辉，等. 鹅豁眼性状H基因座候选基因FREM1的验证分析[J]. 中国农业科学，2017（12），2371-2379.

[15] 李喆，于金成，赵辉，等. 以豁眼鹅为父本的肉鹅杂交模式研究[J]. 中国畜牧杂志2017，（5），46-49.

[16] 李喆，于金成，赵辉，等. 3个品种鹅体尺测量和屠宰性能比较研究[J]. 中国畜牧杂志，2017（6），49-53.

化学工业出版社同类优秀图书推荐

ISBN	书名	定价（元）
31760	彩色图解科学养鸡技术	69.8
30245	土鸡科学养殖技术	49.8
26196	鸡病防治及安全用药	68
21454	肉鸡生态高效养殖实用技术	29
25590	鸭鹅病防治及安全用药	68
20799	生态高效养鸭实用技术	29
21480	生态高效养鹅实用技术	25
28756	禽病临床诊疗技术与典型医案	49.8
31085	鹅类症鉴别诊断及防治	30

地址：北京市东城区青年湖南街13号化学工业出版社（100011）
销售电话：010-64518888
如要出版新著，请与编辑联系：qiyanp@126.com。
如需更多图书信息，请登录www.cip.com.cn。